AF255258

Analytische Untersuchungen über topologische Gruppen.

INAUGURAL-DISSERTATION

ZUR

ERLANGUNG DER DOKTORWÜRDE

EINER HOHEN PHILOSOPHISCHEN UND
NATURWISSENSCHAFTLICHEN FAKULTÄT

DER

WESTFÄLISCHEN WILHELMS-UNIVERSITÄT
ZU MÜNSTER IN WESTFALEN

VORGELEGT VON

HUGO GIESEKING
AUS LAAR IM KREISE HERFORD.

HILCHENBACH IN WESTF.
KOMMISSIONSVERLAG VON L. WIEGAND
1912.

Dekan:
Professor Dr. Spannagel.

Referent:
Geheimer Regierungsrat Professor Dr. Killing.

Meinen lieben Eltern
in herzlicher Dankbarkeit gewidmet.

Inhalt.

(Die Stellen, an denen man die Hauptresultate dieser
Arbeit findet, sind hier durch g e s p e r r t e n Druck
hervorgehoben.)

Literaturnachweis.

1) M. D e h n und P. H e e g a r d, Analysis Situs.
(Enzykl. d. math. Wiss. Bd. III. Teil I. Heft 3).

2) C. J o r d a n, Des contours tracés sur les surfaces.
(Journ. d. math. p. e. a. IIe série, tome XI. 1866).

3) H. P o i n c a r é, Analysis situs. (Journ. d. l'éc.
pol. IIe série. Ier cahier. 1895).

4) — Complément à l'analysis situs. (Rend. d. circ.
mat. d. Pal., tomo XIII. 1899).

5) — Second complément à l'analysis situs. (Proc. of
the Lond. math. soc., vol. XXXII. 1900).

6) — Troisième complément à l'analysis situs. (Bull.
d. l. soc. math. d. France. 1901).

7) — Quatrième complément à l'analysis situs. (Journ.
d. Liouville. 1901).

8) — Cinquième complément à l'analysis situs. (Rend.
d. circ. mat. d. Pal., tomo XVIII. 1904).

9) M. D e h n, Ueber die Topologie des dreidimensionalen Raumes. (Math. Annalen. 1910).

10) — Ueber unendliche diskontinuierliche Gruppen.
(Math. Annalen. 1911).

11) — Ueber die Transformation der Kurven auf
zweiseitigen Flächen. (Math. Annalen. 1912).

12) R. F r i c k e und F. K l e i n, Vorlesungen über
die Theorie der automorphen Funktionen. (Bd. 1.
Leipzig 1897. Bd. 2. Leipzig 1901).

13) C. J o r d a n, Sur la déformation des surfaces.
(Journ. d. math. p. e. a. IIe série, tome XI. 1866).

14) H. Tietze, Ueber die topologischen Invarianten mehrdimensionaler Mannigfaltigkeiten. (Monatshefte für Math. u. Phys. Jahrg. 19).

15) W. Killing, Einführung in die Grundlagen der Geometrie. (Bd. 1. Paderborn 1893. Bd. 2. Paderborn 1898).

16) H. Weber, Lehrbuch der Algebra. 2. Auflage. (Bd. 1. Braunschweig 1898. Bd. 2. Braunschweig 1899).

17) Stephen Smith, Sur les équations modulaires. (Atti della acc. reale d. Lincei. Bd. I. 1877).

18) F. Klein und R. Fricke, Vorlesungen über die Theorie d. elliptischen Modulfunktionen. (Bd. I. Leipzig 1890. Bd. II. Leipzig 1892).

19) D. Hilbert, Theorie der algebräischen Zahlkörper. (Jahresber. d. deutschen Math.-Vereinigung. Bd. IV. 1897).

Einleitung.

Die Aufstellung der notwendigen und hinreichenden Bedingungen für die Homotopie[1]) zweier Komplexe auf einer Mannigfaltigkeit ist eines der wichtigsten Probleme der Topologie. Es ist bis jetzt von besonderer Bedeutung gewesen für die geschlossenen Kurven (eindimensionalen Mannigfaltigkeiten) auf einer gegebenen Mannigfaltigkeit. Man kann in diesem Falle den Begriff der Homotopie kurz so definieren:[2]) Zwei geschlossene Kurven auf einer Mannigfaltigkeit heißen homotop, wenn sie durch stetige Deformationen, ohne die Mannigfaltigkeit zu verlassen, ineinander übergeführt werden können.

Für die geschlossenen Kurven auf zweiseitigen Flächen hat bereits C. Jordan[3]) in der Arbeit

---

[1]) Zur allgemeinen Definition der Homotopie vergleiche man den von M. Dehn und P. Heegard verfaßten Enzyklopädieartikel über „Analysis Situs", Grundlagen 7. pg. 164 ff.

[2]) Die folgende Definition der Homotopie von geschlossenen Kurven auf einer Mannigfaltigkeit ergibt sich mit Hülfe des Deformationsaxioms, welches im Enzyklopädieartikel „Analysis Situs", Grundlagen 8 formuliert ist. Diese Definition ist auch in den Arbeiten Poincarés (s. S. 4) benutzt.

[3]) Jordan bezeichnet zwei homotope geschlossene Kurven auf einer Fläche als „ineinander reduzierbar"; Poincaré nennt sie „äquivalent", wobei er noch zwischen eigentlicher und uneigentlicher Aequivalenz unterscheidet; Dehn hat für sie im Enzyklopädieartikel den Namen „homotop" eingeführt.

„Des contours tracés sur les surfaces" das Homotopieproblem in Angriff genommen; indessen ist die von ihm angegebene Lösung als unrichtig zu bezeichnen.[4]) Immerhin aber haben seine Untersuchungen den Wert, daß sie jede geschlossene Kurve auf einer von m Kurven berandeten Fläche vom Geschlechte p durch eine homotope Komposition von $2p+m$ „e l e m e n t a r e n" o d e r „f u n d a m e n t a l e n" ges c h l o s s e n e n K u r v e n[5]) zu ersetzen gestatten und somit das allgemeine Homotopieproblem auf die Frage nach der Homotopie zweier Kompositionen der Kurven des „F u n d a m e n t a l s y s t e m s" zurückführen.

H. P o i n c a r é[6]) hat wohl zuerst erkannt, daß diese $2p+m$ fundamentalen Kurven durch ihre Kompositionseigenschaften Anlaß zu einer diskontinuierlichen Gruppe geben, die er wegen ihrer charakteristischen Bedeutung für die Fläche als deren F u n d a m e n t a l g r u p p e bezeichnet. Diesen Begriff erweitert er gleichzeitig zum Begriff der F u n d a m e n t a l g r u p p e e i n e r M a n n i g f a l t i g k e i t[7]) über-

---

[4]) Das Jordansche Reduktionsverfahren und die Fehler seiner Lösung des Homotopieproblems sind auf pg. 19 ff. dieser Arbeit ausführlich dargestellt.

[5]) Die Benennung „elementare Kurven" findet sich bei Jordan, während Poincaré von „fundamentalen Kurven" spricht.

[6]) Von den Arbeiten, die Poincaré der Topologie gewidmet hat, kommen hier vor allem in Betracht die große Abhandlung „Analysis situs" und die erste, zweite und fünfte der an sie anknüpfenden Ergänzungsschriften, die unter den Bezeichnungen „Premier, Second, Troisième, Quatrième, Cinquième complément à l'analysis situs" erschienen sind.

[7]) Man vergleiche Poincarés Abhandlung „Analysis situs" § 12 und § 13, ferner für zweidimensionale Mannigfaltigkeiten „Cinquième complément à l'analysis situs" § 3 und § 4.

haupt und definiert diese Gruppen durch ihre erzeugenden Operationen und die zwischen ihnen bestehenden wesentlichen Relationen.[8]) Außerdem aber zeigt er,
daß nicht allein das Homotopieproblem, sondern auch
noch manche andere Fragen der Topologie durch die
Theorie der Fundamentalgruppen ihre Erledigung
finden.

M. D e h n hat vor kurzem in zwei Arbeiten „Ueber
die Topologie des dreidimensionalen Raumes" und
„Ueber unendliche diskontinuierliche Gruppen" unter
unter anderm mit Fundamentalgruppen von Mannigfaltigkeiten sich ebenfalls eingehend beschäftigt. Er
hebt besonders hervor, daß das Homotopieproblem
äquivalent ist mit dem gruppentheoretischen T r a n s-
f o r m a t i o n s p r o b l e m, d. h. mit der Frage, unter welchen Umständen zwei Elemente einer gegebenen
Gruppe gleichberechtigt (durch ein weiteres Element
der Gruppe ineinander transformierbar) sind. Einen
Spezialfall des Transformationsproblems, nämlich die
Frage nach der Identität zweier Elemente der Gruppe,
die er als I d e n t i t ä t s p r o b l e m bezeichnet, löst
er in vielen Fällen mit Hülfe eines von ihm eingeführ-
ten G r u p p e n b i l d e s.[9]) Dieses Gruppenbild besteht aus einem regulären Streckenkomplexe von folgenden Eigenschaften:

1) Sind C_1, C_2, $\cdots C_n$ die erzeugenden Operationen
der Gruppe, so gehen von jedem Punkte des Komplexes
2n Strecken (Linienstücke) aus, welche die Bezeich-
nungen C_1, C_1^{-1}, C_2, C_2^{-1}, $\cdots C_n$, C_n^{-1} tragen; dabei
ist aber zu bemerken, daß die Strecke C_i, die A_i
mit B_i verbindet, gleichzeitig die von B_i ausgehende
Strecke C_i^{-1} darstellt.

---

[8]) Die „wesentlichen" Relationen werden wohl auch als
„definierende" Relationen der Gruppe bezeichnet.

[9]) Man vergleiche hierzu Dehn „Ueber die Topologie
des dreidimensionalen Raumes", Kap. I § 1 und § 2.

2) Für jeden Punkt des Komplexes bilden die Streckenzüge, die den wesentlichen Relationen $S_1 = 1$, $S_2 = 1, \cdots S_m = 1$ und den durch zyklische Vertauschungen oder Inversion mit nachfolgenden zyklischen Vertauschungen daraus entstehenden Relationen entsprechen, geschlossene Streckenzüge S_i'.

3) Jeder geschlossene Streckenzug S des Gruppenbildes läßt sich aus den ebengenannten geschlossenen Streckenzügen S_i' linear[10]) zusammensetzen, d. h. nach geeigneter Einschaltung von Aggregaten der Form TT^{-1}, wo T die Gestalt $C_{\varkappa_1}^{\varepsilon_1} C_{\varkappa_2}^{\varepsilon_2} \cdot \cdot C_{\varkappa_\nu}^{\varepsilon_\nu}$ und dann T^{-1} die Gestalt $C_{\varkappa_\nu}^{-\varepsilon_\nu} \cdot \cdot C_{\varkappa_2}^{-\varepsilon_2} C_{\varkappa_1}^{-\varepsilon_1}$ besitzt, erhält S die Form $S_{i_1}' S_{i_2}' \cdots S_{i_n}'$.

Infolge der Eigenschaft 1) entspricht jedem Ausdruck in den Erzeugenden[11]) ein durch die Wahl seines Anfangspunktes eindeutig bestimmter Zug gleichbezeichneter Strecken. Die Eigenschaft 2) bewirkt, daß einem Ausdruck, der vermöge der Relationen der Gruppe das Einheitselement ergibt, eine geschlossene Kurve im Gruppenbild zugeordnet ist. Die Eigenschaft 3) hat zur Folge, daß auch umgekehrt ein Ausdruck, der eine geschlossene Kurve im Gruppenbild liefert, vermöge der Gruppenrelationen das Einheitselement darstellt. Die Punkte des Gruppenbildes repräsentieren somit die Elemente der Gruppe; denn wählt man einen Punkt O des Gruppenbildes zur Darstellung des Einheitselementes, so entspricht dem durch einen Aus-

---

[10]) Man vergleiche zu diesem Begriff den Enzyklopädieartikel „Analysis situs", Komplexus 2, pg. 172.

[11]) Es sei an dieser Stelle auf den Unterschied der beiden Begriffe „Ausdruck in den Erzeugenden" und „Element" einer Gruppe besonders hingewiesen. Zwei verschiedene Ausdrücke können oft gleiche Elemente darstellen; es ist eine unserer Hauptaufgaben, die notwendigen und hinreichenden Bedingungen dafür zu ermitteln.

druck in den Erzeugenden gegebenen Element der Endpunkt des von O ausgehenden Streckenzuges, der durch
jenen Ausdruck bestimmt wird; sobald zwei Ausdrücke dasselbe Element darstellen, haben die von
O ausgehenden ihnen entsprechenden Streckenzüge
denselben Endpunkt. Durch die Konstruktion des Gruppenbildes wird somit das Identitätsproblem sofort gelöst, aber auch das Transformationsproblem läßt sich,
wie Dehn gezeigt hat, mit Hülfe des Gruppenbildes in
zahlreichen Fällen erledigen, so z. B. bei den Fundamentalgruppen geschlossener Flächen (zweidimensionaler Mannigfaltigkeiten) und bei den Fundamentalgruppen einer gewissen Klasse von Knoten[12]) und damit
zusammenhängenden Poincaréschen Räumen.[13])

Auf Anregung von Herrn Professor Dehn soll hier
von seinen Methoden zur Lösung des Transformationsproblems[14]) diejenige, die
sich aus der Beziehung mancher Fun-

---

[12]) Als „Fundamentalgruppe eines Knotens“ bezeichnet
Dehn die Fundamentalgruppe des Aussenraumes eines
Schlauches, der genau so verknotet ist wie die geschlossene
Kurve, welche den Knoten darstellt. Man vergleiche über
die Bildung dieser Gruppe das zweite Kapitel seiner Arbeit
„Ueber die Topologie des dreidimensionalen Raumes“.

[13]) „Poincarésche Räume“ werden von Dehn (vgl. „Ueber
die Topologie des dreidimensionalen Raumes“, Einleitung)
solche dreidimensionalen Mannigfaltigkeiten ohne Torsion
und mit einfachem Zusammenhang genannt, welche mit dem
gewöhnlichen Raume nicht homöomorph sind. Das erste Beispiel einer solchen Mannigfaltigkeit ist von Poincaré im
„Cinquième complément à l'analysis situs“, § 6 angegeben
worden.

[14]) Die Methoden zur Lösung des Transformationsproblems findet man in der Arbeit „Ueber unendliche diskontinuierliche Gruppen“ ausführlich dargestellt. Für geschlossene zweiseitige Flächen ist das Problem eingehend
behandelt und in einfacher Weise gelöst in der demnächst
erscheinenden Arbeit Dehns „Ueber die Transformation der
Kurven auf zweiseitigen Flächen“.

damentalgruppen zu gewissen eigentlich diskontinuierlichen Gruppen linearer ζ-Substitutionen ergibt, in analytischer Form dargestellt werden. Naturgemäß wird diese analytische Behandlung des Problems in enger Beziehung stehen zur Theorie der Gruppen linearer ζ-Substitutionen, die man im ersten Bande der „Vorlesungen über die Theorie der automorphen Funktionen" von R. Fricke und F. Klein ausführlich dargestellt findet.

Kap. I.

Die Fundamentalgruppen zweidimensionaler Mannigfaltigkeiten.

§ 1.

Die Fundamentalgruppe einer zweiseitigen Fläche.

Der Begriff der Fundamentalgruppe einer Mannigfaltigkeit hat sich entwickelt aus topologischen Untersuchungen über zweiseitige Flächen, bei denen auch die Beziehungen zwischen den Kurven der Fläche und den Elementen der Fundamentalgruppe am deutlichsten hervortreten. Wir werden uns demgemäß hier etwas ausführlicher mit der Frage beschäftigen, wie das topologische Studium einer Fläche zum Begriff der Fundamentalgruppe geführt hat. Dabei gehen wir allerdings auf einen Gegenstand ein, der in der mathematischen Literatur[15]) schon vielfach dargestellt ist, aber wir erreichen durch unsere Betrachtungen, daß unsere späteren analytischen Entwickelungen einerseits

---

[15]) Man vergleiche hierzu die Arbeiten

C. Jordan „Sur la déformation des surfaces",

C. Jordan „Des contours tracés sur les surfaces",

H. Poincaré „Cinquième complément à l'analysis situs" § 3 und § 4,

M. Dehn „Ueber unendliche diskontinuierliche Gruppen" Kap. I,

M. Dehn „Ueber die Transformation von Kurven auf zweiseitigen Flächen".

sofort eine topologische Bedeutung gewinnen und andererseits sich in viel kürzerer Form darstellen lassen,
als wenn wir direkt von der Definition der Fundamentalgruppe durch ihre erzeugenden Operationen und die
zwischen ihnen bestehenden wesentlichen Relationen
ausgehen würden.

Man kann eine geschlossene zweiseitige Fläche vom Geschlechte p durch Aufschneiden längs p geeigneter Rückkehrschnitte, die keinen Punkt gemeinsam haben und die Fläche nicht zer-
stückeln, in ein auf eine Ebene abwickelbares[16]) Flächenstück mit 2p paarweise aufeinander bezogenen
Randkurven verwandeln, von denen eine außen, die andern innen das Flächenstück begrenzen. Wählt man
aber jene p Kurven so, daß sie sich sämtlich in einem
Punkte P der Fläche berühren, so erhält man ein auf
eine Ebene abwickelbares Flächenstück, welches außen
von einem p-seitigen Polygon, innen von p geschlossenen Kurven, deren jede einer Polygonseite zugeordnet
ist, begrenzt wird. Wir wollen nun die p durch P gehenden Kurven der Fläche mit einer solchen Richtung versehen und sie bei Annahme dieses Richtungs-
sinnes so mit

$$a_1, \; a_2, \; \cdots \cdots \; a_p$$

bezeichnen, daß das p-seitige Randpolygon, welches
man durch Aufschneiden der Fläche erhält, beim Umlauf im Uhrzeigersinn der Reihe nach von den Seiten
$a_1, \; a_2, \; \cdots \cdots a_p$ begrenzt wird. Der Endpunkt der Polygonseite a_i soll weiter mit dem Punkte, welcher auf der
a_i zugeordneten geschlossenen Randkurve des Flächen-
stückes dem Punkte P entspricht, durch eine Linie b_i
verbunden werden; der Linie b_i wird dann auf der

---

[16]) Ein Flächenstück wird hier als „abwickelbar auf eine
Ebene" bezeichnet, wenn es sich durch geeignete Biegung,
Dehnung und Kürzung in ein ebenes Flächenstück verwan-
deln läßt.

Fläche eine vom Punkte P ausgehende und die Kurve a_i in P schneidende geschlossene Kurve b_i korrespondieren. Indem man die Linien b_i so konstruiert, daß sie sich gegenseitig nicht schneiden, was möglich ist, da das Flächenstück durch die b_i nicht zerstückelt wird, erhält man auf der Fläche ein System von 2p durch den Punkt P gehenden Kurven

$$a_1, \ b_1, \ a_2, \ b_2, \ \ldots \ a_p, \ b_p,$$

welche außer P keinen Punkt gemeinsam haben. Wird die Fläche längs dieser Kurven c aufgeschnitten und allgemein die c genannte Kurve nach Umkehrung ihres Durchlaufungssinnes mit c^{-1} bezeichnet, so verwandelt sich die Fläche in ein von 4p Seiten begrenztes Elementarflächenstück („Fundamentalpolygon"), auf dessen Berandung die Seiten sich in der Reihenfolge

$$a_1, \ b_1, \ a_1^{-1}, \ b_1^{-1}, \ a_2, \ b_2, \ a_2^{-1}, \ b_2^{-1}, \ a_p, \ b_p, \ a_p^{-1}, \ b_p^{-1}$$

aneinander schließen. Zur Veranschaulichung sei noch in

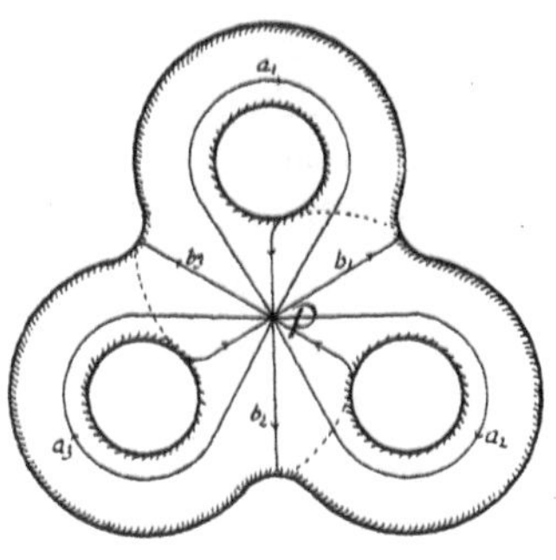

Fig. 1.

der Figur 1 für eine Fläche vom Geschlechte p = 3 (Kugel mit drei Henkeln) die Lage der Kurven a_i, b_i auf der Fläche angedeutet.

Das aus der Fläche hergestellte 4p - seitige „F u n -
d a m e n t a l p o l y g o n" kann offenbar als A b b i l d
d e r F l ä c h e benutzt werden. Jeder geschlossenen
Kurve auf der Fläche entspricht entweder auch im
Polygon eine geschlossene Kurve oder ein zyklisch an-
geordnetes System von Strecken

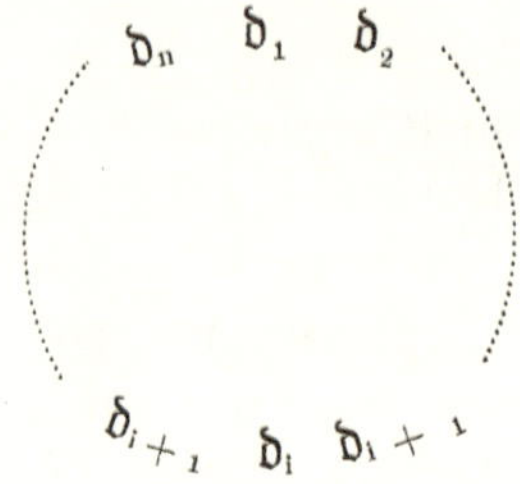

bei dem der Endpunkt einer Strecke δ_i und der Anfangspunkt der im Zyklus auf sie folgenden Strecke
δ_{i+1} entweder homologe Punkte auf zwei konjugierten
Polygonseiten sind oder in Polygonecken liegen. Umgekehrt entspricht aber auch jedem solchen zyklisch an-
geordneten Streckensystem, dessen Endpunkte die genannte Eigenschaft haben, eine geschlossene Kurve auf
der Fläche, da beim Zusammenheften entsprechender
Polygonseiten der Endpunkt von δ_i und der Anfangspunkt von δ_{i+1} zusammenfallen.

Ein Uebelstand bei diesem Abbildungsverfahren
besteht darin, daß die Bildkurve einer zusammenhängenden Kurve überall da, wo sie auf eine Polygonseite c
stößt, zum homologen Punkte der Polygonseite c^{-1}
überspringt. Diese Unbequemlichkeit kann man jedoch
dadurch leicht beseitigen, daß man ein dem Fundamentalpolygon R_0 kongruentes Polygon R_1 mit gleicher Bezeichnung der Seiten nimmt und es mit seiner Seite
c^{-1} so an die Seite c des Polygons R_0 heftet, daß homologe Punkte dieser beiden Seiten zusammenfallen
(Fig. 2).

Es entspricht dieses Verfahren einer neuen Ueberdeckung der Fläche, welche mit der alten Ueberdeckung längs des Rückkehrschnittes c zusammenhängt. Durch Fortsetzung dieses Verfahrens erhält man schließlich ein einfach und lückenlos zusammenhängendes N e t z

Fig. 2.

v o n P o l y g o n e n, bei dem in jeder Seite 2 und in jeder Ecke 4p Polygone zusammenstoßen. Jede Seite erhält von dem einen der beiden Polygone, denen sie angehört, die Bezeichnung c und von dem andern die Bezeichnung c^{-1} dem Umstande entsprechend, daß sie von dem einen dieser Polygone in entgegengesetzter Richtung durchlaufen wird, wie von dem andern. Die 4p

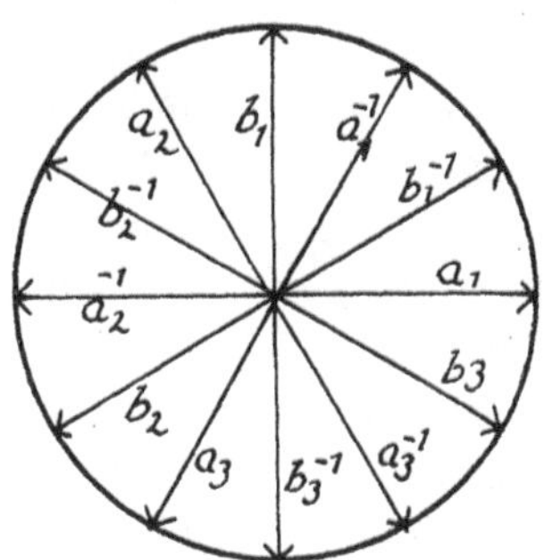

Fig. 3.

von jeder Polygonecke ausgehenden Seiten folgen, wenn man die Ecke in gleichem Sinne wie die Polygone umläuft, in der Reihenfolge

$$b_p, \; a_p^{-1}, \; b_p^{-1}, \; a_p, \; \ldots \ldots \; b_1, \; a_1^{-1}, \; b_1^{-1}, \; a_1$$

aufeinander. (S. Fig. 3 für p = 3).

Dieses N e t z kann nun a l s A b b i l d d e r u n -
e n d l i c h o f t ü b e r d e c k t e n F l ä c h e , wobei
zwei Ueberdeckungen längs eines Rückkehrschnittes c
zusammenhängen, aufgefaßt werden. Jede zusammenhängende Kurve K der Fläche erscheint im Netz abgebildet auf eine ebenfalls zusammenhängende Kurve K′,
die an den Stellen, welche den Schnittpunkten der
Kurve K mit einer Kurve c entsprechen, jedesmal in
eine neue Netzmasche eintritt. Ist die Kurve K auf der
Fläche geschlossen, so sind Anfangs- und Endpunkt der
Bildkurve K′ homologe Punkte zweier Netzpolygone
und umgekehrt. Da man jedes Polygon des Netzes als
Ausgangspolygon für die Bildkurve K′ wählen kann,
so gehören im Grunde zu jeder Kurve K unendlich viele
Bildkurven K′, die aber alle einander „kongruent“ sind.

Um jetzt zum **Begriff der Fundamentalgruppe** zu
gelangen, müssen wir die Aenderung einer geschlossenen Kurve K der Fläche bei s t e t i g e r D e f o r -
m a t i o n betrachten. Wird K auf der Fläche stetig
deformiert, so erfährt auch die Bildkurve K′ von K eine
stetige Deformation im Netz. Da K jedoch geschlossen
bleibt, so müssen Anfangs- und Endpunkt von K′ in
jedem Augenblick homologe Punkte sein und sich infolgedessen auf kongruenten Linien $L_1′$ und $L_2′$, denen
auf der Fläche ein und dieselbe Linie L entspricht, be-
wegen. Umgekehrt gehört aber auch zu jeder solchen
stetigen Deformation einer Netzkurve K′ die stetige
Deformation einer geschlossenen Kurve K auf der
Fläche. Hieraus folgt z. B., daß j e d e g e s c h l o s -
s e n e K u r v e K a u f d e r F l ä c h e d u r c h s t e -
t i g e D e f o r m a t i o n i n e i n e a u s d e n K u r -
v e n c k o m p o n i e r t e F l ä c h e n k u r v e ü b e r -
g e f ü h r t w e r d e n k a n n . Diese Kurven c, d. h.
die Kurven

$$a_1, \ a_1^{-1}, \ b_1, \ b_1^{-1}, \ \cdots \ a_p, \ a_p^{-1}, \ b_p, \ b_p^{-1}$$

liefern infolgedessen ein F u n d a m e n t a l s y s t e m

von geschlossenen Kurven;[17]) jede geschlossene Kurve K der Fläche ist homotop mit einer Komposition der Kurven $a_i^{\pm 1}$, $b_i^{\pm 1}$ des Fundamentalsystems.

Es lassen sich jedoch unendlich viele Kompositionen der fundamentalen Kurven bestimmen, die einer gegebenen Kurve homotop sind. Sind zwei geschlossene Flächenkurven homotop, so sind auch irgend zwei ihnen homotope Kompositionen des Fundamentalsystems homotop, und umgekehrt sind auch zwei geschlossene Flächenkurven homotop, wenn irgend zwei ihnen homotope Kompositionen des Fundamentalsystems homotop sind. Wir brauchen wegen dieses Satzes nur die Bedingungen für die Homotopie zweier Kompositionen des Fundamentalsystems zu untersuchen. Um sie zu ermitteln, wollen wir zunächst den allgemeinen Begriff der Homotopie auf den speziellen Begriff der „Nullhomotopie" zurückführen.

Damit zwei geschlossene Kurven K_1 und K_2 homotop sind, muß sich nach den obigen Entwicklungen über stetige Deformationen eine die Enden von K_1 und K_2 verbindende Flächenkurve L so bestimmen lassen, daß der geschlossenen Flächenkurve $L^{-1} K_1 L K_2^{-1}$ eine geschlossene Netzkurve entspricht. Geschlossene Flächenkurven aber, deren Bilder geschlossene Netzkurven sind, lassen sich auf einen Punkt zusammenziehen, und umgekehrt sind auch die Bilder geschlossener Flächenkurven, die auf einen Punkt zusammengezogen werden

---

[17]) Vgl. Einleitung pg. 4.

k ö n n e n, g e s c h l o s s e n e N e t z k u r v e n.[18])
Alle auf einen Punkt zusammenziehbaren Flächenkurven sind homotop, und jede Kurve, die einer solchen
Kurve homotop ist, ist auf einen Punkt zusammenziehbar. Um kurz auszudrücken, daß eine Flächenkurve K
sich auf einen Punkt zusammenziehen läßt, wollen wir
mit Poincaré schreiben:

$$K \equiv 0$$

und diese Relation als „N u l l h o m o t o p i e“ bezeichnen. Für solche Nullhomotopien gelten folgende einfache Rechnungsregeln:

$$\text{Ist } K \equiv 0, \text{ so ist natürlich auch}$$
$$K^{-1} \equiv 0$$

Ist L irgend eine Linie der Fläche, so ist stets
$LL^{-1} \equiv 0$. Für eine Nullhomotopie von der Form
$LM^{-1} \equiv 0$ soll mitunter auch

$$L \equiv M \quad \text{oder} \quad M \equiv L$$

geschrieben werden; durch diese Relation wird ausgedrückt, daß die Kurven L und M gemeinsamen Anfangsund Endpunkt besitzen und mit Festhaltung dieser
beiden Punkte ineinander stetig auf der Fläche deformiert werden können.[19]) J e d e v o m P u n k t e P a u sg e h e n d e g e s c h l o s s e n e K u r v e L a u f d e r

---

[18]) Man vergleiche hierzu die ausführlichere Darstellung
bei Dehn „Ueber unendliche diskontinuierliche Gruppen“,
pg. 121.

[19]) Poincaré bezeichnet Ausdrücke von der Form $K \equiv 0$,
$L \equiv M$ als „eigentliche Aequivalenzen“. Der allgemeine Begriff der Homotopie zweier Kurven K_1 und K_2, der sich durch
die Relation $L^{-1}K_1 LK_2^{-1} \equiv 0$ oder $L^{-1} K_1 L \equiv K_2$ darstellen läßt,
wird von ihm „uneigentliche Aequivalenz“ zwischen K_1 und
K_2 genannt. Da in der Enzyklopädie der Begriff der Aequivalenz in anderer Bedeutung auftritt, so ist hier von seiner Benutzung abgesehen. In Uebereinstimmung mit der Enzyklopädie ist ausserdem für die „uneigentliche Aequivalenz“ die
Benennung „Homotopie“ eingeführt.

Fläche erfüllt eine Relation der Form $L \equiv T$, worin T eine Komposition von fundamentalen Kurven bedeutet. Zur Bestimmung von T ist nämlich nur erforderlich, die Kurve L auf das Netz abzubilden; ihre Bildkurve L' verbindet zwei Netzpunkte; jeder Streckenzug T, der dieselben Netzpunkte verbindet, liefert eine Relation

$$L \equiv T.$$

Man kann in einer Nullhomotopie von der Form

$$l\,m\,n \equiv 0$$

einen beliebigen Teil, etwa l, durch einen andern Teil l' ersetzen, der die Relation $l' \equiv l$ erfüllt, und ferner in ihr zyklische Vertauschungen wie

$$m\,n\,l \equiv 0$$

vornehmen, während andere Vertauschungen wie z. B. $m\,l\,n \equiv 0$ im allgemeinen unstatthaft sind. Ist r eine auf einen Punkt zusammenziehbare Kurve, deren Anfangspunkt der Endpunkt von l ist, so kann man aus $l\,m\,n \equiv 0$ auf die Nullhomotopie

$$l\,r\,m\,n \equiv 0$$

schließen; wenn jedoch r nicht den Endpunkt von l zum Anfangspunkt besitzt oder die Bedingung $r \equiv 0$ nicht erfüllt ist, so ist der obige Schluß nicht erlaubt. Im ersten Fall würde nämlich $l\,r\,m\,n$ keine geschlossene Kurve der hier vorausgesetzten Art sein, und im zweiten Fall würde aus $l\,r\,m\,n \equiv 0$ folgen $r \equiv (m\,n\,l)^{-1} \equiv 0$ im Widerspruch zu unserer Annahme. Umgekehrt kann man in einer Nullhomotopie $l\,r\,m\,n \equiv 0$ das Glied r weglassen, wenn $r \equiv 0$ ist.

Sind S_1 und S_2 zwei homotope Kompositionen des Fundamentalsystems, so besteht die Relation $L^{-1} S_1 L \equiv S_2$.

Da nun in diesem Falle die Kurve L eine vom Punkte P ausgehende geschlossene Kurve ist, so gibt es eine Komposition T von fundamentalen Kurven derart, daß

$$L \equiv T$$

ist. Die Kompositionen S_1 und S_2 des Fundamentalsystems sind also dann und nur dann homotop, wenn sich eine Komposition T von fundamentalen Kurven so bestimmen läßt, daß

$$T^{-1} S_1 T \equiv S_2$$

ist.

Dieser Satz, durch den das Homotopieproblem für die Flächenkurven überhaupt auf die Untersuchung einer Relation zwischen den Kompositionen von fundamentalen Kurven zurückgeführt ist, gibt Anlaß zur Definition der Fundamentalgruppe der Fläche. Als erzeugende Operationen dieser Gruppe benutze man die Symbole

$$a_1, b_1, a_2, b_2, \ldots a_p, b_p$$

für die fundamentalen Kurven. Jeder Komposition der fundamentalen Kurven entspricht dann ein Ausdruck gleicher Form in den erzeugenden Operationen. Da einer Komposition von der Form SS^{-1}, die eine Nullhomotopie darstellt, das Einheitselement der Gruppe entspricht wegen der für jede Gruppe geltenden identischen (unwesentlichen) Relationen

$$c\, c^{-1} = 1$$

und in jeder Komposition ein Teil s durch einen Teil $s' \equiv s$ ersetzt werden darf, so müssen wir die wesentlichen Relationen der Fundamentalgruppe so wählen, daß jedem Ausdruck, der eine Nullhomotopie bildet, in der Gruppe das Einheitselement zugeordnet wird. Nun kann aber jede Komposition, die einen geschlossenen

Zug in dem einfach zusammenhängenden Polygonnetze
darstellt, durch geeignetes Ein- und Ausschalten der
Komposition $G = a_1 b_1 a_1^{-1} b_1^{-1} \cdots a_p b_p a_p^{-1} b_p^{-1}$,
der inversen Komposition G^{-1}, der aus G und G^{-1}
durch zyklische Vertauschung entstehenden Kompositionen und der Kompositionen cc^{-1}, welche sämtlich
homotop null sind, in eine Komposition von der Form
SS^{-1} verwandelt werden. Durch derartige Operationen
kann nämlich die Anzahl der von dem ursprünglichen
Zuge eingeschlossenen Netzpolygone sukzessiv um je 1
vermindert werden, bis man schließlich zu einem Zuge
SS^{-1} gelangt. Es genügt daher zur Befriedigung der genannten Bedingung, wenn man die erzeugenden Operationen der Gruppe durch die w e s e n t l i c h e Relation

$$a_1 b_1 a_1^{-1} b_1^{-1} \cdots a_p b_p a_p^{-1} b_p^{-1} = 1$$

verknüpft. E r f ü l l e n dann z w e i K o m p o s i t i o-
n e n S_1 und S_2 d i e R e l a t i o n $S_1 = S_2$, so e n t-
s p r i c h t d e m A u s d r u c k $S_1 S_2^{-1}$ i n d e r F u n-
d a m e n t a l g r u p p e d a s E i n h e i t s e l e m e n t
o d e r d i e A u s d r ü c k e S_1 und S_2 s t e l l e n d a s-
s e l b e E l e m e n t i n d e r F u n d a m e n t a l-
g r u p p e d a r. Zwei h o m o t o p e n K o m p o s i-
t i o n e n S_1 und S_2, d i e e i n e R e l a t i o n
$T^{-1} S_1 T = S_2$ b e f r i e d i g e n, l i e f e r n i n d e r
F u n d a m e n t a l g r u p p e g l e i c h b e r e c h t i g t e
E l e m e n t e. Umgekehrt sind z w e i K o m p o s i-
t i o n e n S_1 und S_2 h o m o t o p, w e n n d i e d u r c h
s i e g e g e b e n e n A u s d r ü c k e i n d e n E r z e u-
g e n d e n g l e i c h b e r e c h t i g t e E l e m e n t e
d e r F u n d a m e n t a l g r u p p e d a r s t e l l e n.
Es läßt sich dann nämlich ein Element T der Gruppe
so bestimmen, daß $T^{-1} S_1 T = S_2$ ist; diese Relation
hat aber für die Kompositionen S_1 und S_2 die Nullhomotopie $T^{-1} S_2 T S_2^{-1} = 0$ zur Folge.

Es mag bei dieser Gelegenheit dargelegt werden,
inwiefern die Lösung des Homotopieproblems, die C.

J o r d a n in der Arbeit „Des contours tracés sur les surfaces" angegeben hat, als unrichtig zu bezeichnen ist. Auch Jordan reduziert zunächst die geschlossenen Flächenkurven auf eine homotope Komposition der fundamentalen Kurven, die er in folgender Weise bestimmt:[20]) Es sei K die geschlossene Flächenkurve und A derjenige Punkt von K, der als Anfangspunkt von K dient; die Kurve K möge von A aus durchlaufen fundamentale Kurven a_i und b_i in den Punkten $c_1, c_2, \cdots c_n$ treffen. Man bezeichne mit $P \gamma_\varkappa c_\varkappa$ den Teil der in $c_\varkappa$ geschnittenen fundamentalen Kurve a_i bzw. b_i, den man erhält, wenn man a_i bzw. b_i in seiner Richtung von P bis $c_\varkappa$ durchläuft. Da

$$c_\varkappa \, \gamma_\varkappa \, P \, \gamma_\varkappa \, c_\varkappa \equiv 0$$

ist, so hat man

$$K \equiv A c_1 \, \gamma_1 \, P \gamma_1 \, c_1 \, c_2 \, \gamma_2 \, P \, \gamma_2 \, c_2 \, c_3 \, \gamma_3 \, P \cdots$$
$$c_n \, \gamma_n \, P \, \gamma_n \, c_n \, A$$
$$\equiv A c_1 \, \gamma_1 \, P \cdot P \gamma_1 \, c_1 \, c_2 \, \gamma_2 \, P \cdot P \gamma_2 \, c_2 \, c_3 \, \gamma_3 \, P \cdots$$
$$P \, \gamma_{n-1} \, c_{n-1} \, c_n \, \gamma_n \, P \cdot P \, \gamma_n \, c_n \, A c_1 \, \gamma_1 \, P \cdot P \gamma_1 \, c_1 \, A.$$

Die Kurve K ist also homotop der Kurve

$$K^* \equiv P \, \gamma_1 \, c_1 \, c_2 \, \gamma_2 \, P \cdot P \, \gamma_2 \, c_2 \, c_3 \, \gamma_3 \, P \cdots$$
$$P \gamma_{n-1} \, c_{n-1} \, c_n \, \gamma_n \, P \cdot P \gamma_n \, c_n \, c_1 \, \gamma_1 \, P,$$

deren Netzbild aus lauter Polygondiagonalen besteht. Jede Polygondiagonale wird von Jordan ersetzt durch denjenigen ihren Anfangs- und Endpunkt verbindenden und mit ihr zu demselben Polygon gehörigen Streckenzug, der das Aggregat $a_i \, b_i \, a_i^{-1} \, b_i^{-1}$ nicht enthält; wenn aber die Diagonale durch eine der Ecken (a_i, b_i) oder (a_i^{-1}, b_i^{-1}) geht, so wird derjenige Streckenzug genommen, bei dem nicht drei Strecken jenes Aggregats unmittelbar aufeinander folgen, und wenn sie von der Ecke (b_i, a_i^{-1}) ausgeht oder dort endet, so wird der mit b_i^{-1} beginnende bzw. mit b_i endende Streckenzug

---

[20]) Die folgenden Reduktionen, die Jordan auf der Fläche selbst ausführt, sind hier gleich auf das Netz übertragen.

gewählt. Durch diese Festsetzung ist zu jeder Kurve K eine homotope Komposition S des Fundamentalsystems eindeutig bestimmt. Jordan behauptet nun, daß zwei geschlossene Kurven K und K^0 nur dann homotop seien, wenn die beiden ihnen eindeutig zugeordneten Kompositionen S und S^0 von Kurven des Fundamentalsystems abgesehen von etwaigen Ein- und Ausschaltungen der Form cc^{-1} sich identisch erwiesen. Dieser Satz ist richtig, wenn er für jede unendlich kleine Deformation gilt. Das ist aber keineswegs der Fall. Wählt man nämlich erstens den Anfangspunkt A einerseits unmittelbar vor c_1 und andererseits unmittelbar nach c_1, so entspricht dem eine unendlich kleine Deformation von K auf der Fläche, bei der K als Ganzes in sich übergeht, aber der Anfangspunkt über c_1 verschoben wird. Für die zu K gehörige Komposition S hat aber diese Deformation den Einfluß, daß das durch die Diagonale $P\gamma_1 c_1 c_2 \gamma_2 c_2$ gelieferte Stück der Komposition in S vom Anfang an das Ende versetzt wird, sodaß der Kompositionsausdruck nicht ungeändert geblieben ist. Doch ist diese zyklische Vertauschung so unwesentlich und selbstverständlich,[21]) daß Jordan viel-

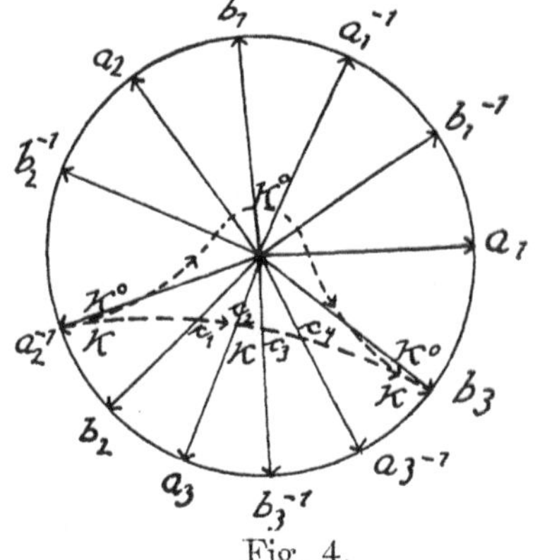

Fig. 4.

---

[21]) Der gemachte Einwand fällt ganz fort, wenn man die Teile $d_i = P\,\gamma_i\,c_i\,c_{i+1}\,\gamma_{i+1}$ in Form eines Zyklus aneinander reiht.

leicht geglaubt hat, sie nicht ausdrücklich hervorzuheben zu brauchen. Dagegen ist dies von dem zweiten Fall, bei dem die Kurve K unendlich nahe an den Punkt P herantritt und dann durch eine unendlich kleine Deformation über den Punkt P hinweggezogen wird, nicht mehr zu sagen. Wir wollen an einem Beispiel (Fig. 4 für $p = 3$) zeigen, daß dabei eine Aenderung in der durch das Jordansche Verfahren bestimmten Komposition eintritt. Wir haben für die beiden Kurven K und K^0 der Figur nach dem Jordanschen Verfahren die Ausdrücke

$$K \equiv a_2 \cdot b_3{}^{-1} \cdot b_3\, a_3{}^{-1} \cdot a_3\, b_3 \qquad \text{und}$$

$$K^0 \equiv a_2 b_2{}^{-1} \cdot b_2 \cdot a_1{}^{-1} \cdot b_1{}^{-1}\, a_2\, b_2\, a_2{}^{-1}\, b_2{}^{-1}\, a_3\, b_3\, a_3{}^{-1}$$
$$b_3{}^{-1}\, a_1 \cdot b_1 \cdot b_3,$$

von denen sich nach Elimination von Aggregaten der Form cc^{-1} der zweite vom ersten durch Einschaltung der Komposition

$$a_1{}^{-1}\, b_1{}^{-1}\, a_2\, b_2\, a_2{}^{-1}\, b_2{}^{-1}\, a_3\, b_3\, a_3{}^{-1}\, b_3{}^{-1}\, a_1\, b_1$$

unterscheidet, sodaß die Jordansche Behauptung auch in diesem Falle nicht erfüllt ist.

Immerhin aber gilt ein so einfacher Satz, wie ihn Jordan allgemein für zweiseitige Flächen aufstellen zu können glaubte, für die geschlossenen Kurven auf b e r a n d e t e n z w e i s e i t i g e n F l ä c h e n. Da alle zweiseitigen Flächen homöomorph sind, wenn sie nur dasselbe Geschlecht p und dieselbe Anzahl q von Randkurven besitzen,[22]) so wollen wir die eben betrachtete geschlossene Fläche mit dem zugehörigen System fundamentaler Kurven beibehalten und auf ihr q Randkurven so herstellen, daß sie keine der Kurven a_i, b_i schneiden. Durch q Linien l_k, die weder einander noch die fundamentalen Kurven a_i, b_i schneiden sollen, wollen wir die q Randkurven mit dem Punkte P verbinden. Schneidet

---

[22]) Einen Beweis für diesen Satz hat z. B. C. Jordan in der Abhandlung „Sur la déformation des surfaces" gegeben.

man die Fläche längs der fundamentalen Kurven a_i, b_i und der Linien l_k auf, so erhält man ein Fundamentalpolygon mit $4p + q$ Seiten, die, wenn man die Linien l_k geeignet konstruiert voraussetzt, in der Reihenfolge

$$a_1, b_1, a_1^{-1}, b_1^{-1}, \cdots \cdot a_p, b_p, a_p^{-1}, b_p^{-1}, d_1, d_2, \cdots d_q$$

aufeinander folgen, wobei den d_k die durch die l_k transformierten Randkurven entsprechen. **Jede geschlossene Kurve auf der Fläche ist homotop mit einem Ausdruck in den Kurven $a_i^{\pm 1}$, $b_i^{\pm 1}$, $d_k^{\pm 1}$,** die infolgedessen ein Fundamentalsystem von geschlossenen Kurven für die Fläche liefern. **Zwei Kompositionen S_1 und S_2 in den fundamentalen Kurven aber sind homotop, wenn die durch sie gegebenen Ausdrücke S_1 und S_2 in der durch die erzeugenden Operationen**

$$a_1, b_1, a_2, b_2, \cdots a_p, b_p, d_1, d_2, \cdots d_q$$

und die wesentliche Relation

$$a_1 b_1 a_1^{-1} b_1^{-1} \cdots \cdot a_p b_p a_p^{-1} b_p^{-1} d_1 d_2 \cdots d_q = 1$$

definierten Fundamentalgruppe dieser berandeten Fläche gleichberechtigte Elemente darstellen. Die Fundamentalgruppe ist nun isomorph mit derjenigen Gruppe, welche von den durch keine wesentliche Relation verbundenen Operationen

$$a_1, b_1, a_2, b_2, \cdots \cdot a_p, b_p, d_1, d_2 \cdots d_{q-1}$$

erzeugt wird. Daraus folgt, daß **zwei Ausdrücke S_1 und S_2 in den erzeugenden Operationen der Fundamentalgruppe dann und nur dann gleichberechtigte Elemente ergeben, wenn sie durch Ausschaltung von d_q und d_q^{-1} vermöge der Relationen**

$$d_q = d_{q-1}^{-1} d_{q-2}^{-1} \cdots d_1^{-1} b_p a_p b_p^{-1} a_p^{-1} \cdots b_1 a_1 b_1^{-1} a_1^{-1}$$

$$d_q{}^{-1} = a_1\, b_1\, a_1{}^{-1}\, b_1{}^{-1} \cdots a_p\, b_p\, a_p{}^{-1}\, b_p{}^{-1}\, d_1\, d_2 \cdots d_{q-1}$$

und durch nachfolgende zyklische Vertauschungen mit Beseitigung aller Aggregate cc^{-1} auf identische Formen gebracht werden können; sie sind identisch, wenn dasselbe der Fall ist ohne Anwendung zyklischer Vertauschungen.

Auch für geschlossene Flächen werden wir später noch ein Verfahren entwickeln, durch das man aus der Gestalt zweier Ausdrücke S_1 und S_2 sofort schließen kann, ob sie identische oder gleichberechtigte Elemente der Fundamentalgruppe liefern.[23]) Indessen beruht der Beweis für dieses Verfahren auf einem eingehenden Studium des Dehnschen Gruppenbildes, mit dem wir uns erst in den folgenden Paragraphen beschäftigen müssen.

Vorher wollen wir noch eine wichtige Erweiterung des Homotopiebegriffes vornehmen, von der wir später noch häufig Gebrauch machen müssen. Man betrachte die Symbole

$$a_1,\ b_1,\ a_2,\ b_2,\ \cdots\ a_p,\ b_p$$

als **erzeugende Operationen einer Abelschen Gruppe**,[24]) d. h. einer Gruppe, in der für die Komposition der Operationen auch das kommutative Gesetz gilt; außer den durch diese Festsetzung neu auftretenden Relationen

$$c_i\, c_k\, c_i{}^{-1}\, c_k{}^{-1} = 1,$$

---

[23]) Ein ähnliches Verfahren wird von Dehn demnächst in der Arbeit „Ueber die Transformation von Kurven auf zweiseitigen Flächen" entwickelt werden, dessen Beweisführung jedoch von der unsrigen ziemlich verschieden ist.

[24]) Auf die Bedeutung der Abelschen Gruppe einer Mannigfaltigkeit hat ganz besonders H. Tietze in der Arbeit „Ueber die topologischen Invarianten mehrdimensionaler Mannigfaltigkeiten" hingewiesen.

in denen c_i und c_k zwei beliebige erzeugende Operationen der Gruppe bedeuten, sollen auch die wesentlichen Relationen der Fundamentalgruppe beibehalten werden. In unserem Falle ist allerdings diese wesentliche Relation eine Folge der Relationen $c_i c_k c_i^{-1} c_k^{-1} = 1$; **die Abelsche Gruppe einer geschlossenen zweiseitigen Fläche ist also die allgemeinste Abelsche Gruppe mit den 2p Erzeugenden**

$$a_1, b_1, a_2, b_2, \cdots\cdot a_p, b_p.$$

Für eine Abelsche Gruppe ist das Transformationsproblem gleichbedeutend mit dem Identitätsproblem, denn wegen der Gültigkeit des kommutativen Gesetzes folgt aus $T^{-1} S_1 T S_2^{-1} = 1$ die Relation $S_1 S_2^{-1} = 1$. Das Identitätsproblem für die Abelsche Gruppe der Fläche ist leicht zu lösen; durch Vertauschung der erzeugenden Operationen eines Ausdrucks S kann man diesen Ausdruck auf die Form

$$a_1^{\alpha_1} b_1^{\beta_1} a_2^{\alpha_2} b_2^{\beta_2} \cdots a_p^{\alpha_p} b_p^{\beta_p}$$

bringen; zwei Ausdrücke S' und S'', die in dieser Form dargestellt sind, ergeben dann und nur dann identische Elemente, wenn

$$\alpha_i'' = \alpha_i', \ \beta_i'' = \beta_i' \quad (i = 1, 2, \cdots p)$$

ist. Insbesondere liefert ein Ausdruck S in der Abelschen Gruppe das Einheitselement, wenn sämtliche α_i und β_i den Wert null haben.

Ist eine Kurve auf der Fläche homotop einem Ausdruck, der in der Abelschen Gruppe das Einheitselement darstellt, so heißt die Kurve homolog null.[25] **Zwei Kurven heißen einander homolog, wenn zwei ihnen homotope**

---

[25] Man vergleiche über diese Definition des Homologiebegriffes die Arbeiten Poincarés, insbesondere „Analysis situs" § 13 und „Cinquième complément" § 3—6.

Kompositionen Ausdrücke liefern, die in der Abelschen Gruppe identische Elemente ergeben.

Aus dieser Definition schließt man sofort, daß zwei homotope Kompositionen von Kurven des Fundamentalsystems auch stets homolog sind. Da man nun die Frage nach der Homologie zweier Kompositionen sehr leicht beantworten kann, so liefert diese Untersuchung schon eine notwendige, indessen natürlich noch keineswegs hinreichende Bedingung für die Homotopie zweier Ausdrücke. Nur im Falle einer Fläche vom Geschlecht $p = 1$, bei der die Fundamentalgruppe und Abelsche Gruppe identisch sind, sind einander homologe Kurven auch stets homotop.

Den Unterschied zwischen der Homologie und Homotopie kann man in dem behandelten Falle zweidimensionaler Mannigfaltigkeiten etwa so charakterisieren: Liefert eine geschlossene Kurve einen Ausdruck, der homotop null ist, so begrenzt sie auf der Fläche ein Elementarflächenstück, da sie ja auf einen Punkt zusammengezogen werden kann; liefert sie aber einen Ausdruck, der homolog null ist, so begrenzt sie eine auf der Fläche gelegene zweidimensionale Mannigfaltigkeit vollständig; liefert sie einen Ausdruck, der nicht homolog null ist, so begrenzt sie keine auf der Fläche gelegene zweidimensionale Mannigfaltigkeit vollständig.[26])

Der Begriff der Fundamentalgruppe ist sofort der Verallgemeinerung auf eine beliebige Mannigfaltigkeit fähig. Zwei geschlossene Kurven auf der Mannigfaltigkeit, welche, ohne die Mannigfaltigkeit zu verlassen, stetig ineinander übergeführt werden können, werden ho-

---

motop genannt. Ein System von geschlossenen
Kurven auf der Mannigfaltigkeit, die sämtlich durch
einen Punkt P der Mannigfaltigkeit gehen und außer P
keine Schnitt- oder Berührungspunkte aufweisen, bildet
ein **Fundamentalsystem**, wenn jede Kurve auf
der Mannigfaltigkeit homotop einer Komposition dieser
fundamentalen Kurven ist. Die Symbole für diese fundamentalen Kurven werden als erzeugende Operationen

$$c_1 , c_2 , \cdots c_n$$

der **Fundamentalgruppe** benutzt. Den Nullhomotopien zwischen diesen Kurven, die sämtlich aus
gewissen fundamentalen Nullhomotopien abgeleitet werden können, läßt man das Einheitselement in der Fundamentalgruppe entsprechen. Die fundamentalen Nullhomotopien liefern somit gewisse wesentliche Relationen

$$S_1 = 1, S_2 = 1, \cdots S_m = 1$$

für die erzeugenden Operationen der Fundamentalgruppe.
**Zwei Kompositionen in den fundamen-
talen Kurven sind dann und nur dann
homotop, wenn sie gleichberechtigte
Elemente in der durch die Erzeugenden**
$c_1, c_2, \cdots c_n$ und die wesentlichen Relationen

$$S_1 = S_2 = \cdots = S_m = 1$$

**definierten Fundamentalgruppe bil-
den.** Von praktischer Bedeutung erweist sich allerdings der Begriff der Fundamentalgruppe nur dann,
wenn sowohl die Anzahl der Erzeugenden als auch die
Anzahl der wesentlichen Relationen endlich ist.

**Fügt man zu den wesentlichen Re-
lationen der Fundamentalgruppe noch
sämtliche Relationen**

$$c_i c_k c_i^{-1} c_k^{-1} = 1$$

**hinzu, so erhält man die Abelsche
Gruppe der Mannigfaltigkeit. Zwei
Kompositionen der fundamentalen Kur-**

ven, durch die identische Elemente dieser Abelschen Gruppe geliefert werden, heißen homolog; zwei homotope Kompositionen sind stets auch homolog. Eine Komposition, die das Einheitselement der Abelschen Gruppe ergibt, heißt homolog null. Eine Kurve, die homolog null ist, begrenzt eine in der gegebenen Mannigfaltigkeit enthaltene zweidimensionale Mannigfaltigkeit vollständig. Ist die Kurve auch homotop null, d. h. kann sie auf einen Punkt zusammengezogen werden, so begrenzt sie ein der gegebenen Mannigfaltigkeit angehöriges Elementarflächenstück vollständig. Eine Kurve, die nicht homolog null ist, kann nicht die vollständige Grenze einer in der Mannigfaltigkeit gelegenen zweidimensionalen Mannigfaltigkeit sein.

§ 2.

Das Gruppenbild der Fundamentalgruppe einer zweiseitigen Fläche.

Als Dehnsches Gruppenbild[27] für die Fundamentalgruppe einer geschlossenen zweiseitigen Fläche kann man offenbar das im vorigen Paragraphen konstruierte Netz von 4p-seitigen Maschen benutzen, welches alle an das Gruppenbild zu stellenden Anforderungen befriedigt. Es ist jedoch für eine analytische Untersuchung zweckmäßig, diesem Netze noch die metrische Bedingung aufzuerlegen, daß seine

---

[27] Die Entwickelungen dieses Paragraphen findet man zum größten Teil in der Abhandlung „Ueber unendliche diskontinuierliche Gruppen" von M. Dehn ausführlich dargestellt.

Maschen aus regulären 4p-seitigen Polygonen vom Polygonwinkel $\frac{2\pi}{4p}$ bestehen sollen. Allerdings ist diese Forderung für den uns allein interessierenden Fall $p > 1$
nur in der hyperbolischen Ebene zu erfüllen.

Wir nehmen einen beliebigen Netzpunkt E des Netzes als Repräsentant der Identität. Jedem Ausdruck
S in den Erzeugenden entspricht dann
ein bestimmter von E ausgehender
Streckenzug S, dessen Endpunkt das
durch diesen Ausdruck gelieferte
Element der Fundamentalgruppe repräsentiert. Zwei Streckenzüge S_1
und S_2, die denselben Endpunkt haben,
stellen identische Elemente der Fundamentalgruppe dar und umgekehrt.
Jedem Element S der Fundamentalgruppe können wir
nun eine Bewegung der hyperbolischen Ebene eindeutig
zuordnen durch die Festsetzung, daß bei dieser Bewegung der Punkt E in den dem Element S entsprechenden Netzpunkt übergehen und gleichbezeichnete
Netzseiten zusammenfallen sollen. Wir wollen diese
Bewegung kurz als die zum Element S gehörige Netzbewegung S bezeichnen. Dem Einheitselement entspricht dabei als ausgeartete Netzbewegung die Ruhe
und umgekehrt. Die Gesamtheit der Netzbewegungen
liefert daher eine Gruppe, die mit der Fundamentalgruppe holoëdrisch isomorph ist.

Jede Netzbewegung kann durch
Komposition der zu den erzeugenden
Operationen $a_i, b_i, a_i^{-1}, b_i^{-1}$ gehörenden
Netzbewegungen bestimmt werden.
Ist nämlich $c_1 c_2 c_3 \cdots c_n$ ein das Element S
darstellender Ausdruck, so erhält man die zu S ge-
hörige Netzbewegung dadurch, daß man zunächst auf

den Punkt E die zu c_n , dann die zu c_{n-1} , $\cdots$ endlich die zu c_1 gehörige Netzbewegung hintereinander
ausführt. Ergeben zwei Ausdrücke die-
selbe Netzbewegung, so entsprechen
ihnen identische Elemente; ergibt insbesondere ein Ausdruck als Netzbewegung die Ruhe, so entspricht ihm
das Einheitselement in der Fundamentalgruppe. Damit ist das Identitätsproblem mit Hülfe der Netzbewegungen gelöst. Die
Behandlung des Transformationsproblems erfordert jedoch noch ein genaueres Eingehen auf die Eigenschaften der Netzbewegungen.

Alle Netzbewegungen gehören zu
den Bewegungen erster Art der hyperbolischen Ebene, d. h. sie können
ohne Zuhülfenahme von Klappungen
ausgeführt werden. Dieses folgt leicht daraus,
daß die erzeugenden Netzbewegungen Bewegungen erster
Art sind und durch Komposition solcher Bewegungen
immer wieder nur Bewegungen derselben Art entstehen
können. Ferner können Netzbewegungen keine Drehungen um reelle Punkte der hyperbolischen Ebene sein,
denn äquivalente Punkte in zwei Netzpolygonen, d. h.
solche Punkte, die bezüglich der sie enthaltenden Netzpolygone (im metrischen Sinn) homologe Lagen besitzen
und die allein durch Netzbewegungen ineinander übergeführt werden können, haben stets endliche Entfernung voneinander. Die Netzbewegungen gehören daher zu den Verschiebungen
der hyperbolischen Ebene längs einer
Geraden, die man auch als Drehungen um uneigentliche (ideale) Punkte mit imaginärem Drehwinkel bezeichnen kann.[28]) Wir wollen weiterhin jene Gerade,

---

[28]) Man beachte die Beziehungen des Polygonnetzes zur
Theorie der Clifford-Kleinschen Raumformen, die von W. Kil-

längs welcher die Verschiebung vorgenommen wird, als
A c h s e, ihre beiden unendlich fernen Punkte, die bei
der Bewegung festbleiben, als F i x p u n k t e,[29] die
Länge der Verschiebungsstrecke auf der Achse als
A c h s e n l ä n g e und die Richtung der Verschiebung
als A c h s e n r i c h t u n g der Bewegung kurz bezeichnen.

Alle Punkte auf der Achse einer Netzbewegung S,
deren Entfernung voneinander gleich der Achsenlänge
D dieser Bewegung ist, sind äquivalente Punkte, da
sie durch eine Netzbewegung ineinander übergehen.
Bezeichnen wir mit d die kleinste Entfernung auf der
Achse von S von der Beschaffenheit, daß a l l e Punkte
der Achse mit der Entfernung d äquivalent sind, so
ist d ein aliquoter Teil von D; denn wäre $D = nd + d'$,
worin n eine ganze Zahl bedeutet und $d' < d$ ist, so
wären schon alle Punkte mit der Entfernung d' äquivalent im Widerspruch gegen unsere Annahme. Bezeichnen wir die Verschiebung längs der Achse von S,
welche dieselbe Achsenrichtung wie S, aber nur die
Achsenlänge $d = \frac{D}{n}$ besitzt, mit s, so stellt auch s eine
Netzbewegung dar und S ist die n^{te} Potenz dieser Netzbewegung:

$$S = s^n.$$

Die ganze Zahl

$$n = \frac{D}{d}$$

wollen wir daher den E x p o n e n t e n der Netzbewegung S nennen.

Bildet man ein Stück der Achse von S von der
Länge d auf einen F u n d a m e n t a l b e r e i c h ab,

---

ling im ersten Bande seiner „Einführung in die Grundlagen
der Geometrie" entwickelt ist; zunächst kommen hier besonders die Paragraphen 2, 6 und 7 des ersten Abschnittes
in Betracht.

[29] Sie werden häufig auch als „Pole" bezeichnet, z. B.
bei Weber „Lehrbuch der Algebra", Bd. II, § 67.

d. h. auf ein Gebiet der hyperbolischen Ebene, das zu jedem Punkte dieser Ebene einen und nur einen äquivalenten Punkt aufweist (die einzelne Netzmasche ist beispielsweise ein solcher Fundamentalbereich), so erhält man in dem Bilde dieses Stückes schon das Bild der ganzen Achse. Wir wollen dieses Bild noch mit einem Pfeil versehen, welcher der Achsenrichtung entspricht, und es außerdem n-mal durchlaufen denken. Nach diesen Modifikationen soll es dann als A c h s e n b i l d d e s E l e m e n t e s S bezeichnet werden. Wir werden nun sehen, daß sich mit Hülfe dieses Achsenbildes das T r a n s f o r m a t i o n s p r o b l e m theoretisch leicht lösen läßt.

Sind nämlich S_1 und S_2 zwei gleichberechtigte Elemente der Gruppe und T das Element, durch das S_1 in S_2 transformiert wird, d. h. ist

$$S_2 = T^{-1} S_1 T,$$

so liegen zunächst die Endpunkte aller Streckenzüge S_1^m, wo m eine ganze Zahl bedeutet, auf einer Bahnkurve der Netzbewegung S_1, nämlich auf einem Kreise durch E und die beiden Fixpunkte von S_1, und ebenso liegen auch die Endpunkte aller Streckenzüge $S_1^m T$ auf einer Bahnkurve der Netzbewegung S_1, und zwar auf dem Kreise durch den Endpunkt von T und die beiden Fixpunkte von S_1. Wegen der Relation

$$S_1^{m+1} T = S_1^m T S_2,$$

die aus $S_1 T = T S_2$ unmittelbar folgt, kann jeder Punkt $S_1^m T$ mit dem Punkte $S_1^{m+1} T$ durch einen Streckenzug S_2 verbunden werden. Daraus ergibt sich, daß der Kreis, auf dem die Punkte S_2^m liegen, durch die Netzbewegung T übergeht in den Kreis, auf dem die Punkte $S_1^m T$ liegen. Sind nun P_1 und Q_1 die Fixpunkte und $P_1 Q_1$ die Achsenrichtung von S_1 und P_2 und Q_2 die Fixpunkte und $P_2 Q_2$ die Achsenrichtung von S_2, so geht durch die Bewegung T der Punkt P_2 in den Punkt P_1 und der Punkt Q_2 in den Punkt Q_1 über; infolgedessen wird auch die Achse $P_1 Q_1$ in die Achse $P_2 Q_2$ und zwar auch der Richtung nach übergeführt. Ferner besitzen die Netzbewegungen S_1 und S_2 noch gleiche Achsen-

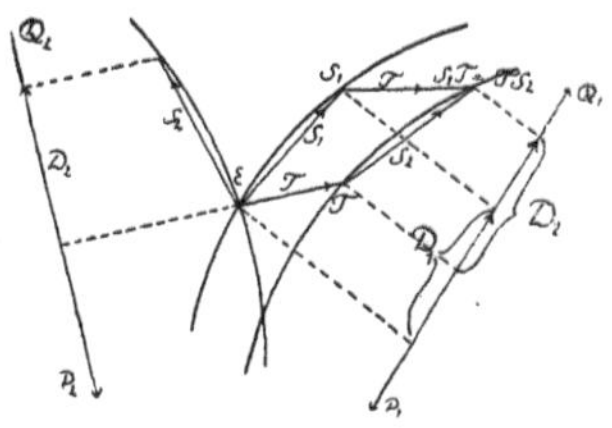

Abbildung 5.

länge; denn die Fußpunkte der beiden von E und S_1 und der beiden von T und $TS_2 = S_1T$ auf die Achse von S_1 gefällten Lote, deren Abstände jene Achsenlängen darstellen, haben gleiche Entfernung voneinander, da in jedem dieser Paare das erste Lot in das zweite durch die Netzbewegung S_1 übergeführt wird (Fig. 5). S i n d a l s o z w e i E l e m e n t e S_1 u n d S_2 g l e i c h b e - r e c h t i g t , s o h a b e n d i e z u g e h ö r i g e n N e t z b e w e g u n g e n g l e i c h e A c h s e n b i l - d e r.

Haben umgekehrt zwei Netzbewegungen S_1 und S_2 gleiche Achsenbilder, so sind die Elemente S_1 und S_2 gleichberechtigt. Denn es läßt sich zunächst, da zwei äquivalente Geraden stets durch Netzbewegungen in- einander übergeführt werden können, eine Netzbewe- gung T bestimmen, bei der die Achse von S_2 in die Achse von S_1 und damit der Kreis der Punkte S_2^m in den durch den Punkt T und die Fixpunkte von S_1 führenden Kreis übergeht. Aus der Gleichheit der Achsenrichtung und Achsenlänge folgt dann weiter, daß die Punkte S_1T und TS_2 zusammenfallen, sodaß also

$$S_1 T = T S_2 \text{ oder } S_2 = T^{-1} S_1 T$$

wird. **Die notwendige und hinreichende Bedingung für die Gleichberechtigung zweier Elemente der Fundamentalgruppe ist daher die Identität ihrer Achsenbilder.**[30])

Hiermit ist das Transformationsproblem rein geometrisch vollständig gelöst; es wird nun unsere Aufgabe sein, diese Lösung auf analytischem Wege zu verfolgen. Zu dem Zwecke haben wir zuerst die Bewegungen der hyperbolischen Ebene im allgemeinen und dann die Netzbewegungen insbesondere analytisch darzustellen.

---

[30]) Die hier dargestellte Lösung des Transformationsproblems, die man in ihren Grundzügen bei Poincaré „Cinquième Complément à l'analysis situs", § 3 und 4 angegeben findet, ist im speziellen Falle der Modulgruppe bereits von Stephen Smith in der Abhandlung „Sur les équations modulaires" entwickelt worden; man vergleiche dazu die Darstellung im ersten Bande des Werkes F. Klein und R. Fricke „Vorlesungen über die Theorie der elliptischen Modulfunktionen".

Auch für den Fall $p = 1$ könnte man eine solche Theorie der Achsenbilder entwickeln; wir haben jedoch hiervon abgesehen, weil die Fundamentalgruppe in diesem Falle abelsch ist, woraus folgt, daß gleichberechtigte Elemente auch identisch sind. Jedes Element dieser Gruppe läßt sich darstellen in der Form $S = a^\alpha b^\beta$, und zwei derartig dargestellte Elemente S' und S'' sind dann und nur dann identisch, wenn $\alpha'' = \alpha'$, $\beta'' = \beta'$ ist. Die Achsen der Elemente dieser Gruppe sind die geschlossenen Geraden der durch die einzelne Netzmasche gelieferten zweidimensionalen parabolischen Raumform (vgl. Killing, Einführung in die Grundlagen der Geometrie, Bd. I, S. 281 ff., wo auch darauf hingewiesen ist, daß diese Raumform den Zusammenhang einer Ringfläche besitzt).

§ 3.

Die analytische Darstellung der Bewegungen der hyperbolischen Ebene.

Wir geben in diesem Paragraphen eine kurze Uebersicht über die analytische Darstellung der Bewegungen der hyperbolischen Ebene. Dabei schließen wir uns eng an die Entwicklungen an, die man in der Einleitung der „Vorlesungen über die Theorie der automorphen Funktionen" von R. Fricke und F. Klein in ausführlicherer Form findet. Indessen sind die dort angegebenen Formeln für unsere Zwecke nicht unmittelbar zu gebrauchen und nicht hinreichend weit entwickelt, sodaß wir uns hier nicht direkt auf sie beziehen können.

Nach Klein ist die Geometrie der hyperbolischen Ebene derjenige Spezialfall der Geometrien mit projektiven Maßbestimmungen, dem ein nicht zerfallender Kegelschnitt als absolutes Gebilde zu Grunde liegt. Es sei

$$z_1{}^2 + z_2{}^2 - z_3{}^2 = 0$$

die Gleichung dieses Kegelschnitts in homogenen Punktkoordinaten und also

$$w_1{}^2 + w_2{}^2 - w_3{}^2 = 0$$

seine Gleichung in den entsprechenden homogenen Linienkoordinaten. Sein Inneres liefert die eigentlichen, sein Aeußeres die uneigentlichen (idealen) Punkte der hyperbolischen Ebene, während die Punkte auf ihm selbst die unendlich fernen Punkte der hyperbolischen Ebene darstellen. Die projektive Ebene als Ganzes werden wir hyperbolische Ebene im weiteren Sinne, die Gesamtheit ihrer eigentlichen und

unendlich fernen Punkte die e i g e n t l i c h e h y p e r-
b o l i s c h e E b e n e nennen.

Als B e w e g u n g e n d e r h y p e r b o l i s c h e n
E b e n e werden nun diejenigen K o l l i n e a t i-
o n e n

$$z_i' = \alpha_{11}\, z_1 + \alpha_{12}\, z_2 + \alpha_{13}\, z_3 \quad (i = 1,\ 2,\ 3)$$

zu bezeichnen sein, b e i d e n e n d a s a b s o l u t e
G e b i l d e i n s i c h t r a n s f o r m i e r t w i r d u n d
r e e l l e P u n k t e d e r h y p e r b o l i s c h e n
E b e n e w i e d e r i n r e e l l e P u n k t e ü b e r-
g e h e n.

D a m i t d i e e r s t e B e d i n g u n g b e f r i e-
d i g t w i r d, m ü s s e n d i e K o e f f i z i e n t e n
α_{ik}, die zunächst irgend welche komplexe Größen von
nicht verschwindender Determinante bezeichnen können,
s i c h mit Hilfe von vier komplexen Größen A, A', B, B'
i n f o l g e n d e r W e i s e [31]) a u s d r ü c k e n lassen:

$$\alpha_{11} = \tfrac{1}{2}(A^2 + A'^2 + B^2 + B'^2)$$
$$\alpha_{12} = \tfrac{1}{2i}(A^2\ A'^2 + B^2 - B'^2)$$
$$\alpha_{13} = A'B + AB'$$
$$\alpha_{21} = \tfrac{-1}{2i}(A^2 - A'^2 - B^2 + B'^2)$$
$$\alpha_{22} = \tfrac{1}{2}(A^2 + A'^2 - B^2 - B'^2)$$
$$\alpha_{23} = \tfrac{1}{i}(A'B - AB')$$
$$\alpha_{31} = AB + A'B'$$
$$\alpha_{32} = \tfrac{1}{i}(AB - A'B')$$
$$\alpha_{33} = AA' + BB',$$

wo A, A', B, B' noch der Bedingung $AA' - BB' \neq 0$

---

[31]) Eine ausführliche Herleitung dieser Formeln geben
wir nicht, da sie sich aus der Darstellung bei R. Fricke und
F. Klein leicht bestätigen lassen. Hinsichtlich der Schrift-
form sei noch darauf hingewiesen, dass die Kursivbuch-
staben A, B komplexe Größen der Form $A = \mathrm{A} + i\,\mathrm{B}$,
$B = \mathrm{C} + i\,\mathrm{D}$ bezeichnen.

zu genügen haben. Da aber die Kollineation sich nicht ändert, wenn alle ihre Koeffizienten mit einem beliebigen Faktor multipliziert werden, so können wir weiterhin

$$AA' - BB' = 1$$

annehmen; diese Annahme hat dann die Identität

$$z_1'^2 + z_2'^2 - z_3'^2 \equiv z_1^2 + z_2^2 - z_3^2$$

zur Folge.

Damit nun zweitens diese Kollineationen ein reelles Verhältnis $z_1 : z_2 : z_3$ wieder in ein reelles Verhältnis $z_1' : z_2' : z_3'$ überführen, müssen die Koeffizienten α_{ik}, wenn wir z_1, z_2, z_3 und z_1', z_2', z_3' durch geeignete Wahl des Proportionalitätsfaktors selbst reell machen, reelle Werte besitzen. Das ist dann und nur dann der Fall, wenn

$$A^2 \text{ und } A'^2, \ B^2 \text{ und } B'^2, \ AB' \text{ und } A'B, \ AB \text{ und } A'B'$$

konjugiert komplex sind und

$$AA' + BB'$$

reell ist. Hieraus ergibt sich nun leicht

$$A' = \varepsilon \, \bar{A} \quad \text{und} \quad B' = \varepsilon \, \bar{B},$$

wobei

$$\varepsilon = \pm 1$$

zu setzen ist.

Die reellen Kollineationen sind also schon durch zwei komplexe Zahlen A, B charakterisiert, zwischen denen noch die einfache Beziehung

$$A \, \bar{A} - B \, \bar{B} = \varepsilon$$

besteht.

Unsere Kollineationen lassen sich nun aber noch bedeutend einfacher ausdrücken, wenn man das absolute Gebilde mit Hilfe eines Parameters vom Werte

$$\zeta = \frac{z_3}{z_1 + i \, z_2} = \frac{z_1 - i \, z_2}{z_3}$$

darstellt durch

$$z_1 : z_2 : z_3 = \zeta^2 + 1 : i\,(\zeta^2 - 1) : 2\zeta.$$

Jeden nicht auf dem absoluten Gebilde gelegenen Punkt $z_1 : z_2 : z_3$ kann man dann bestimmen mit Hilfe der beiden Parameterwerte ζ_1 und ζ_2, die den Berührungspunkten der von ihm an das absolute Gebilde gezogenen Tangenten zugeordnet sind. Man findet für sie durch Auflösen der quadratischen Gleichung

$$(\zeta^2 + 1)\,z_1 + i\,(\zeta^2 - 1)\,z_2 - 2\,\zeta \cdot z_3 = 0$$

die Ausdrücke

$$\zeta_1 = \frac{z_3 + \sqrt{z_3{}^2 - z_1{}^2 - z_2{}^2}}{z_1 + i\,z_2} \;,\; \zeta_2 = \frac{z_3 - \sqrt{z_3{}^2 - z_1{}^2 - z_2{}^2}}{z_1 + i\,z_2}\,.$$

Durch Inversion ergibt sich hieraus die gewünschte Darstellung

$$z_1 : z_2 : z_3 = \zeta_1\zeta_2 + 1 : i\,(\zeta_1\zeta_2 - 1) : \zeta_1 + \zeta_2 \cdot$$

Jedem Punkte der hyperbolischen Ebene im weiteren Sinne ist also ein Wertepaar ζ_1, ζ_2 und umgekehrt jedem solchen Wertepaar auch ein Punkt jener Ebene eindeutig zugeordnet.

Diese Zuordnung vermittelt uns nun eine Abbildung der projektiven Ebene auf die ζ-Ebene, die wir, soweit sie reelle Punkte betrifft, jetzt etwas genauer zu untersuchen haben.

Ist das Verhältnis $z_1 : z_2 : z_3$ reell, in welchem Falle wir z_1, z_2, z_3 selbst als reell annehmen dürfen, so hat das Punktepaar ζ_1, ζ_2 folgende Eigenschaften:

1) Wenn $z_1{}^2 + z_2{}^2 - z_3{}^2 \geq 0$ ist, so liegen ζ_1 und ζ_2 auf dem Einheitskreise der komplexen ζ-Ebene, da dann

$$\zeta_1\,\bar\zeta_1 = \zeta_2\,\bar\zeta_2 = \frac{z_3{}^2 - (z_3{}^2 - z_1{}^2 - z_2{}^2)}{z_1{}^2 + z_2{}^2} = 1$$

wird.

2) Wenn $z_1^2 + z_2^2 - z_3^2 \leqq 0$ ist, so geht von den beiden Punkten ζ_1 und ζ_2 der ζ-Ebene der eine aus dem andern durch Inversion am Einheits·kreise hervor, denn es ist dann

$$\zeta_1 \bar{\zeta}_2 = \bar{\zeta}_1 \zeta_2 = \frac{z_3^2 - (z_3^2 - z_1^2 - z_2^2)}{z_1^2 + z_2^2} = 1.$$

Somit entspricht einem reellen uneigentlichen Punkte der hyperbolischen Ebene ein auf dem Einheitskreise der ζ-Ebene gelegenes Punktepaar und einem reellen eigentlichen Punkte ein Paar bezüglich des Einheitskreises invers gelegener Punkte. Den unendlich fernen Punkten der hyperbolischen Ebene entsprechen insbesondere in einem Punkte des Einheitskreises zusammenfallende Punktepaare. Diese Zuordnung läßt sich auch leicht umkehren; ist nämlich

$$\zeta_1 \bar{\zeta}_1 = \zeta_2 \bar{\zeta}_2 = 1 \text{ oder } \zeta_1 = e^{i\varphi_1} \text{ und } \zeta_2 = e^{i\varphi_2},$$

so wird

$$z_1 : z_2 : z_3 = (e^{i(\varphi_1 + \varphi_2)} + 1) : i\,(e^{i(\varphi_1 + \varphi_2)} - 1) : (e^{i\varphi_1} + e^{i\varphi_2})$$

$$= \left(e^{i\frac{\varphi_1 + \varphi_2}{2}} + e^{-i\frac{\varphi_1 + \varphi_2}{2}} \right) : i \left(e^{i\frac{\varphi_1 + \varphi_2}{2}} - e^{-i\frac{\varphi_1 + \varphi_2}{2}} \right)$$

$$: \left(e^{i\frac{\varphi_1 - \varphi_2}{2}} + e^{-i\frac{\varphi_1 - \varphi_2}{2}} \right),$$

und ist $\zeta_1 \bar{\zeta}_2 = \bar{\zeta}_1 \zeta_2 = 1$, so wird

$$z_1 : z_2 : z_3 = \zeta_1 \zeta_2 + 1 : i\,(\zeta_1 \zeta_2 - 1) : \zeta_1 + \zeta_2$$

$$= \zeta_1 + \bar{\zeta}_1 : i\,(\zeta_1 - \bar{\zeta}_1) : \zeta_1 \bar{\zeta}_1 + 1,$$

so daß in beiden Fällen sich ein reelles Verhältnis $z_1 : z_2 : z_3$ ergibt.

Von den beiden Punkten ζ_1 und ζ_2, die einem eigentlichen reellen Punkte $z_1 : z_2 : z_3$ der hyperbolischen Ebene entsprechen, wollen wir weiterhin nur denjenigen, der innerhalb des Einheitskreises der ζ-Ebene liegt, dem Punkte $z_1 : z_2 : z_3$ zuordnen, da ja der andere

Punkt durch die Inversion am Einheitskreise aus ihm unmittelbar hervorgeht. Jedem Punkte ζ innerhalb des Einheitskreises entspricht dann umgekehrt der reelle Punkt

$$z_1 : z_2 : z_3 = \left(\frac{\zeta}{\bar{\zeta}} + 1\right) : i\left(\frac{\zeta}{\bar{\zeta}} - 1\right) : \left(\zeta + \frac{1}{\bar{\zeta}}\right)$$

$$= (\zeta + \bar{\zeta}) : i(\zeta - \bar{\zeta}) : (\zeta\,\bar{\zeta} + 1)$$

der eigentlichen hyperbolischen Ebene. Die Punkte des Einheitskreises selbst werden den reellen unendlich fernen Punkten der hyperbolischen Ebene umkehrbar eindeutig zugeordnet sein. Jedes Punktepaar des Einheitskreises wird dagegen einem reellen uneigentlichen (idealen) Punkte der hyperbolischen Ebene entsprechen.

Jetzt haben wir noch die F o r m e l n f ü r d i e h y p e r b o l i s c h e M a ß b e s t i m m u n g auf die ζ-Ebene übertragen. Das Doppelverhältnis der Punkte $x_1 : x_2 : x_3$ und $y_1 : y_2 : y_3$ und der Schnittpunkte der durch sie gehenden Geraden mit dem absoluten Gebilde sei mit D_{xy} und das Doppelverhältnis der beiden Geraden $u_1 : u_2 : u_3$ und $v_1 : v_2 : v_3$ und der beiden von ihrem Schnittpunkt an das absolute Gebilde gezogenen Tangenten sei mit D_{uv} bezeichnet. Als h y p e r b o - l i s c h e E n t f e r n u n g d e r P u n k t e x u n d y wird nun der Ausdruck

$$E_{xy} = k \ln D_{xy}$$

und als h y p e r b o l i s c h e r W i n k e l z w i s c h e n d e n G r a d e n u u n d v dementsprechend der Ausdruck

$$W_{uv} = \varkappa \ln D_{uv}$$

definiert, wobei k und $\varkappa$ zwei von der Wahl der Maßeinheit abhängige Konstanten bedeuten. Durch Berechnung der Doppelverhältnisse findet man

$$E_{xy} = k \ln \frac{1 + \sqrt{1 - \dfrac{1}{Q_{xy}^2}}}{1 - \sqrt{1 - \dfrac{1}{Q_{xy}^2}}}$$

und

$$W_{uv} = \varkappa \ln \frac{1 + \sqrt{1 - \dfrac{1}{Q_{uv}^2}}}{1 - \sqrt{1 - \dfrac{1}{Q_{uv}^2}}} \quad,$$

worin zur Abkürzung gesetzt ist

$$Q_{xy}^2 = \frac{(x_1 y_1 + x_2 y_2 - x_3 y_3)^2}{(x_1^2 + x_2^2 - x_3^2)(y_1^2 + y_2^2 - y_3^2)}$$

und

$$Q_{uv}^2 = \frac{(u_1 v_1 + u_2 v_2 - u_3 v_3)^2}{(u_1^2 + u_2^2 - u_3^2)(v_1^2 + v_2^2 - v_3^2)} \quad.$$

Seien ζ_x und ζ_y die den eigentlichen reellen Punkten x und y der hyperbolischen Ebene entsprechenden Punkte der ζ-Ebene, so findet man mit Hilfe von

$$x_1 : x_2 : x_3 = (\zeta_x + \bar{\zeta}_x) : i\,(\zeta_x - \bar{\zeta}_x) : (\zeta_x \bar{\zeta}_x + 1)$$

und

$$y_1 : y_2 : y_3 = (\zeta_y + \bar{\zeta}_y) : i\,(\zeta_y - \bar{\zeta}_y) : (\zeta_y \bar{\zeta}_y + 1)$$

für Q_{xy} den Ausdruck

$$Q_{xy}^2 = \left\{ 1 + 2 \cdot \frac{(\zeta_x - \zeta_y)(\bar{\zeta}_x - \bar{\zeta}_y)}{(1 - \zeta_x \bar{\zeta}_x)(1 - \zeta_y \bar{\zeta}_y)} \right\}^2 \geqq 1.$$

Die G e r a d e $w_1 : w_2 : w_3$, deren Gleichung

$$w_1 z_1 + w_2 z_2 + w_3 z_3 = 0$$

ist und die das absolute Gebilde

$$w_1^2 + w_2^2 - w_3^2 = 0$$

schneidet oder nicht schneidet, je nachdem

$$w_1^2 + w_2^2 - w_3^2 > 0 \text{ oder } w_1^2 + w_2^2 - w_3^2 < 0$$

ist, s t e l l t s i c h i n d e r ζ-E b e n e d a r a l s
e i n K r e i s

$$w_3 (\zeta \bar{\zeta} + 1) + (w_1 + i\,w_2)\,\zeta + (w_1 - i\,w_2)\,\bar{\zeta} = 0,$$

d e r   d e n   E i n h e i t s k r e i s   o r t h o g o n a l
s c h n e i d e t,   u n d   u m g e k e h r t   liefert   jeder
solche Orthogonalkreis

$$p (\zeta \bar{\zeta} + 1) - (e^{i\varphi} \bar{\zeta} + e^{-i\varphi} \zeta) = 0$$

eine Gerade

$$w_1 : w_2 : w_3 = \cos \varphi : - \sin \varphi : - p$$

der projektiven Ebene. Da der Radius eines solchen
Kreises durch

$$r^2 = \frac{1}{p^2} - 1 = \frac{1 - p^2}{p^2}$$

gegeben ist, so ist allerdings der einer Geraden entsprechende Kreis der ζ-Ebene nur dann reell, wenn

$$p^2 = \frac{w_3^2}{w_1^2 + w_2^2}$$

kleiner als 1 ist, d. h. wenn die Gerade $w_1 : w_2 : w_3$ das
absolute Gebilde schneidet, und er ist imaginär, wenn

$$p^2 = \frac{w_3^2}{w_1^2 + w_2^2}$$

größer als 1 ist und die Gerade $w_1 : w_2 : w_3$ also außerhalb des absoluten Gebildes liegt. Die Tangenten
des absoluten Gebildes, für die $w_1^2 + w_2^2 - w_3^2 = 0$
ist, bilden den Uebergangsfall zwischen den beiden
Arten; ihnen entsprechen die Kreise vom Radius null
der ζ-Ebene, deren Ort der Einheitskreis ist.

Bilden wir nun den Ausdruck Q_{uv} für die beiden
Geraden $u_1 : u_2 : u_3 = \cos \varphi_u : - \sin \varphi_u : - p_u$ und
$v_1 : v_2 : v_3 = \cos \varphi_v : - \sin \varphi_v : - p_v$, so ergibt sich

$$Q_{uv}^2 = \frac{\{\cos \varphi_u \cos \varphi_v + \sin \varphi_u \sin \varphi_v - p_u p_v\}^2}{(1 - p_u^2)(1 - p_v^2)} = \cos^2 \vartheta_{uv} ,$$

worin ϑ_{uv} den euklidischen Winkel zwischen den beiden Orthogonalkreisen bedeutet. In Analogie zu dieser
Formel wollen wir

$$Q_{xy}^2 = \left\{ 1 + 2 \frac{(\zeta_x - \zeta_y)(\bar{\zeta}_x - \bar{\zeta}_y)}{(1 - \zeta_x \bar{\zeta}_x)(1 - \zeta_y \bar{\zeta}_y)} \right\}^2 = \mathrm{Ch}^2 d_{xy}$$

setzen. Wir können dann schreiben

$$E_{xy} = k \ln \frac{1 + \mathrm{Th}\, d_{xy}}{1 - \mathrm{Th}\, d_{xy}} = 2\,k\,d_{xy} \quad,$$

$$W_{uv} = \varkappa \ln \frac{1 + i\,\mathrm{tg}\,\vartheta_{uv}}{1 - i\,\mathrm{tg}\,\vartheta_{uv}} = 2\,i\,\varkappa\,\vartheta_{uv}.$$

Nimmt man also für die beiden noch beliebig zu wählenden Konstanten k und $\varkappa$ die Werte

$$k = \frac{1}{2} \quad \text{und} \quad \varkappa = \frac{1}{2\,i} \,,$$

so wird

$$E_{xy} = d_{xy} \quad \text{und} \quad W_{uv} = \vartheta_{uv}.$$

Hinsichtlich der Winkelmessung trägt somit die Maßbestimmung in der ζ-Ebene elementaren Charakter, hinsichtlich der Streckenmessung dagegen dient zur Definition der Entfernung d_{xy} zweier Punkte ζ_x und ζ_y der Ausdruck

$$\mathrm{Ch}\, d_{xy} = 1 + 2\,\frac{(\zeta_x - \zeta_y)\,(\bar{\zeta}_x - \bar{\zeta}_y)}{(1 - \zeta_x\,\bar{\zeta}_x)\,(1 - \zeta_y\,\bar{\zeta}_y)} \,,$$

woraus noch folgt

$$\mathrm{Sh}^2 \frac{1}{2}\, d_{xy} = \frac{(\zeta_x - \zeta_y)\,(\bar{\zeta}_x - \bar{\zeta}_y)}{(1 - \zeta_x\,\bar{\zeta}_x)\,(1 - \zeta_y\,\bar{\zeta}_y)} \,.$$

Ist im besonderen:

$$\zeta_x = 0 \quad, \quad \zeta_y = \zeta\,,$$

so ist die Entfernung dieser beiden Punkte bestimmt durch

$$\mathrm{Ch}\, d = \frac{1 + \zeta\,\bar{\zeta}}{1 - \zeta\,\bar{\zeta}} \quad, \quad \mathrm{Sh}\, d = \frac{2\,\sqrt{\zeta\,\bar{\zeta}}}{1 - \zeta\,\bar{\zeta}} \,,$$

$$\mathrm{Sh}^2 \frac{d}{2} = \frac{\zeta\,\bar{\zeta}}{1 - \zeta\,\bar{\zeta}} \,, \quad \mathrm{Ch}^2 \frac{d}{2} = \frac{1}{1 - \zeta\,\bar{\zeta}} \,, \quad \mathrm{Th}^2 \frac{d}{2} = \zeta\,\bar{\zeta}.$$

Bezeichnet man mit

$$\zeta_0 = \rho_0\,e^{i\varphi_0}$$

einen der beiden Schnittpunkte der Kreise

$$p_1 (\zeta \bar{\zeta} + 1) - (e^{i\varphi_1} \bar{\zeta} + e^{-i\varphi_1} \zeta) = 0$$

$$p_2 (\zeta \bar{\zeta} + 1) - (e^{i\varphi_2} \bar{\zeta} + e^{-i\varphi_2} \zeta) = 0 ,$$

so erhält man zur Bestimmung von p_0 und φ_0 die beiden Gleichungen

$$p_1 (p_0{}^2 + 1) - 2 p_0 \cos (\varphi_1 - \varphi_0) = 0$$

$$p_2 (p_0{}^2 + 1) - 2 p_0 \cos (\varphi_2 - \varphi_0) = 0 ,$$

aus denen zunächst folgt

$$\frac{\cos (\varphi_1 - \varphi_0)}{p_1} = \frac{\cos (\varphi_2 - \varphi_0)}{p_2}.$$

Mit Hilfe dieser Gleichung ergibt sich

$$(p_2 \cos \varphi_1 - p_1 \cos \varphi_2) \cos \varphi_0 = (p_1 \sin \varphi_2 - p_2 \sin \varphi_1) \sin \varphi_0 ,$$

also, wenn λ einen noch näher zu bestimmenden Proportionalitätsfaktor bedeutet,

$$\cos \varphi_0 = \lambda \left\{ p_1 \sin \varphi_2 - p_2 \sin \varphi_1 \right\}$$

$$\sin \varphi_0 = \lambda \left\{ p_2 \cos \varphi_1 - p_1 \cos \varphi_2 \right\} .$$

Zur Berechnung von λ dient die Relation

$$1 = \cos^2 \varphi_0 + \sin^2 \varphi_0 = \lambda^2 \left\{ p_1{}^2 + p_2{}^2 - 2 p_1 p_2 \cos (\varphi_1 - \varphi_2) \right\} ,$$

aus der

$$\lambda = \pm \frac{1}{\sqrt{p_1{}^2 + p_2{}^2 - 2 p_1 p_2 \cos (\varphi_1 - \varphi_2)}}$$

folgt. Setzen wir zur Abkürzung noch

$$\frac{\cos (\varphi_1 - \varphi_0)}{p_1} = \frac{\cos (\varphi_2 - \varphi_0)}{p_2} = p_0 ,$$

so haben wir zunächst für p_0 den Wert

$$p_0 = \frac{\lambda}{p_1} \left\{ (p_1 \sin \varphi_2 - p_2 \sin \varphi_1) \cos \varphi_1 + (p_2 \cos \varphi_1 - p_1 \cos \varphi_2) \sin \varphi_1 \right\}$$

$$= \frac{\lambda}{p_1} p_1 (\sin \varphi_2 \cos \varphi_1 - \cos \varphi_2 \sin \varphi_1) = \lambda \sin (\varphi_2 - \varphi_1)$$

und erhalten weiter aus der Gleichung

$$p_0{}^2 + 1 - 2 p_0 p_0 = 0$$

den Wert

$$\rho_0 = p_0 \pm \sqrt{p_0^2 - 1}\,.$$

Die Schnittpunkte der beiden Kreise sind somit nur dann reell, wenn

$$p_0^2 \geq 1$$

ist. Ist der eine Schnittpunkt dann mit ζ_0 bezeichnet, so ist der andere $\dfrac{1}{\bar{\zeta}_0}$, d. h. er geht durch Inversion am Einheitskreise aus ihm hervor. **Demzufolge entspricht dem Schnittpunktepaar ein eigentlicher Punkt der hyperbolischen Ebene.** Bestimmen wir das Vorzeichen von λ so, daß p_0 positiv ist, d. h. erteilen wir λ das Vorzeichen von $\sin(\varphi_2 - \varphi_1)$, so entspricht jenem Punkt der Punkt

$$\zeta_0 = \left\{ p_0 - \sqrt{p_0^2 - 1} \right\} e^{i\varphi_0},$$

wobei

$$p_0 = \lambda \sin(\varphi_2 - \varphi_1)\,,$$

$$\begin{aligned}
e^{i\varphi_0} &= \lambda \left\{ p_1(\sin\varphi_2 - i\cos\varphi_2) - p_2(\sin\varphi_1 - i\cos\varphi_1) \right\} \\
&= -i\lambda \left\{ p_1(\cos\varphi_2 + i\sin\varphi_2) - p_2(\cos\varphi_1 + i\sin\varphi_1) \right\} \\
&= i\lambda \left\{ p_2\, e^{i\varphi_1} - p_1\, e^{i\varphi_2} \right\}
\end{aligned}$$

und

$$\lambda = \frac{\varepsilon}{\sqrt{p_1^2 + p_2^2 - 2\,p_1 p_2 \cos(\varphi_1 - \varphi_2)}}\,, \qquad \varepsilon = \mathrm{sg}\sin(\varphi_2 - \varphi_1)$$

zu setzen ist. Diese Formeln versagen nur, wenn $p_1 = p_2 = 0$ ist; man sieht aber sofort, daß dann die beiden in Gerade durch den Nullpunkt ausartenden Kreise sich im Punkte $\zeta_0 = 0$ schneiden. Ist nun aber

$$p_0 < 1\,,$$

so haben die beiden Kreise keinen reellen Schnittpunkt, aber die Gleichung

$$p_0(\zeta\,\bar{\zeta} + 1) - (e^{-i\varphi_0}\zeta + e^{i\varphi_0}\bar{\zeta}) = 0$$

stellt jetzt einen reellen O r t h o g o n a l k r e i s d e s
E i n h e i t s k r e i s e s d a r , d e r d i e b e i d e n
g e g e b e n e n K r e i s e o r t h o g o n a l s c h n e i -
d e t. Die reellen Geraden der hyperbolischen Ebene zer-
fallen somit in zwei Klassen, in schneidende und nicht-
schneidende Geraden; die nichtschneidenden Geraden
besitzen eine gemeinsame Senkrechte. Den Uebergangsfall bilden die Geraden, die sich erst auf dem absoluten
Gebilde schneiden.

Nach diesen Bemerkungen über die Abbildung der
projektiven Ebene auf die ζ-Ebene kehren wir zurück
zu den Kollineationen der projektiven Ebene, die das
absolute Gebilde in sich überführen. Diese Kollineationen stellen sich nun einfach dar als lineare Substitutionen der beiden Parameter ζ_1 und ζ_2, welche simultan
übergehen entweder in

$$\zeta_1' = \frac{A\zeta_1 + B'}{B\zeta_1 + A'} \quad \text{und} \quad \zeta_2' = \frac{A\zeta_2 + B'}{B\zeta_2 + A'}$$

oder in

$$\zeta_1' = \frac{A\zeta_2 + B'}{B\zeta_2 + A'} \quad \text{und} \quad \zeta_2' = \frac{A\zeta_1 + B'}{B\zeta_1 + A'} \ .$$

Somit spalten sich die sämtlichen Kollineationen in zwei
Arten, von denen die zweite Art aus der ersten hergeleitet werden kann durch Kombination mit der Kollineation

$$\zeta_1' = \zeta_2 \qquad \qquad \zeta_2' = \zeta_1,$$

welche in einer bloßen Vertauschung der beiden Parameter ζ_1 und ζ_2 besteht.

Die reellen Kollineationen haben dann weiter, wenn
wir unsere Betrachtung nunmehr auf eigentliche reelle
Punkte, die durch Wertepaare

$$\zeta_1 = \zeta \ , \ \zeta_2 = \frac{1}{\bar{\zeta}} \qquad (\zeta \, \bar{\zeta} \leqq 1)$$

repräsentiert werden, beschränken, entweder die Form

$$\zeta' = \frac{A\zeta + \varepsilon \bar{B}}{B\zeta + \varepsilon \bar{A}} \qquad A\bar{A} - B\bar{B} = \varepsilon$$

oder die Form

$$\zeta' = \frac{A\dfrac{1}{\bar{\zeta}} + \varepsilon \bar{B}}{B\dfrac{1}{\bar{\zeta}} + \varepsilon \bar{A}} \qquad A\bar{A} - B\bar{B} = \varepsilon .$$

Damit aber die eigentliche hyperbolische Ebene in sich übergeht, ist noch die Bedingung

$$\zeta' \bar{\zeta}' \leqq 1 \quad \text{oder} \quad \operatorname{sg}(1 - \zeta' \bar{\zeta}') = +1$$

als Folgerung von $\zeta \bar{\zeta} \leqq 1$ zu erfüllen.

Nun ist bei einer reellen Kollineation erster Art

$$1 - \zeta' \bar{\zeta}' = \frac{(B\zeta + \varepsilon \bar{A})(\bar{B}\bar{\zeta} + \varepsilon A) - (A\zeta + \varepsilon \bar{B})(\bar{A}\bar{\zeta} + \varepsilon B)}{(B\zeta + \varepsilon \bar{A})(\bar{B}\bar{\zeta} + \varepsilon A)}$$

$$= \frac{(B\bar{B} - A\bar{A})(\zeta\bar{\zeta} - 1)}{(B\zeta + \varepsilon \bar{A})(\bar{B}\bar{\zeta} + \varepsilon A)} = \varepsilon \frac{1 - \zeta\bar{\zeta}}{(B\zeta + \varepsilon \bar{A})(\bar{B}\bar{\zeta} + \varepsilon A)},$$

woraus bei der gemachten Annahme

$$1 - \zeta\bar{\zeta} \geqq 0$$

folgt

$$\operatorname{sg}(1 - \zeta' \bar{\zeta}') = \varepsilon .$$

Bei einer Bewegung erster Art haben wir also

$$\varepsilon = +1$$

zu setzen.

Bei einer reellen Kollineation zweiter Art wird dagegen

$$1 - \zeta' \zeta' = \frac{(B + \varepsilon \bar{A}\zeta)(\bar{B} + \varepsilon A\zeta) - (A + \varepsilon \bar{B}\zeta)(\bar{A} + \varepsilon B\zeta)}{(B + \varepsilon \bar{A}\zeta)(\bar{B} + \varepsilon A\zeta)}$$

$$= \frac{(B\bar{B} - A\bar{A})(1 - \zeta\bar{\zeta})}{(B + \varepsilon \bar{A}\zeta)(\bar{B} + \varepsilon A\zeta)} = -\varepsilon \frac{1 - \zeta\bar{\zeta}}{(B + \varepsilon \bar{A}\zeta)(\bar{B} + \varepsilon A\zeta)},$$

woraus sich

$$\operatorname{sg}(1 - \zeta' \bar{\zeta}') = -\varepsilon$$

ergibt. Für eine Bewegung zweiter Art haben wir infolgedessen

$$\varepsilon = - 1$$

zu setzen.

Die Bewegungen der hyperbolischen Ebene stellen sich also dar entweder in der Form

$$\zeta' = \frac{A\,\zeta + \bar{B}}{B\,\zeta + \bar{A}} \qquad A\,\bar{A} - B\,\bar{B} = 1$$

oder in der Form

$$\zeta' = \frac{A - \bar{B}\,\bar{\zeta}}{B - \bar{A}\,\bar{\zeta}} \qquad A\,A - B\,\bar{B} = - 1,$$

die wir aber durch Einführung von

$$A_0 = - i\,\bar{B} \qquad B_0 = - i\,\bar{A}$$

oder

$$A = - i\,\bar{B}_0 \qquad B = - i\,\bar{A}_0$$

auch auf die Gestalt

$$\zeta' = \frac{- i\,A_0\,\bar{\zeta} - i\,\bar{B}_0}{- i\,B_0\,\bar{\zeta} - i\,\bar{A}_0} \; = \; \frac{A_0\,\bar{\zeta} + \bar{B}_0}{B_0\,\bar{\zeta} + \bar{A}_0}$$

$$A_0\,\bar{A}_0 - B_0\,\bar{B}_0 = B\,\bar{B} - A\,\bar{A} = + 1$$

oder mit Fortlassung der Indizes auf die Gestalt

$$\zeta' = \frac{A\,\bar{\zeta} + \bar{B}}{B\,\bar{\zeta} + \bar{A}} \qquad A\,\bar{A} - B\,\bar{B} = + 1$$

bringen können.

Die Bewegungen zweiter Art entstehen aus denen erster Art durch Hinzufügung der Substitution

$$\zeta' = \bar{\zeta},$$

welche eine Klappung um die ξ-Achse der komplexen $\zeta = \xi + i\eta$ - Ebene darstellt und mögen daher als B e w e g u n g e n   m i t   K l a p p u n g bezeichnet werden; im Gegensatz dazu würden die Bewegungen erster Art dann B e w e g u n g e n   o h n e   K l a p p u n g zu nennen sein.

Indem wir nunmehr die Bewegungen erster und zweiter Art genauer untersuchen, bemerken wir zunächst, daß die Koeffizientenpaare

$$(A, B) \quad \text{und} \quad (-A, -B)$$

dieselbe Bewegung ergeben. Wir dürfen daher, um eins dieser Paare auszuschalten, noch die Festsetzung treffen, daß unter den durch

$$A = \mathrm{A} + i\,\mathrm{B} \qquad B = \mathrm{C} + i\,\mathrm{D}$$

bestimmten vier reellen Größen

$$\mathrm{A,\ B,\ C,\ D,}$$

zwischen denen noch die Beziehung $\mathrm{A}^2 + \mathrm{B}^2 - \mathrm{C}^2 - \mathrm{D}^2 = 1$ besteht, eine ein beliebiges Vorzeichen erhält.

Im Falle einer Substitution erster Art

$$\zeta' = \frac{A\,\zeta + \bar{B}}{B\,\zeta + \bar{A}} \qquad A\,\bar{A} - B\,\bar{B} = 1$$

wollen wir nun bestimmen, daß

$$\mathrm{sg\ B} = +1$$

oder, wenn $\mathrm{B} = 0$ ist, $\mathrm{sg\ C} = +1$ oder, wenn auch $\mathrm{C} = 0$ ist, $\mathrm{sg\ D} = +1$ oder, wenn endlich noch $\mathrm{D} = 0$ sein sollte, $\mathrm{A} = +1$ wird; dieser letzte Fall

$$\mathrm{B} = \mathrm{C} = \mathrm{D} = 0$$

liefert uns die Identität $\zeta' = \bar{\zeta}$, der als ausgeartete Bewegung die Ruhe entspricht.

Die einzelne Substitution erster Art hat zwei F i x p u n k t e, für welche sich durch Auflösen der quadratischen Gleichung

$$B\,\zeta^2 - (A - \bar{A})\,\zeta - \bar{B} = 0$$

die Werte ergeben

$$\zeta_1 = \frac{i\,\mathrm{B} + \sqrt{\mathrm{A}^2 - 1}}{B} \,, \quad \zeta_2 = \frac{i\,\mathrm{B} - \sqrt{\mathrm{A}^2 - 1}}{B} \,.$$

Ist nun erstens

$$\mathrm{A}^2 - 1 < 0 \,,$$

so entspricht diesem Fixpunktepaar ein Punkt der

eigentlichen hyperbolischen Ebene, und die Substitution stellt eine D r e h u n g um diesen Punkt dar. Der diesem D r e h p u n k t zugeordnete Punkt im Innern des Einheitskreises ist

$$\zeta_0 = i\,\frac{B - \sqrt{1 - A^2}}{B}\;;$$

er möge als Drehpunkt der Substitution bezeichnet werden. E i n e D r e h u n g, d i e e n t g e g e n d e m U h r z e i g e r e r f o l g t, w e r d e n w i r p o s i t i v n e n n e n. Wählen wir den D r e h w i n k e l ϑ entsprechend der Ungleichung

$$0 \leq |\,\vartheta\,| \leq \pi,$$

so müssen bei positivem Drehwinkel ϑ der Punkt $\dfrac{\bar{B}}{\bar{A}}$, in den der Nullpunkt $\zeta = 0$ durch die Drehung übergeführt wird, und der Punkt $\zeta_0{}^*$, der aus ζ_0 durch eine Drehung vom Winkel $-\dfrac{\pi}{2}$ um $\zeta = 0$ entsteht, auf derselben Seite der durch $\zeta = 0$ und $\zeta = \zeta_0$ gehenden Geraden liegen, deren Gleichung durch

$$B\,\zeta + \bar{B}\,\bar{\zeta} = 0$$

gegeben ist. Setzen wir in der linken Seite dieser Gleichung einerseits für ζ den Wert $\dfrac{\bar{B}}{\bar{A}}$, andererseits den Wert

$$\zeta_0{}^* = -\,i\,\zeta_0 = \frac{B - \sqrt{1 - A^2}}{B},$$

so ergibt sich

$$B\,\frac{\bar{B}}{\bar{A}} + \bar{B}\,\frac{B}{A} = \frac{B\bar{B}}{A\bar{A}}\,(A + \bar{A}) = 2\,A\,\frac{B\bar{B}}{A\bar{A}},$$

$B\,\zeta_0{}^* + \bar{B}\,\bar{\zeta}_0{}^* = 2\,(B - \sqrt{1 - A^2}) > 0$, wenn $\zeta_0 \neq 0$ ist. Fällt der Punkt ζ_0 aber mit dem Punkte $\zeta = 0$ zusammen, d. h. hat die Substitution die Form

$$\zeta' = \frac{A\,\zeta}{\bar{A}},$$

so ist die Drehung positiv, wenn der Punkt $\zeta = 1$ in einen Punkt mit positiver Ordinate übergeht und der Ausdruck $\dfrac{A}{\bar{A}} = A^2 = \mathrm{A}^2 - \mathrm{B}^2 + 2\,i\,\mathrm{A}\,\mathrm{B}$ also positiven Imaginärteil hat. Wir erkennen daraus, daß d i e D r e h r i c h t u n g p o s i t i v o d e r n e g a t i v ist, je nachdem A positives oder nega tives Vorzeichen hat. Um endlich noch den Drehwinkel zu bestimmen, benutzen wir das von den Punkten $\zeta = 0$, $\zeta = \dfrac{B}{\bar{A}}$, $\zeta = \zeta_0$ gebildete gleichschenklige hyperbolische Dreieck, aus dem wir mit Hülfe der Formeln[32]) der hyperbolischen Trigonometrie erhalten

$$\left|\sin\frac{\vartheta}{2}\right| = \frac{\mathrm{Sh}\,\frac{1}{2}\,d\left(0,\frac{B}{\bar{A}}\right)}{\mathrm{Sh}\,d\,(0,\zeta_0)} = \frac{\sqrt{\dfrac{B\bar{B}}{A\bar{A}}\cdot\dfrac{1}{1-\dfrac{B\bar{B}}{A\bar{A}}}}}{\sqrt{\left(1+\dfrac{2\,\zeta_0\,\bar{\zeta}_0}{1-\zeta_0\,\bar{\zeta}_0}\right)^2 - 1}} = \frac{\sqrt{B\bar{B}\,(1-\zeta_0\,\bar{\zeta}_0)}}{2\,\sqrt{\zeta_0\,\bar{\zeta}_0}}$$

$$= \frac{B\bar{B}-\left(B-\sqrt{1-A^2}\right)^2}{\sqrt{B\bar{B}\cdot 2\left(B-\sqrt{1-A^2}\right)}}\,\sqrt{B\bar{B}} = \frac{C^2+D^2-B^2-1+A^2+2\,B\sqrt{1-A^2}}{2\left(B-\sqrt{1-A^2}\right)}$$

$$= \sqrt{1-A^2}$$

oder

$$\cos\frac{\vartheta}{2} = A\,,$$

---

[32]) Die trigonometrischen Formeln für ein rechtwinkliges hyperbolisches Dreieck von der Hypotenuse c und den Katheten a und b, denen bezw. die Winkel α und β gegenüberliegen, stellen wir hier kurz zusammen:

$$\mathrm{Sh}\,a = \mathrm{Sh}\,c\cdot\sin\alpha \qquad \mathrm{Sh}\,b = \mathrm{Sh}\,c\,\sin\beta$$
$$\mathrm{Ch}\,c = \mathrm{Ch}\,a\,\mathrm{Ch}\,b$$
$$\mathrm{Th}\,b = \mathrm{Th}\,c\,\cos\alpha \qquad\qquad \mathrm{Th}\,a = \mathrm{Th}\,c\,\cos\beta$$
$$\mathrm{Th}\,a = \mathrm{Sh}\,b\,\mathrm{tg}\,\alpha \qquad\qquad \mathrm{Th}\,b = \mathrm{Sh}\,a\,\mathrm{tg}\,\beta$$
$$\cos\beta = \mathrm{Ch}\,b\,\sin\alpha \qquad\qquad \cos\alpha = \mathrm{Ch}\,a\,\sin\beta$$
$$\mathrm{Ch}\,c = \mathrm{ctg}\,\alpha\,\mathrm{ctg}\,\beta$$

womit zugleich der Sinn der Drehrichtung gegeben ist.

Ist zweitens

$$1 - A^2 = 0 \, ,$$

so fallen die Fixpunkte in einem Punkte

$$\zeta_0 = \frac{i\,B}{B}$$

des Einheitskreises zusammen; die Substitution stellt also eine **Drehung um einen unendlich fernen Punkt** der hyperbolischen Ebene dar, wobei der **Drehwinkel den Wert null** hat. Die **Drehrichtung** ist positiv, wenn die beiden Punkte

$$-\,i\,\zeta_0 = \frac{B}{B} \quad \text{und} \quad \frac{\bar{B}}{\bar{A}}$$

auf derselben Seite der Geraden $B\,\zeta + \bar{B}\,\bar{\zeta} = 0$ liegen. Daraus folgt wie oben, daß positive oder negative Drehrichtung vorliegt, je nachdem A gleich $+\,1$ oder gleich -1 ist.

Ist endlich drittens

$$A^2 - 1 > 0 \, ,$$

so liegen die beiden Fixpunkte

$$\zeta_1 = \frac{i\,B + \sqrt{A^2 - 1}}{B} \, , \quad \zeta_2 = \frac{i\,B - \sqrt{A^2 - 1}}{B}$$

auf dem Einheitskreise $\zeta\,\bar{\zeta} - 1 = 0$; es entspricht ihnen also ein uneigentlicher (idealer) Punkt der hyperbolischen Ebene. Die Bewegung ist eine Drehung um diesen uneigentlichen (idealen) Punkt mit imaginärem Drehwinkel oder eine **Verschiebung längs einer Geraden** der hyperbolischen Ebene. Dieser **Achse der Bewegung** entspricht in der ζ-Ebene die durch die beiden Fixpunkte gehende Pseudogerade

$$B\,(\zeta\,\bar{\zeta} + 1) + i\,(B\,\zeta - \bar{B}\,\bar{\zeta}) = 0 \, .$$

Das Lot, welches vom Punkte $\zeta = 0$ auf die Achse gefällt werden kann und weiterhin kurz als „**Achsenlot**" bezeichnet werden soll, hat, da es durch die Punkte

$$\zeta = 0 \text{ und } \zeta = \frac{i\,\bar{B}}{B} \text{ geht, die Gleichung}$$

$$B\,\zeta + \bar{B}\,\bar{\zeta} = 0\,.$$

Sei nun die vom Punkte ζ_2 zum Punkte ζ_1 führende Richtung als positive Achsenrichtung eingeführt, so ist die Achsenrichtung der Substitution positiv oder negativ, je nachdem der Punkt $\dfrac{\bar{B}}{\bar{A}}$ mit dem Punkte ζ_1 auf derselben Seite des Achsenlotes liegt oder nicht. Da

$$B\,\zeta_1 + \bar{B}\,\bar{\zeta}_1 = i\,B + \sqrt{A^2-1} - i\,B + \sqrt{A^2-1} = 2\sqrt{A^2-1} > 0$$

und

$$B\,\frac{\bar{B}}{\bar{A}} + \bar{B}\,\frac{B}{A} = \frac{B\,\bar{B}}{A\,\bar{A}}(A + \bar{A}) = 2\,A \cdot \frac{C^2 + D^2}{A^2 + B^2}$$

ist, so ist die Achsenrichtung der Substitution positiv oder negativ, je nachdem A positives oder negatives Vorzeichen besitzt. Um noch die Länge der Verschiebung zu finden, benutzen wir das Viereck,[33]) das von den beiden Punkten $\zeta = 0$, $\zeta = \dfrac{\bar{B}}{\bar{A}}$ und den beiden Fußpunkten der von ihnen auf die Achse gefällten Lote gebildet wird. Dieses Viereck hat zwei rechte Winkel, deren Scheitelpunkte um die Achsenlänge d voneinander entfernt sind, und die beiden anderen Winkel sind gleich und ihre Scheitelpunkte sind die Punkte $\zeta = 0$ und $\zeta = \dfrac{\bar{B}}{\bar{A}}$. Die Verbindungsgerade dieser bei-

---

[33]) Die trigonometrischen Formeln für das Viereck mit drei rechten Winkeln, dessen Seiten mit a, b, c, d und dessen zwischen c und d liegender spitzer Winkel mit ε bezeichnet werden möge, sind

$$\text{Ch } a = \text{Ch } c \,\sin \varepsilon \qquad \text{Ch } b = \text{Ch } d \,\sin \varepsilon$$
$$\text{Sh } c = \text{Sh } a \,\text{Ch } d \qquad \text{Sh } d = \text{Sh } b \,\text{Ch } c$$
$$\text{Th } c \,\text{Th } d = \cos \varepsilon$$
$$\cot \varepsilon = \text{Th } a \,\text{Sh } d \qquad \cot \varepsilon = \text{Th } b \,\text{Sh } c$$
$$\text{Th } c = \text{Th } a \,\text{Ch } b \qquad \text{Th } d = \text{Th } b \,\text{Ch } a$$
$$\text{Sh } a \,\text{Sh } b = \cos \varepsilon$$

den Punkte hat die Gleichung

$$B \, \bar{A} \, \zeta - \bar{B} \, A \, \bar{\zeta} = 0 \, ;$$

sie bildet mit dem Achsenlot einen spitzen Winkel φ vom Betrage

$$\cos \varphi = \frac{1}{4} \frac{(B \, \bar{A} + \bar{B} \, A) \, (B - \bar{B}) - (B \, \bar{A} - \bar{B} \, A) \, (B + \bar{B})}{\sqrt{- \, B \, \bar{A} \cdot \bar{B} \, A \cdot B \, \bar{B}}}$$

$$= \frac{1}{2} \frac{A - \bar{A}}{i \sqrt{A \bar{A}}} = \frac{B}{\sqrt{A \bar{A}}} \, .$$

Mit der Hilfe der Formeln der hyperbolischen Geometrie ergibt sich nun für die **Achsenlänge d** der Ausdruck

$$\mathrm{Ch} \, \frac{\mathrm{d}}{2} = \sin \varphi \cdot \mathrm{Ch} \, \frac{1}{2} \, \mathrm{d} \, (0, \frac{\bar{B}}{\bar{A}}) = \frac{A \sqrt{A \, \bar{A}}}{\sqrt{A \, \bar{A}}} = A^{34)} \, .$$

In derselben Weise behandeln wir jetzt noch die ζ - Substitutionen zweiter Art

$$\zeta' = \frac{A \, \bar{\zeta} + \bar{B}}{B \, \bar{\zeta} + \bar{A}} \qquad A \, \bar{A} - B \, \bar{B} = 1 \, ,$$

die den **Bewegungen mit Klappung** entsprechen. Da die Substitutionen (A, B) und $(-A, -B)$ identisch sind, so wollen wir wie vorhin

$$\mathrm{sg} \, \mathrm{D} = + \cdot 1$$

oder, wenn $\mathrm{D} = 0$ ist, $\mathrm{sg} \, \mathrm{A} = + 1$ oder, wenn $\mathrm{D} = \mathrm{A} = 0$ ist, $\mathrm{sg} \, \mathrm{B} = + 1$ festsetzen. Die **Fixpunkte** der Substitution werden bestimmt durch die Wurzeln der Gleichung

$$B \, \zeta \, \bar{\zeta} + \bar{A} \, \zeta - A \, \bar{\zeta} - \bar{B} = 0 \, ,$$

welche in die beiden reellen Gleichungen

$$\mathrm{C} \, (\zeta \, \bar{\zeta} - 1) = 0 \text{ und } \mathrm{D} \, (\zeta \, \bar{\zeta} + 1) + i \, (A \, \bar{\zeta} - \bar{A} \, \zeta) = 0$$

zerfällt. Wenn

---

34) Durch diese Schreibweise deuten wir an, daß $\mathrm{Ch}\frac{\mathrm{d}}{2} = |\mathrm{A}|$ ist und d das Vorzeichen von A hat.

$$C = 0$$

ist, so gehen alle Punkte der Pseudogeraden

$$D\,(\zeta\,\bar\zeta + 1) + i\,(A\,\zeta - \bar A\,\bar\zeta) = 0$$

in sich über; die Substitution stellt eine r e i n e K l a p -
p u n g um diese Gerade dar. Ist aber

$$C \neq 0 ,$$

so gehen nur die beiden dem Einheitskreise angehörigen
Punkte

$$\zeta_1 = \frac{i\,D + \sqrt{C^2 + 1}}{-\bar A} \qquad \zeta_2 = \frac{i\,D - \sqrt{C^2 + 1}}{-\bar A}$$

dieser Geraden in sich über. Die Substitution stellt eine
K l a p p u n g um diese Gerade dar, die m i t e i n e r
V e r s c h i e b u n g i n R i c h t u n g d e r K l a p p -
a c h s e verbunden ist. Um die Länge d der Verschiebung festzustellen, fällen wir vom Punkte $\zeta = 0$ auf
die Klappachse das A c h s e n l o t

$$\bar A\,\zeta + A\,\bar\zeta = 0 ,$$

welches mit der Verbindungsgeraden

$$B\,\bar A\,\zeta - \bar B\,A\,\bar\zeta = 0$$

der Punkte $\zeta = 0$ und $\zeta = \dfrac{\bar B}{\bar A}$ einen Winkel φ vom

Betrage

$$\cos\varphi = \frac{1}{4}\,\frac{(A+\bar A)(B\,\bar A - \bar B\,A) + (A-\bar A)(B\,\bar A + \bar B\,A)}{\sqrt{-\,B\,\bar A \cdot \bar B\,A \cdot A\,\bar A}} = \frac{D}{\sqrt{B\,\bar B}}$$

bildet. Aus dem rechtwinkligen hyperbolischen Dreieck,
das von dem Achsenlot, der Achse und der Verbindungs-
geraden der Punkte $\zeta = 0$ und $\zeta = \dfrac{\bar B}{\bar A}$, welche von der

Achse halbiert wird, gebildet wird, erhält man

$$\mathrm{Sh}\,\frac{d}{2} = \mathrm{Sh}\,\frac{1}{2}\,d\,(0,\frac{\bar B}{\bar A})\,\sin\varphi = \frac{C}{\sqrt{B\,\bar B}}\,\sqrt{B\,\bar B} = C .$$

Wenn uns nun noch C durch sein Vorzeichen die Ver-

s c h i e b u n g s r i c h t u n g bestimmen soll, so müssen
wir, da

$$\bar{A}\,\frac{\bar{B}}{\bar{A}} + A\cdot\frac{B}{A} = B + \bar{B} = 2\,C \qquad \text{und}$$

$$\bar{A}\zeta_1 + A\zeta_1 = -iD - \sqrt{C^2+1} + iD - \sqrt{C^2+1} = -2\sqrt{C^2+1} < 0$$

ist, als positive Richtung der Klappachse diejenige be-
zeichnen, die vom Punkte $\zeta_1 = \dfrac{i\,D + \sqrt{C^2+1}}{-\bar{A}}$ zum

Punkte $\zeta_2 = \dfrac{i\,D - \sqrt{C^2+1}}{-\bar{A}}$ führt.

Im Anschluß hieran wollen wir noch ganz allgemein die B e d i n g u n g e n dafür, d a ß e i n e S u b-
s t i t u t i o n d i e I d e n t i t ä t darstellt, und die
Formeln für die Komposition und Transformation von
ζ-Substitutionen aufstellen.

Damit eine ζ-Substitution erster Art

$$\zeta' = \frac{A\,\zeta + \bar{B}}{B\,\zeta + \bar{A}} \qquad A\,\bar{A} - B\,\bar{B} = 1$$

die Identität darstellt, muß die Gleichung

$$B\,\zeta^2 - (A - \bar{A})\,\zeta - \bar{B} = 0$$

identisch befriedigt werden, d. h. es muß

$$B = 0\;,\; C = 0\;,\; D = 0$$

sein, sodaß wir nach den gemachten Festsetzungen über
die Vorzeichen noch

$$A = 1$$

erhalten werden. D a m i t z w e i S u b s t i t u t i o n e n
$(A_1\,,\,B_1)$ und $(A_2\,,\,B_2)$ erster Art identisch sind, muß

$$\frac{A_1\,\zeta + \bar{B}_1}{B_1\,\zeta + \bar{A}_1} = \frac{A_2\,\zeta + \bar{B}_2}{B_2\,\zeta + \bar{A}_2} \qquad \begin{array}{l} A_1\,\bar{A}_1 - B_1\,\bar{B}_1 = 1 \\ A_2\,\bar{A}_2 - B_2\,\bar{B}_2 = 1 \end{array}$$

sein, woraus unter Berücksichtung der Vorzeichenbe-
stimmungen folgt

$$A_2 = A_1 \qquad , \qquad B_2 = B_1\,.$$

Eine ζ-Substitution zweiter Art

$$\zeta' = \frac{A\,\bar{\zeta} + \bar{B}}{B\,\bar{\zeta} + \bar{A}} \qquad A\,\bar{A} - B\,\bar{B} = 1$$

kann nie die Identität darstellen und auch nie mit einer ζ-Substitution erster Art identisch sein. Z w e i ζ - S u b - s t i t u t i o n e n z w e i t e r A r t $(A_1\,,B_1)$ u n d $(A_2\,,B_2)$ s i n d i d e n t i s c h d a n n u n d n u r d a n n, w e n n

$$A_2 = A_1 \text{ und } B_2 = B_1$$

ist.

Z w e i ζ - S u b s t i t u t i o n e n e r s t e r A r t $(A_1\,,B_1)$ u n d $(A_2\,,B_2)$ l i e f e r n d u r c h K o m - p o s i t i o n e i n e ζ - S u b s t i t u t i o n e r s t e r A r t $(A_{12}\,,B_{12})$, d e r e n K o e f f i z i e n t e n wegen

$$\zeta' = \frac{A_{12}\,\zeta + \bar{B}_{12}}{B_{12}\,\zeta + \bar{A}_{12}} \equiv \frac{A_1\,\dfrac{A_2\,\zeta + \bar{B}_2}{B_2\,\zeta + \bar{A}_2} + \bar{B}_1}{B_1\,\dfrac{A_2\,\zeta + \bar{B}_2}{B_2\,\zeta + \bar{A}_2} + \bar{A}_1} \equiv$$

$$\frac{(A_1\,A_2 + \bar{B}_1\,B_2)\,\zeta + (A_1\,\bar{B}_2 + \bar{B}_1\,\bar{A}_2)}{(B_1\,A_2 + \bar{A}_1\,B_2)\,\zeta + (B_1\,\bar{B}_2 + \bar{A}_1\,\bar{A}_2)}$$

d i e W e r t e h a b e n

$$A_{12} = A_2\,A_1 + B_2\,\bar{B}_1 \quad,\quad B_{12} = A_2\,B_1 + B_2\,\bar{A}_1.$$

D u r c h K o m p o s i t i o n z w e i e r ζ - S u b s t i - t u t i o n e n z w e i t e r A r t $(A_1\,,B_1)$ u n d $(A_2\,,B_2)$ e r h ä l t m a n e i n e ζ - S u b s t i t u t i o n e r s t e r A r t $(A_{12}\,,B_{12})$ m i t d e n K o e f f i z i e n t e n

$$A_{12} = \bar{A}_2\,A_1 + \bar{B}_2\,\bar{B}_1 \qquad B_{12} = \bar{A}_2\,B_1 + \bar{B}_2\,\bar{A}_1\,,$$

was man wie oben leicht beweisen kann. D u r c h K o m - p o s i t i o n e i n e r ζ - S u b s t i t u t i o n e r s t e r A r t $(A_1\,,B_1)$ m i t e i n e r ζ - S u b s t i t u t i o n z w e i t e r A r t $(A_2\,,B_2)$. e r g i b t s i c h e i n e ζ - S u b s t i t u t i o n z w e i t e r A r t m i t d e n K o e f f i z i e n t e n

$$A_{12} = A_2\,A_1 + B_2\,\bar{B}_1 \qquad B_{12} = A_2\,B_1 + B_2\,\bar{A}_1\,,$$

und d i e K o m p o s i t i o n e i n e r ζ - S u b s t i t u -

tion zweiter Art (A_1, B_1) mit einer ζ-Substitution erster Art (A_2, B_2) liefert ebenfalls eine ζ-Substitution zweiter Art, deren Koeffizienten die Werte

$$A_{12} = \bar{A}_2 A_1 + \bar{B}_2 \bar{B}_1 \qquad B_{12} = \bar{A}_2 B_1 + \bar{B}_2 \bar{A}_1$$

besitzen.

Die Koeffizienten A', B' der zu einer ζ-Substitution erster Art (A, B) inversen Substitution haben, da sie die Gleichungen

$$A' A + B' \bar{B} = 1 \quad , \quad A' B + B' \bar{A} = 0$$

erfüllen müssen, die Werte

$$A' = -\bar{A} \qquad , B' = B.$$

Die Koeffizienten der zu einer ζ-Substitution zweiter Art (A, B) inversen Substitution (A', B'), die ebenfalls eine Substitution zweiter Art ist, haben dagegen, wie durch Auflösung der Gleichungen

$$\bar{A}'A + \bar{B}'\bar{B} = 1 \quad , \quad \bar{A}'B + \bar{B}'\bar{A} = 0$$

unter Berücksichtigung der Bedingung

$$A'\bar{A}' - B'\bar{B}' = A \bar{A} - B \bar{B} = 1$$

und der Vorzeichenbedingungen auf pg. 54 folgt, die Werte

$$A' = A \quad , \quad B' = -\bar{B}.$$

Endlich zeigen wir noch, daß bei der Transformation einer Substitution erster Art der Realteil des ersten Koeffizienten A und bei der Transformation einer Substitution zweiter Art der Realteil des Koeffizienten B keine Aenderung seines absoluten Betrages erfährt, einerlei ob die transformierende Substitution von der ersten oder von der zweiten Art ist. Transformiert man eine Substitution (A_1 , B_1) erster oder zweiter Art mit einer Substitution erster Art (A_0, B_0), so erhält man eine Substitution (A_2 , B_2) erster bezw. zweiter Art mit den Koeffizienten

$$A_2 = \varepsilon (- A_{10} \bar{A}_0 + B_{10} \bar{B}_0)$$
$$B_2 = \varepsilon (\quad A_{10} B_0 - B_{10} A_0) ,$$

und transformiert man eine Substitution (A_1 , B_1) erster oder zweiter Art mit einer Substitution zweiter Art (A_0, B_0), so erhält man eine Substitution (A_2 , B_2) erster bezw. zweiter Art mit den Koeffizienten

$$A_2 = \varepsilon (\quad A_0 \bar{A}_{10} - B_0 \bar{B}_{10})$$
$$B_2 = \varepsilon (- \bar{B}_0 \bar{A}_{10} + \bar{A}_0 \bar{B}_{10}) ,$$

wobei in beiden Fällen (A_{10} , B_{10}) die Koeffizienten der Substitution, die durch Komposition von (A_1 , B_1) und (A_0 , B_0) entsteht, bedeuten und für das Zeichen ± 1 so zu wählen ist, daß die auf S. 49 bzw. S. 54 geforderten Vorzeichenbedingungen befriedigt werden. Trägt man die aus den Formeln auf S. 57 für A_{10} und B_{10} sich ergebenden Werte in die obigen Ausdrücke ein, so erhält man für die beiden Substitutionen (A_2 , B_2) erster Art die Koeffizienten

$$A_2 = \varepsilon (- A_0 \bar{A}_0 A_1 + A_0 \bar{B}_0 B_1 - \bar{A}_0 B_0 \bar{B}_1 + B_0 \bar{B}_0 \bar{A}_1)$$
$$B_2 = \varepsilon (- A_0 B_0 \bar{A}_1 + B_0^2 \bar{B}_1 - A_0^2 B_1 + A_0 B_0 A_1)$$

bzw.

$$A_2 = \varepsilon (A_0 \bar{A}_0 \bar{A}_1 + A_0 \bar{B}_0 B_1 - \bar{A}_0 B_0 \bar{B}_1 - B_0 \bar{B}_0 A_1)$$
$$B_2 = \varepsilon (- \bar{A}_0 \bar{B}_0 \bar{A}_1 - \bar{B}_0^2 B_1 + \bar{A}_0^2 B_1 + \bar{A}_0 \bar{B}_0 A_1)$$

und für die beiden Substitutionen (A_2, B_2) zweiter Art die Koeffizienten

$$A_2 = \varepsilon (- \bar{A}_0^2 A_1 + \bar{A}_0 \bar{B}_0 B_1 - \bar{A}_0 \bar{B}_0 \bar{B}_1 + \bar{B}_0^2 \bar{A}_1)$$
$$B_2 = \varepsilon (\bar{A}_0 B_0 A_1 - A_0 \bar{A}_0 B_1 + B_0 \bar{B}_0 \bar{B}_1 - A_0 \bar{B}_0 \bar{A}_1)$$

bzw.

$$A_2 = \varepsilon (A_0^2 \bar{A}_1 + A_0 B_0 B_1 - A_0 B_0 \bar{B}_1 - B_0^2 A_1)$$
$$B_2 = \varepsilon (A_0 \bar{B}_0 \bar{A}_1 - B_0 \bar{B}_0 B_1 + A_0 \bar{A}_0 \bar{B}_1 + B_0 \bar{A}_0 A_1) .$$

In den beiden ersten Fällen ergibt sich

$$A_2 + \bar{A}_2 = \mp \varepsilon (A_0 \bar{A}_0 - B_0 \bar{B}_0)(A_1 + \bar{A}_1) = \mp \varepsilon (A_1 + \bar{A}_1),$$

also

$$|\,A_2\,| = |\,A_1\,|\,,$$

und in den beiden letzten Fällen

$$\dot{B}_2 + \bar{B}_2 = \mp \varepsilon (A_0 \bar{A}_0 - B_0 \bar{B}_0)(B_1 + \bar{B}_1) = \mp \varepsilon (B_1 + \dot{B}_1),$$

also

$$|\,C_2\,| = |\,C_1\,|\,.$$

Unsere Behauptung ist damit vollständig bewiesen.

Nach diesen allgemeinen Entwickelungen gehen wir nun zur Theorie der Netzbewegungen über.

§ 4.

Analytische Lösung des Transformationsproblems für geschlossene zweiseitige Flächen.

Um die Gruppe der Netzbewegungen, die wir durch das im zweiten Paragraphen konstruierte Gruppenbild der Fundamentalgruppe einer geschlossenen zweiseitigen Fläche erhalten haben und die mit dieser Fundamentalgruppe einstufig isomorph ist, analytisch zu behandeln, verlegen wir den die Identität repräsentierenden Netzpunkt E in denjenigen Punkt der hyperbolischen Ebene, dem der Nullpunkt der ζ-Ebene entspricht, und geben der von ihm ausgehenden Polygonseite a_1 die Lage, die der positiven ξ-Achse der ζ-Ebene zugeordnet ist. Da in der Abbildung der hyperbolischen Ebene auf die ζ-Ebene die Winkelmessung elementaren Charakter trägt, so haben die Endpunkte der von $\zeta = 0$ ausgehenden 4p Polygonseiten c_h die Koordinaten

$$\zeta_h = \mathbf{w}\, t^{\nu_h}.$$

Dabei ist zur Abkürzung

$$t = e^{\frac{2\pi}{4p} i} \qquad \text{und} \qquad w = \mathrm{Th}\, \frac{s}{2}, \;^{35)}$$

wo s die hyperbolische Länge der einzelnen Polygonseite bedeutet, gesetzt und für den Exponenten ν_h sind die Zahlenwerte zu wählen:

$$\nu_h = 4l - 4 \quad \text{für} \quad c_h = a_l$$
$$\nu_h = 4l - 2 \quad ,, \quad c_h = a_l^{-1}$$
$$\nu_h = 4l - 1 \quad ,, \quad c_h = b_l$$
$$\nu_h = 4l - 3 \quad ,, \quad c_h = b_l^{-1}.$$

Nunmehr lassen sich d i e z u d e n e r z e u g e n den O p e r a t i o n e n c_h gehörigen ζ - S u b stitutionen

$$\zeta' = \frac{\alpha_h\, \zeta + \bar\beta_h}{\beta_h\, \zeta + \bar\alpha_h} \qquad \alpha_h\, \bar\alpha_h - \beta_h\, \bar\beta_h = 1$$

bestimmen. Bei der ζ - Substitution c_h geht nämlich der Punkt $\zeta = 0$ in den Punkt $\zeta_h = wt^{\nu_h}$ und der Punkt $\zeta_h' = wt^{\nu_h} + \mu_h$, wobei

$$\mu_h = + 1 \; \text{für} \; c_h = a_l \; \text{und} \; c_h = b_l^{-1}$$
$$\mu_h = - 1 \quad ,, \quad c_h = b_l \quad ,, \quad c_h = a_l^{-1}$$

zu setzen ist, in den Punkt $\zeta = 0$ über. Es bestehen also für α_h und β_h die drei Gleichungen

$$\alpha_h\, \bar\alpha_h - \beta_h\, \beta_h = 1,$$
$$\alpha_h\, wt^{\nu_h} = \bar\beta_h,$$
$$0 = \alpha_h\, wt^{\nu_h + 2\mu_h} + \bar\beta_h.$$

Aus ihnen folgt zunächst

$$\beta_h = \alpha_h\, wt^{-\nu_h}, \qquad \beta_h\, \bar\beta_h = w^2\, \alpha_h\, \bar\alpha_h,$$
$$\bar\alpha_h\, wt^{\nu_h} = - \alpha_h\, wt^{\nu_h + 2\mu_h} \quad \text{oder} \quad \bar\alpha_h = - \alpha_h\, t^{2\mu_h},$$

$^{35)}$ Die Formel folgt unmittelbar aus der Formel $\mathrm{Th}^2 \dfrac{d}{2} = \zeta\, \bar\zeta$ auf S. 43.

$$1 = \alpha_h \, \bar{\alpha}_h - \beta_h \, \bar{\beta}_h = \alpha_h \, \bar{\alpha}_h \, (1-w^2)$$
$$= - (1-w^2) \, t^{2\,\mu_h} \, \alpha_h^2.$$

Wird nun zur Abkürzung noch die Bezeichnung

$$q = \frac{1}{\sqrt{1-w^2}} = \frac{1}{\sqrt{1-\mathrm{Th}^2 \frac{s}{2}}} = \mathrm{Ch} \, \frac{s}{2}$$

eingeführt, so ergibt sich

$$\alpha_h = \sqrt{-q^2 \, t^{-2\,\mu_h}} = q \, \sqrt{t^{2\,(p-\mu_h)}} = q \, t^{\,p-\mu_h},$$

wobei zugleich die Vorzeichenbedingung, daß der Imaginärteil von α_h positiv sein soll, berücksichtigt ist. **Für die Koeffizienten der erzeugenden Netzbewegungen c_h ergeben sich somit die Werte**

$$\alpha_h = q \, t^{\,p-\mu_h}, \quad \beta_h = wq \, t^{\,p-\mu_h-\nu_h}$$

o d e r, wenn zur Vereinfachung noch

$$p - \mu_h = \varepsilon_h \qquad p - \mu_h - \nu_h = \eta_h$$

gesetzt wird,

$$\alpha_h = q \, t^{\,\varepsilon_h} \qquad \beta_h = wq \, t^{\,\eta_h}.$$

Darin haben ε_h und η_h die Werte

$$\varepsilon_h = p - 1, \; \eta_h = p - 41 + 3 \; \text{für} \; c_h = a_1$$
$$\varepsilon_h = p + 1, \; \eta_h = p - 41 + 3 \quad ,, \quad c_h = a_1^{-1}$$
$$\varepsilon_h = p + 1, \; \eta_h = p - 41 + 2 \quad ,, \quad c_h = b_1$$
$$\varepsilon_h = p - 1, \; \eta_h = p - 41 + 2 \quad ,, \quad c_h = b_1^{-1}.$$

Durch Komposition lassen sich aus den erzeugenden Netzbewegungen **die Koeffizienten der allgemeinsten Netzbewegung**

$$S = c_1 \, c_2 \, c_3 \cdots c_n$$

bestimmen. Sind nämlich A_h, B_h die zur Netzbewegung $c_1 \, c_2 \cdots c_h$ gehörigen Koeffizienten und α_{h+1}, β_{h+1} die Koeffizienten der erzeugenden Netzbewegung c_{h+1}, so gehören zufolge der ersten Kompositionsformel auf

S. 57 zur Netzbewegung $c_1 c_2 \cdots c_h c_{h+1}$ die Koeffizienten

$$A_{h+1} = \alpha_{h+1} A_h + \beta_{h+1} \bar{B}_h$$
$$B_{h+1} = \alpha_{h+1} B_h + \beta_{h+1} \bar{A}_h .$$

Durch sukzessive Anwendung dieser Rekursionsformeln erhält man für die Netzbewegung S die Koeffizienten

$$A_n = q^n \cdot \sum_{0}^{[\frac{n}{2}]}{}_\rho \left\{ w^{2\rho}\, U_\rho \right\}$$

$$B_n = w q^n \sum_{0}^{[\frac{n-1}{2}]}{}_\sigma \left\{ w^{2\sigma} V_\sigma \right\},$$

worin für U_ρ und V_6 die Summenausdrücke

$$U_\rho = \sum_{\substack{\nu_1 < \nu_2 < \dots < \nu_{2\rho}}}^{\substack{1\,\dots\,n \\ \nu_i}} \left\{ t^{\sum_{1}^{\nu_1-1}{}_\varkappa \varepsilon_\varkappa} + \sum_{1}^{2\rho-1}{}_i (-1)^i \left(\eta_{\nu_i} + \sum_{\nu_i+1}^{\nu_{i+1}-1}{}_\varkappa \varepsilon_\varkappa \right) + \eta_{\nu_{2\rho}} + \sum_{\nu_{2\rho}+1}^{n}{}_\varkappa \varepsilon_\varkappa) \right\}$$

$$V_\sigma = \sum_{\substack{\nu_1 < \nu_2 < \dots < \nu_{2\sigma+1}}}^{\substack{1\,\dots\,n \\ \nu_i}} \left\{ t^{-\sum_{1}^{\nu_1-1}{}_\varkappa \varepsilon_\varkappa} - \sum_{1}^{2\sigma}{}_i (-1)^i \left(\eta_{\nu_i} + \sum_{\nu_i+1}^{\nu_{i+1}-1}{}_\varkappa \varepsilon_\varkappa \right) + \eta_{\nu_{2\sigma+1}} + \sum_{\nu_{2\sigma+1}+1}^{n}{}_\varkappa \varepsilon_\varkappa \right\}$$

zu setzen und unter $[\frac{n}{2}]$ und $[\frac{n-1}{2}]$ die größten ganzen Zahlen unterhalb $\frac{n}{2}$ bezw. $\frac{n-1}{2}$ zu verstehen sind.

Die angegebenen Formeln, die sich durch Schluß von n auf $n+1$ unschwer allgemein beweisen lassen, gestatten für jeden Ausdruck in den Erzeugenden die Koeffizienten der zugehörigen Netzbewegung anzugeben. Allerdings besteht dabei noch die Zweideutigkeit, daß außer A_n, B_n auch $-A_n, -B_n$ als Koeffizienten der zu S gehörigen ζ-Substitution gewählt werden können. Von diesen beiden Paaren wollen wir in speziellen Fällen immer dasjenige wählen, welches die auf S. 49 getroffenen Vorzeichenbedingungen befriedigt.

Nach den Formeln der hyperbolischen Geometrie erhält man aus dem gleichschenkligen Dreieck, welches durch eine Polygonseite und den Mittelpunkt des zugehörigen Netzpolygons bestimmt wird und an der Basis die Winkel $\dfrac{\pi}{4\,\mathrm{p}}$, an der Spitze den Winkel $\dfrac{2\,\pi}{4\,\mathrm{p}}$ besitzt, für die Polygonseite s den Wert

$$\mathrm{Ch}^2\,\frac{s}{2} = \cot^2\frac{\pi}{4\,\mathrm{p}} \qquad \text{oder} \qquad \mathrm{Ch}\,\frac{s}{2} = \cot\frac{\pi}{4\,\mathrm{p}}\,.$$

Die Zahl q läßt sich somit in der Form

$$q = \sqrt{\frac{\cos^2\dfrac{\pi}{4\,\mathrm{p}}}{\sin^2\dfrac{\pi}{4\,\mathrm{p}}}} = \sqrt{\frac{1+\cos\dfrac{2\,\pi}{4\,\mathrm{p}}}{1-\cos\dfrac{2\,\pi}{4\,\mathrm{p}}}} = \sqrt{\frac{2+t+t^{-1}}{2-t-t^{-1}}} = \frac{\sqrt{(1-t^{2\mathrm{p}-1})(1-t^{-(2\mathrm{p}-1)})}}{\sqrt{(1-t)(1-t^{-1})}}$$

darstellen; sie ist, da 2p — 1 prim zu 4p ist, die Kreiseinheit $E_{2\mathrm{p}-1}$[36]), wenn p eine Potenz von 2 ist, und der Quotient von $E_{2\mathrm{p}-1}$ und E_1, wenn p nicht Potenz von 2 ist. Es ergibt sich daraus, daß q eine relle Einheit des Körpers K(t) bedeutet. Aus der zwischen q und w bestehenden Relation

$$w = \sqrt{\frac{q^2-1}{q^2}} = \frac{1}{q}\sqrt{q^2-1} = \frac{\sqrt{\cos\dfrac{2\,\pi}{4\,\mathrm{p}}}}{\cos\dfrac{\pi}{4\,\mathrm{p}}}$$

folgt ferner, daß w^2 eine ganze Zahl des Körpers K(t) ist. Wir erkennen somit, daß d e r K o e f f i z i e n t A e i n e r N e t z b e w e g u n g e i n e g a n z e Z a h l G(t) d e s K ö r p e r s K(t) i s t, w ä h r e n d B d a s P r o d u k t e i n e r g a n z e n Z a h l H(t) d i e s e s K ö r p e r s m i t d e r Q u a d r a t w u r z e l $\sqrt{q^2-1}$ d e r g a n z e n Z a h l q²—1 b i l d e t. Wie aber allgemein diese ganzen Zahlen G(t) und H(t) in den Ausdrücken

$$A = G(t) \qquad B = \sqrt{q^2-1}\ H(t)$$

---

[36]) Vgl. Hilbert „Theorie der algebraischen Körper", Kap. XXII, § 98.

zahlentheoretisch charakterisiert werden können, wird
sich wohl nur schwer feststellen lassen.[37]) Jedenfalls
muß man von diesen Zahlen verlangen, daß das Produkt

$$G(t) \cdot \overline{G(t)} - (q^2 - 1)\, H(t) \cdot \overline{H(t)} = 1$$

ist, wobei $G(t)$ und $\overline{G(t)}$, $H(t)$ und $\overline{H(t)}$ je konjugiert
komplexe Zahlen bedeuten, und daß ferner der Realteil
von $G(t)$ abgesehen von dem Falle $G(t) = 1$, $H(t) = 0$
dem absoluten Werte nach größer als 1 ist, da alle Netzbewegungen Verschiebungen längs einer Geraden der
hyperbolischen Ebene sind.

Mit der Bestimmung der Koeffizienten A, B einer
Netzbewegung ist nun der Spezialfall des Transformationsproblems, den wir als Identitätsproblem bezeichnet haben, sofort gelöst. Unter den gemachten Annahmen über den Wert der Koeffizienten-
determinante und über die Vorzeichen von A, B, C, D
ist nämlich eine Substitution (A, B) nur
dann gleich der Identität, wenn

$$A = 1, B = 0$$

ist, und zwei Substitutionen (A_1, B_1) und
(A_2, B_2) sind nur dann identisch, wenn

$$A_2 = A_1, \qquad B_2 = B_1$$

ist. Wegen der Bildungsgesetze der Koeffizienten ist
allerdings die erste Bedingung schon dann erfüllt, wenn

$$A = 1$$

ist, und die zweite Bedingung schon dann, wenn der den
Realteil der Substitution $S_1 S_2^{-1}$ darstellende Ausdruck

$$A_1 A_2 + B_1 B_2 - C_1 C_2 - D_1 D_2 = 1$$

wird. Das Identitätsproblem bietet also analytisch nicht
die geringste Schwierigkeit.

---

[37]) Man vergleiche hierzu die Bemerkung in R. Fricke
und F. Klein „Vorlesungen über die Theorie der automorphen
Funktionen", Bd. I, S. 446. — Einige Bemerkungen zu
diesem Problem findet man noch auf S. 90 dieser Arbeit.

Viel umständlicher ist jedoch die Lösung des **T r a n s f o r m a t i o n s p r o b l e m s** oder die Entscheidung über die Gleichberechtigung zweier ζ - Substitutionen (A_1, B_1) und (A_2, B_2). Eine notwendige Bedingung ist zwar durch die Relation

$$| A_2 | = | A_1 |$$

gegeben, die, wie wir im dritten Paragraphen ausführlich bewiesen haben, die Gleichheit der Achsenlängen gewährleistet. Um aber hinreichende Bedingungen für die Gleichberechtigung von Substitutionen zu finden, müssen wir die Bedingungen für die **A e q u i v a l e n z i h r e r A c h s e n** feststellen, d. h. die Frage beantworten, wann die beiden Achsen mit ihrem Richtungssinn durch eine Substitution der Gruppe ineinander übergeführt werden können. Wir lösen diese Aufgabe mit Hilfe der im zweiten Paragraphen geometrisch entwickelten **T h e o r i e d e r A c h s e n b i l d e r.**

A l s F u n d a m e n t a l b e r e i c h, auf den wir die Achsen abbilden wollen, **w ä h l e n w i r** zweckmäßig bei der analytischen Behandlung nicht die einzelne Netzmasche, sondern **d a s r e g u l ä r e 4p - s e i-t i g e P o l y g o n v o m P o l y g o n w i n k e l** $\dfrac{2\,\pi}{4\,p}$,

d e s s e n E c k e n d i e h y p e r b o l i s c h e n M i t-t e l p u n k t e d e r 4p i m P u n k t e $\zeta = 0$ **z u-s a m m e n s t o ß e n d e n N e t z m a s c h e n s i n d.** Dieses Polygon werden wir weiterhin als „**r e d u z i e r-t e s P o l y g o n**" kurz bezeichnen. Seine 4p Seiten, die auf den von $\zeta = 0$ ausgehenden Netzseiten in ihrem hyperbolischen Halbierungspunkt senkrecht stehen, bezeichnen wir entsprechend den von ihnen geschnittenen Netzseiten c_h mit $\bar{c}_h$. Wir dürfen aber nicht alle diese Seiten zum Fundamentalbereich rechnen, da die beiden Seiten $\bar{a}_i$ und $\bar{a}_i^{-1}$ und ebenso $\bar{b}_i$ und $\bar{b}_i^{-1}$ je aus äquivalenten Punkten bestehen; demzufolge werden wir etwa nur die Seiten $\bar{a}_1, \bar{a}_2, \cdots \bar{a}_p$ und $b_1, \bar{b}_2, \cdots \bar{b}_p$

als dem Fundamentalbereich angehörig betrachten.
Ebenso sind alle Ecken des reduzierten Polygons äquivalent; es darf also nur eine von ihnen, etwa die in der
oberen Halbebene $\eta > 0$ gelegene Ecke der Seite $\bar{a}_1$, als
dem Fundamentalbereich angehörig angesehen werden.

Unter den Elementen der Fundamentalgruppe werden naturgemäß nun die eine ausgezeichnete Stellung
einnehmen, deren Achse mit dem reduzierten Polygon
Punkte gemeinsam hat; wir nennen diese Elemente die
r e d u z i e r t e n   E l e m e n t e   d e r   F u n d a m e n t a l -
gruppe. J e d e s   E l e m e n t   d e r   F u n d a m e n -
t a l g r u p p e   i s t   e i n e m   r e d u z i e r t e n   E l e -
m e n t   g l e i c h b e r e c h t i g t,   da man zu jeder
Achse eine äquivalente, welche den Fundamentalbereich
schneidet, konstruieren kann und äquivalente Achsen
stets durch Netzbewegungen ineinander übergeführt
werden können. Demzufolge werden wir zunächst feststellen, wie man ein gegebenes Element durch Transformation in ein reduziertes Element verwandeln kann,
und dann nur noch die Achsenbilder reduzierter Elemente betrachten.

D u r c h   e i n e   N e t z b e w e g u n g   S   g e h t
d a s   r e d u z i e r t e   P o l y g o n   ü b e r   i n   e i n
P o l y g o n,   w e l c h e s   d e n   d e r   N e t z b e w e -
g u n g   S   z u g e o r d n e t e n   P u n k t   d e s   G r u p -
p e n b i l d e s   i n   ä q u i v a l e n t e r   W e i s e   u m -
g i b t   w i e   d a s   r e d u z i e r t e   P o l y g o n   d e n
N u l l p u n k t $\zeta = 0$.

Die Gruppe aller Netzbewegungen liefert demgemäß noch eine zweite einfache und lückenlose Ueberdeckung der hyperbolischen Ebene mit einem Netz von

regulären 4p-seitigen Polygonen vom Polygonwinkel $\dfrac{2\pi}{4p}$.

Die Mittelpunkte der Polygone des neuen Netzes liegen
in den Ecken der Polygone des ursprünglichen Netzes
und die Ecken der Polygone des neuen Netzes in den

Mittelpunkten der Polygone des alten Netzes. Auch die neue Einteilung kann als Gruppenbild aufgefaßt werden; jedem Elemente S der Gruppe läßt sich nämlich das Polygon zuordnen, dessen Mittelpunkt der Punkt S ist; aus diesem Grunde wollen wir dieses Polygon kurz als „Polygon S" bezeichnen. Das reduzierte Polygon entspricht dabei dem Einheitselement der Gruppe. Nach dieser Zuordnung werden wir die neue Einteilung ein „G r u p p e n b i l d   z w e i t e r   A r t   f ü r   d i e   F u n d a m e n t a l g r u p p e" nennen können.

Um nun zur Reduktion eines Elementes in ein reduziertes Element überzugehen, müssen wir zunächst das   r e d u z i e r t e   P o l y g o n   a n a l y t i s c h   c h a r a k t e r i s i e r e n. Seine Ecken haben die Koordinaten

$$\zeta = v\, t^{k+\frac{1}{2}} \qquad (k = 0,\, 1,\, 2,\, \cdots\, 4\,p-1)\,;$$

dabei ist mit v der Wert

$$v = \operatorname{Th} \frac{r}{2}$$

bezeichnet, wo r den hyperbolischen Radius des Umkreises des reduzierten Polygons bedeutet. Nach den Formeln der hyperbolischen Geometrie ist

$$\operatorname{Chr} = \operatorname{Ch}^2 \frac{s}{2} = \cot^2 \frac{\pi}{4p}$$

und folglich

$$v = \sqrt{\frac{\operatorname{Chr} - 1}{\operatorname{Chr} + 1}} = \sqrt{\frac{\cos^2 \frac{\pi}{4p} - \sin^2 \frac{\pi}{4p}}{\cos^2 \frac{\pi}{4p} + \sin^2 \frac{\pi}{4p}}} = \sqrt{\cos \frac{2\pi}{4p}}\,.$$

Die durch die beiden Ecken $\zeta = v\, t^{k \pm \frac{1}{2}}$ gehende Polygonseite hat, da die Verbindungsgerade der Punkte $\zeta = 0$ und $\zeta = wt^k$ auf ihr senkrecht steht, die Gleichungsform

$$m\,(\zeta\, \bar{\zeta} + 1) - (t^k\, \bar{\zeta} + t^{-k}\, \zeta) = 0\,;$$

aus der Erwägung, daß diese Gerade durch den Punkt $\zeta = \mathrm{Th}\,\frac{s}{2}\cdot t^{k}$ geht, ergibt sich für m der Wert

$$m = \frac{2\,\mathrm{Th}\,\frac{s}{4}}{1+\mathrm{Th}^2\,\frac{s}{4}} = \frac{2\,\mathrm{Sh}\,\frac{s}{4}\,\mathrm{Ch}\,\frac{s}{4}}{\mathrm{Ch}^2\,\frac{s}{4}+\mathrm{Sh}^2\,\frac{s}{4}} = \frac{\mathrm{Sh}\,\frac{s}{2}}{\mathrm{Ch}\,\frac{s}{2}} = \mathrm{Th}\,\frac{s}{2} = w.$$

Die Gleichungen der Seiten des reduzierten Polygons sind also

$$w\,(\zeta\,\bar\zeta + 1) - (t^{k}\,\bar\zeta + t^{-k}\,\zeta) = 0 \qquad (k = 0, 1, 2, \cdot\cdot\, 4\,p - 1).$$

Es sei jetzt

$$\zeta = \rho\,e^{i\varphi}$$

ein Punkt im Innern des Kreises $\zeta\,\bar\zeta - 1 = 0$; der von $\zeta = 0$ ausgehende Strahl durch den Punkt $\zeta = \rho\,e^{i\varphi}$ schneidet diejenige Seite $\bar c_0$ des reduzierten Polygons, für die

$$\left|\,k_0\,\frac{2\,\pi}{4\,p} - \varphi\,\right| \leqq \frac{\pi}{4\,p}$$

ist. Für das Gleichheitszeichen erhält man hieraus zwei Zahlenwerte k_0 dem Umstand entsprechend, daß der genannte Strahl durch eine Polygonecke geht, in der zwei Polygonseiten zusammenstoßen; wir wollen in diesem Falle sagen, daß der Punkt ζ auf einem „Eckenstrahl" des reduzierten Polygons gelegen sei. Gilt aber das Ungleichheitszeichen, so wird durch die Ungleichung nur e i n Zahlenwert k_0 eindeutig bestimmt. Die geschnittene Seite $\bar c_0$ des reduzierten Polygons ist die Seite

$$
\begin{aligned}
\bar a_1 \qquad &\text{für} \quad k_0 = 4\,l - 4 \\
\bar a_1^{-1} \qquad &\text{,,} \quad\ \ k_0 = 4\,l - 2 \\
\bar b_1 \qquad &\text{,,} \quad\ \ k_0 = 4\,l - 1 \\
\bar b_1^{-1} \qquad &\text{,,} \quad\ \ k_0 = 4\,l - 3\,.
\end{aligned}
$$

Der Punkt, in welchem die Seite $\bar c_0$ des reduzierten Polygons geschnitten wird, sei mit

$$\zeta_s = \sigma\,e^{i\varphi}$$

bezeichnet; dabei wird der Wert der Größe σ, die die

Tangens hyperbolica des halben hyperbolischen Abstandes jenes Punktes vom Nullpunkt bedeutet, bestimmt mit Hilfe der Gleichung

$$w\,(\sigma^2 + 1) - \sigma\,(t^{k_0}\,e^{-i\varphi} + t^{-k_0}\,e^{i\varphi}) = 0\;,$$

welche uns liefert

$$\frac{1 + \sigma^2}{2\,\sigma} = \frac{1}{w}\,\cos\left(k_0\,\frac{2\,\pi}{4\,p} - \varphi\right).$$

Der Punkt ζ wird nur dann dem reduzierten Polygon angehören, wenn

$$\rho \leqq \sigma \quad \text{oder} \quad \frac{1 + \rho^2}{2\,\rho} \geqq \frac{1 + \sigma^2}{2\,\sigma}\,, \quad \text{d. h. \ wenn}$$

$$\frac{1 + \rho^2}{2\,\rho} \geqq \frac{1}{w}\,\cos\left(k_0\,\frac{2\,\pi}{4\,p} - \varphi\right)$$

i s t. Dabei gilt aber gemäß unsern obigen Festsetzungen über die Zugehörigkeit der Seiten und Ecken zum reduzierten Polygon das Gleichheitszeichen nur für die Zahlen

$$k_0 = 0,\ 3,\ 4,\ 7,\ 8,\ 11,\ 12,\ \cdots\ 4p\text{--}5,\ 4p\text{--}4,\ 4p\text{--}1$$

und in dem Falle, daß $\left|\,k_0\,\dfrac{2\,\pi}{4\,p} - \varphi\,\right| = \dfrac{\pi}{4\,p}$ ist, nur

für die Zahl

$$k_0 = 0.$$

Wenn ζ diese Bedingungen nicht befriedigt, d. h. wenn ζ außerhalb des reduzierten Polygons liegt, so gibt es jedenfalls eine **Netzbewegung W^{-1}, die ζ in das reduzierte Polygon verlegt.** Um eine derartige Netzbewegung zu bestimmen, wollen wir durch sukzessive Anwendung der erzeugenden Operationen den Punkt ζ immer näher an das reduzierte Polygon heranbringen. Durch die Bewegung c_1 geht ζ über in den Punkt

$$\zeta_1 = \frac{\alpha_1\,\zeta + \bar{\beta}_1}{\beta_1\,\zeta + \bar{\alpha}_1} = \rho_1\,e^{i\,\varphi_1}.$$

Wir wollen nun unter den 4p Erzeugenden diejenige bestimmen, für die ρ_1 den kleinsten oder $1-\rho_1{}^2$ den größten möglichen Wert bekommt. Es ist

$$1-\rho_1{}^2 = \frac{(\beta_1\zeta+\bar\alpha_1)(\bar\beta_1\bar\zeta+\alpha_1)-(\alpha_1\zeta+\bar\beta_1)(\bar\alpha_1\bar\zeta+\beta_1)}{(\beta_1\zeta+\bar\alpha_1)(\bar\beta_1\bar\zeta+\alpha_1)}.$$

$$= \frac{(\alpha_1\bar\alpha_1-\beta_1\bar\beta_1)(1-\zeta\bar\zeta)}{\beta_1\bar\beta_1\zeta\bar\zeta+\alpha_1\beta_1\zeta+\bar\alpha_1\bar\beta_1\bar\zeta+\alpha_1\bar\alpha_1}$$

$$= \frac{1-\rho^2}{q^2\left(1+w^2\rho^2+2w\rho\cos\left[\varphi+(\varepsilon_1+\eta_1)\frac{2\pi}{4p}\right]\right)}.$$

Damit $1-\rho_1{}^2$ möglichst groß wird, müssen wir für

$$\eta_1+\varepsilon_1 = 2p-2\mu_1-\nu_1\,,$$

welches jede ganze Zahl zwischen 2p und $-2p+1$ sein kann, denjenigen Zahlenwert bestimmen, für den $\varphi+(\eta_1+\varepsilon_1)\frac{2\pi}{4p}$ möglichst nahe an $\pi = 2p\,\frac{2\pi}{4p}$ liegt. Wir haben somit die Ungleichung

$$\left| (2p-\varepsilon_1-\eta_1)\frac{2\pi}{4p}-\varphi \right| \leqq \frac{\pi}{4p}$$

oder

$$\left| (2\mu_1+\nu_1)\frac{2\pi}{4p}-\varphi \right| \leqq \frac{\pi}{4p}$$

zu befriedigen, d. h.

$$2\mu_1+\nu_1 = k_0$$

zu setzen. Die Zahl $2\mu_1+\nu_1$ bestimmt aber die Substitution c_1 eindeutig, denn es ist

$$c_1 = a_1 \quad \text{für } 2\mu_1+\nu_1 = 4l-2$$
$$c_1 = a_1{}^{-1} \quad ,, \quad 2\mu_1+\nu_1 = 4l-4$$
$$c_1 = b_1 \quad ,, \quad 2\mu_1+\nu_1 = 4l-3$$
$$c_1 = b_1{}^{-1} \quad ,, \quad 2\mu_1+\nu_1 = 4l-1\,.$$

In dem Falle aber, daß in dem zur Bestimmung von $2\mu_1+\nu_1$ dienenden Ausdruck das Gleichheitszeichen gilt, d. h. der Punkt ζ auf einem Eckenstrahl des redu zierten Polygons liegt, gibt es zwei Werte von $2\mu_1 + \nu_1$ und infolgedessen zwei Substitutionen c_1, die den Punkt ζ gleich nahe an das reduzierte Polygon heranbringen. Wir können das Resultat dieser Betrachtungen kurz in dem Satze zusammenfassen: Schneidet der Verbindungsstrahl der Punkte $\zeta = 0$ und $\zeta = \rho\, e^{i\varphi}$ die Polygonseite $\bar{c}$, so ist $c_1 = c^{-1}$ diejenige erzeugende Operation, durch deren Anwendung der Punkt ζ in einen Punkt ζ_1 übergeht, der möglichst nahe an das reduzierte Polygon heranrückt. In dem Falle, daß der Verbindungsstrahl durch eine Polygonecke geht, liefern die beiden in jener Ecke zusammenstoßenden Polygonseiten $\bar{c}$ und $\bar{c}'$ zwei Substitutionen c_1^{-1} und $c_1'^{-1}$, durch deren Anwendung der Punkt ζ um gleiche Strecken dem reduzierten Polygon näher kommt. Mit dem Punkte ζ_1 verfahren wir nun in analoger Weise, vorausgesetzt, daß er noch nicht im reduzierten Polygon liegt; wir erhalten dann ein Element c_2^{-1}, durch dessen Anwendung ζ_1 in einen Punkt ζ_2 übergeht, der wieder möglichst nahe an das reduzierte Polygon heranrückt. Was den oben erwähnten Ausnahmefall betrifft, so denken wir ihn uns zunächst auf beide Arten weiter behandelt. Die beiden Arten unterscheiden sich dabei nur dadurch voneinander, daß der durch die eine Art gelieferte Punkt durch Spiegelung am Eckenstrahl aus dem durch die andere Art gelieferten Punkt hervorgeht.

Wir haben nun noch zweierlei zu zeigen, nämlich erstens, daß der Punkt ζ_1 näher am reduzierten Polygon liegt als der Punkt ζ, und zweitens, daß man durch das beschriebene Verfahren in endlich vielen Schritten in das reduzierte Polygon gelangt. Damit die erste Eigenschaft erfüllt ist, muß

$$1 - \rho^2 < 1 - \rho_1^{\,2} \quad \text{oder} \quad \frac{1 - \rho^2}{1 - \rho_1^{\,2}} < 1$$

sein, woraus die Bedingung

$$q^2 \left\{ 1 + w^2 \rho^2 - 2\,w\rho \cos\left(k_0 \frac{2\,\pi}{4\,p} - \varphi\right) \right\} < 1$$

folgt. Da

$$q^2 - 1 = \frac{1}{1-w^2} - 1 = \frac{w^2}{1-w^2} = w^2 q^2$$

ist, so können wir durch Division mit wq^2 die obige Bedingung auch auf die Form

$$w\,(1 + \rho^2) - 2\,\rho \cos\left(k_0 \frac{2\,\pi}{4\,p} - \varphi\right) < 0$$

oder

$$\frac{1+\rho^2}{2\,\rho} < \frac{1}{w} \cos\left(k_0 \frac{2\,\pi}{4\,p} - \varphi\right)$$

bringen. Hiermit ist aber nichts weiter ausgedrückt als unsere Voraussetzung, daß der Punkt ζ außerhalb des reduzierten Polygons liegen soll. Sobald dieser Umstand erfüllt ist, wird also der durch unser Verfahren bestimmte Punkt ζ_1 näher am reduzierten Polygon liegen als der Punkt ζ.

Um nun noch die zweite Behauptung zu beweisen, werden wir zeigen, daß die Differenz $\rho - \rho_1$, abgesehen von einem leicht zu erledigenden Ausnahmefall, endliche Werte besitzt. Dieser Ausdruck wird nämlich nur dann unendlich klein bezw. null, wenn $\dfrac{1-\rho^2}{1-\rho_1^{\,2}}$ nur unendlich wenig kleiner als 1 bezw. gleich 1 ist oder wenn $\dfrac{1+\rho^2}{2\,\rho}$ nur unendlich wenig kleiner als $\dfrac{1}{w} \cos\left(k_0 \dfrac{2\,\pi}{4\,p} - \varphi\right)$ bezw. gleich diesem Ausdruck ist. Das besagt aber, daß der Punkt φ in unmittelbarer Nähe des Randes des reduzierten Polygons bezw. auf einer Seite dieses Polygons liegt. Liegt nun ζ im Polygon c, so liefert uns unser Verfahren die Substitution c^{-1}, durch welche ζ in das

reduzierte Polygon verlegt wird, womit der Reduktions-
prozeß sein Ende erreicht hat. Liegt dagegen ζ in unmittelbarer Nähe einer Polygonecke des reduzierten
Polygons, aber nicht im Polygon c, in welches der Verbindungsstrahl von $\zeta = 0$ und ζ zuerst eintritt, so
liefert uns c^{-1} eine Substitution, die ζ in einen Punkt
ζ_1 überführt, der ebenfalls in unmittelbarer Nähe einer
Ecke des reduzierten Polygons liegt; der Verbindungsstrahl der Punkte $\zeta = 0$ und $\zeta = \zeta_1$ schneidet jedoch
eine Polygonseite der zweiten Einteilung weniger als
der Verbindungsstrahl der Punkte $\zeta = 0$ und ζ. Da
nun der Verbindungsstrahl von $\zeta = 0$ und ζ höchstens
$2p$ Polygonseiten der zweiten Einteilung schneidet, so
führt uns unser Verfahren nach Bestimmung von höchstens $2p$ erzeugenden Operationen c^{-1} in das reduzierte Polygon. Dasselbe gilt auch in dem Falle, daß
der Punkt ζ auf einer der nicht zum reduzierten Polygon
gehörigen Seiten $\bar{a}_1^{-1}$, $\bar{b}_1^{-1}$, $\cdots$ $\bar{a}_p^{-1}$, $\bar{b}_p^{-1}$ oder in
einer Polygonecke $\zeta = v\, t^{k + \frac{1}{2}}\ (k \neq 0)$ liegt. Unter den
ersten Umständen sind bezw. a_1, b_1, a_2, b_2, $\cdots a_p$, b_p die
Operationen, durch die ζ in einen Punkt des reduzierten
Polygons übergeführt wird. Liegt aber ζ in einer Ecke
des reduzierten Polygons, so hat man eine Substitution
anzugeben, durch welche diese Ecke in die Ecke $v\, t^{1/2}$
übergeht. Um mit unserm Verfahren in Uebereinstimmung zu bleiben, müssen wir dabei die Bestimmung
treffen, daß jene Substitution sich aus nicht mehr als
$2p$ Erzeugenden zusammensetzt. Das ist, abgesehen von
dem Falle mit $2p$ Erzeugenden, nur auf eine Weise
möglich; für den Ausnahmefall von $2p$ Erzeugenden erhalten wir dagegen zwei Systeme, die aber symmetrisch
zu dem durch $\zeta = 0$ und jene Ecke gehenden Strahl gelegene Züge liefern. Es entspricht dieser Fall dem schon
bei dem allgemeinen Verfahren vorkommenden Ausnahmefalle.

Wir haben somit gezeigt, daß sich für jeden Punkt

eine im allgemeinen eindeutig bestimmte Reihe von Substitutionen

$$c_1^{-1},\; c_2^{-1} \cdots c_n^{-1}$$

bestimmen läßt, durch deren sukzessive Anwendung der Punkt ζ schließlich in den äquivalenten Punkt des reduzierten Polygons verlegt wird. Das durch Komposition dieser Operationen entstehende Element

$$W^{-1} = c_n^{-1}\, c_{n-1}^{-1} \cdots c_2^{-1}\, c_1^{-1}$$

liefert die gesuchte Netzbewegung, bei der der Punkt ζ in den äquivalenten Punkt des reduzierten Polygons übergeht. Umgekehrt ist

$$W = c_1\, c_2 \cdots c_{n-1}\, c_n$$

dasjenige Element, welches den dem Punkte ζ äquivalenten Punkt des reduzierten Polygons in den Punkt ζ und damit den Punkt $\zeta = 0$ in den Mittelpunkt des den Punkt ζ enthaltenden Polygons der zweiten Einteilung überführt, m. a. W. der Punkt ζ liegt im Polygon $W = c_1\, c_2 \cdots c_n$. Solange in der Reihe der Punkte ζ, ζ_1, ζ_2, $\cdots \zeta_n$ keiner auf einen „Eckenstrahl" zu liegen kommt, also z. B. stets, wenn ζ nicht einem auf einem Eckenstrahl gelegenen Punkte des reduzierten Polygons äquivalent ist, bestimmt unser Verfahren den Ausdruck W eindeutig, während überall da, wo einer der Punkte ζ_i auf einen Eckenstrahl fällt, eine Spaltung des Verfahrens in zwei Möglichkeiten eintritt. Wir werden später sehen, daß diese beiden Möglichkeiten nicht wesentlich voneinander verschieden sind.

Dieses Verfahren können wir auch benutzen, um eine Pseudogerade, die mit dem Fundamentalbereich (reduzierten Polygon) keinen Punkt gemeinsam hat, in eine äquivalente Gerade überzuführen, die Punkte dieses Fundamentalbereichs enthält. Es sei

$$p (\zeta \bar{\zeta} + 1) - (e^{i\varphi} \bar{\zeta} + e^{-i\varphi} \zeta) = 0$$

eine gegebene Pseudogerade. Wenn auf ihr Punkte des Fundamentalbereichs liegen, so muß der Ausdruck

$$p (v^2 + 1) - v \left(e^{i\varphi} \, t^{-\left(k+\frac{1}{2}\right)} + e^{-i\varphi} \, t^{k+\frac{1}{2}} \right)$$
$$= p (v^2 + 1) - 2v \cos \left\{ \varphi - \left(k + \frac{1}{2}\right) \frac{2\,\pi}{4\,p} \right\}$$

für einen Teil der 4p Zahlen

$$0, 1, 2, \cdots 4p-1 \,,$$

etwa für die Zahlen von l_0 bis l_1 dieser Reihe, positiv und für den andern negativ sein, oder er muß für eins der Zahlenpaare

$$(4p-1, 0) \,, (2, 3) \,, (3, 4) \,, (6, 7) \,, (7, 8) \,, \cdots$$
$$\cdots (4p-6, 4p-5) \,, (4p-5, 4p-4) \,, (4p-2, 4p-1)$$

null werden, oder er muß endlich für die Zahl $k = 0$ den Wert 0, für die übrigen Zahlen aber einen Wert annehmen, der entgegengesetztes Vorzeichen wie p besitzt. Im ersten dieser drei Fälle schneidet die Gerade den Fundamentalbereich, im zweiten Fall hat sie eine Seite mit ihm gemeinsam, und im dritten Fall enthält sie von ihm nur die Ecke $\zeta = v\, t^{1/2}$. Wenn nun aber die gegebene Gerade keine dieser Bedingungen erfüllt, so verlege man nach dem oben angegebenen Verfahren einen beliebigen eigentlichen Punkt ζ auf ihr durch eine Netzbewegung W^{-1} in einen Punkt ζ^* des reduzierten Polygons. Bei dieser Netzbewegung geht die gegebene Gerade über in eine äquivalente Gerade durch den Punkt ζ^*; die neue Gerade hat also wenigstens einen **Punkt mit dem reduzierten Polygon gemeinsam.**

Ist nun S ein Element der Gruppe, dessen Achse das reduzierte Polygon nicht schneidet, so ist es nunmehr leicht möglich, ein gleichberechtigtes reduziertes Element R anzugeben. Ist nämlich ζ ein beliebiger Punkt der Achse von S und W^{-1} diejenige Substitution, die ζ in den äquivalenten Punkt ζ^* des reduzierten Polygons überführt, so ist

$$W^{-1} \, S \, W = R$$

ein reduziertes Element; denn da nach § 2 die Bewegung W^{-1} die Achse von S in die Achse von R überführt, so muß die Achse von R durch den Punkt ζ^* des reduzierten Polygons gehen und also Punkte des reduzierten Polygons aufweisen. Transformieren wir also das Element S mit einem Element W, dem beim Gruppenbilde zweiter Art ein von der Achse von S geschnittenes Polygon (etwa das Polygon, das den Fußpunkt des Achsenlotes enthält,) zugeordnet ist, so ist $R = W^{-1} \, S \, W$ ein reduziertes Element.

Man pflegt alle gleichberechtigten Elemente zu einer Klasse zusammenzufassen; alle Elemente einer solchen Klasse haben gleiche Achsenlänge d. Alle Elemente mit der Achsenlänge d gehören endlich vielen Klassen an. Um diesen Satz von der Endlichkeit der Klassenanzahl für eine gegebene Achsenlänge zu beweisen, betrachten wir in jeder Klasse nur die reduzierten Elemente. Alle Polygone des Gruppenbildes zweiter Art, die einem reduzierten Element von einer Achsenlänge $d' \leq d$ zugeordnet sind, liegen ganz oder teilweise im Innern des um den Mittelpunkt des reduzierten Polygons mit dem Radius $r + d$ beschriebenen Kreises K, da sie aus dem reduzierten Polygon durch Verschiebung längs einer dieses Polygon schneidenden Geraden um die Strecke d' hervorgehen. Nun liegen aber nur endlich viele Polygone der zweiten Einteilung ganz oder teilweise im Innern des Kreises K. Die Anzahl der reduzierten Elemente von der Achsenlänge $d' \leq d$ ist also endlich, um so mehr natürlich die Anzahl der reduzierten Elemente von der Achsenlänge d und erst recht die Klassenzahl der Elemente von der Achsenlänge d, da unter jenen reduzierten Elementen mehrere zu derselben Klasse gehören können.

Die weitere Betrachtung beschränken wir jetzt ganz auf reduzierte Elemente R, da wir nach der oben angegebenen Methode ein Element S stets in ein solches Element R transformieren können. Mit Hülfe der Formeln auf S. 43 ff. bestimmen wir zunächst d i e b e i d e n S e i t e n

$$w (\zeta \bar{\zeta} + 1) - (t^k \bar{\zeta} + t^{-k} \zeta) = 0$$

d e s r e d u z i e r t e n P o l y g o n s, w e l c h e d i e A c h s e

$$B (\zeta \bar{\zeta} + 1) + i (B \zeta - \bar{B} \bar{\zeta}) = 0$$

s c h n e i d e t. Indem wir in unseren Formeln einsetzen

$$p_1 = w \qquad e^{i\varphi_1} = t^k = e^{k\frac{2\pi}{4p}i}$$

$$p_2 = \frac{B}{\sqrt{C^2 + D^2}} \qquad e^{i\varphi_2} = \frac{i\bar{B}}{\sqrt{B\bar{B}}} = \frac{D + iC}{\sqrt{C^2 + D^2}}$$

erhalten wir zunächst für die Hülfsgröße λ den Wert

$$\lambda = \frac{\varepsilon \sqrt{C^2 + D^2}}{\sqrt{w^2(C^2 + D^2) + B^2 - 2wB \left(D \cos k\frac{2\pi}{4p} + C \sin k\frac{2\pi}{4p}\right)}},$$

wobei

$$\varepsilon = \mathrm{sg} \left(C \cos k \frac{2\pi}{4p} - D \sin k \frac{2\pi}{4p}\right)$$

bedeutet. Wir müssen sodann diejenigen ganzen Zahlen h bestimmen, für die

$$p_0 = \lambda \frac{C \cos k\frac{2\pi}{4p} - D \sin k\frac{2\pi}{4p}}{\sqrt{C^2 + D^2}}$$

$$= \frac{\left|C \cos k\frac{2\pi}{4p} - D \sin k\frac{2\pi}{4p}\right|}{\sqrt{w^2(C^2 + D^2) + B^2 - 2wB \left(D \cos k\frac{2\pi}{4p} + C \sin k\frac{2\pi}{4p}\right)}}$$

größer als 1 ist. Da R ein reduziertes Element ist, so gibt es Zahlen k, welche diese Bedingung befriedigen. Nun genügt es aber nicht, daß die Achse eine der Geraden $w(\zeta\bar{\zeta}+1)-(t^k\bar{\zeta}+t^{-k}\zeta)=0$ schneidet, sondern der Schnittpunkt muß auch dem Rande des reduzierten Polygons angehören; infolgedessen müssen wir für die eben bestimmten Zahlen k noch den Winkel φ_0 aus der Gleichung

$$e^{i\varphi_0}=\frac{i\lambda}{\sqrt{C^2+D^2}}\left\{B\,t^k-w(D+iC)\right\}=\frac{\lambda(w\bar{B}+iB\,t^k)}{\sqrt{C^2+D^2}}$$

bestimmen. Nur die beiden Zahlen k, für die

$$k\frac{2\pi}{4p}-\frac{\pi}{4p}\leq\varphi_0\leq k\frac{2\pi}{4p}-\frac{\pi}{4p}$$

wird, liefern die geschnittenen Seiten des reduzierten Polygons.

Schneidet die Achse von R etwa die Seiten $\bar{c}_\nu^{-1}$ und $\bar{c}_1$, wobei durch die Reihenfolge, in der wir diese Seiten angeben, stets die Achsenrichtung ausgedrückt sein soll, so wollen wir R durch das Element c_1 transformieren. Die Achse des Elementes $R_1=c_1^{-1}R\,c_1$, die durch die Bewegung c_1^{-1} aus der Achse von R entsteht, tritt nun über die Seite $\bar{c}_1^{-1}$ in das reduzierte Polygon ein und wird beim Verlassen desselben die Seite $\bar{c}_2$ schneiden. Es ist also

$$R_1=c_1^{-1}\,R\,c_1$$

ein mit R gleichberechtigtes reduziertes Element, dessen Achse die Seiten $\bar{c}_1^{-1}$ und $\bar{c}_2$ des reduzierten Polygons schneidet. In derselben Weise bestimmen wir nun das reduzierte Element $R_2=c_2^{-1}\,R_1\,c_2$ und setzen das Verfahren solange fort, bis wir zu einem Element R_ν gelangen, dessen Achse mit der Achse von R zusammenfällt. Dieses Element ist dann nach § 2 mit dem Elemente R identisch, d. h. es ist

$$R=c_\nu^{-1}\,c_{\nu-1}^{-1}\cdots c_2^{-1}\,c_1^{-1}\,R\,c_1\,c_2\cdots c_\nu\,.$$

Die Netzbewegung

$$c_1 \, c_2 \, \cdots \, c_{\nu-1} \, c_\nu = r$$

führt also die Achse von R in sich selbst über; das ist
aber nur möglich, wenn r dieselbe Achse hat wie R.
Außerdem hat zufolge der Voraussetzung, daß die Achse
von R die Richtung von der Seite $\bar{c}_\nu^{-1}$ zur Seite $\bar{c}_1$ besitzt, die Bewegung r auch dieselbe Achsenrichtung
wie R. Die zum Element r gehörige Achsenlänge d_r endlich ist die kleinste Strecke auf der Achse von R von
der Art, daß bei einer Verschiebung d_r längs dieser
Achse nur äquivalente Punkte der Achse zur Deckung
kommen. Bezeichnet also d_R die Achsenlänge von R,
so ist nach § 2 $d_R = nd_r$, worin n eine positive ganze
Zahl bedeutet. Wir haben also für R die Form

$$R = (c_1 \, c_2 \, \cdots \, c_\nu)^n = r^n \, ,$$

die wir als kanonische Darstellung des
reduzierten Elementes R bezeichnen wollen. Sämtliche mit R gleichberechtigte reduzierte Elemente sind daraus durch
zyklische Vertauschung zu gewinnen.
Mit den ν so entstehenden Elementen sind in der Tat
alle mit R gleichberechtigten reduzierten Elemente erschöpft; die ν Stücke nämlich, die diese ν Elemente
durch ihre Achsen im reduzierten Polygone liefern, ergeben sukzessive das ganze Bild, welches man durch
Abbildung der Achse von R auf das reduzierte Polygon
erhält. Jedes Element, das mit R gleichberechtigt ist
und das reduzierte Polygon schneidet, muß also als
Schnittfigur seiner Achse mit dem reduzierten Polygon
eines jener Stücke liefern und daher mit einem jener ν
Elemente identisch sein.

Eine besondere Erörterung erfordert indessen noch
der Fall, daß die Achse des reduzierten
Elementes R durch eine Polygonecke
geht. Bezeichnen wir die Ecken des reduzierten Poly-

gons, wie sie beim Umlauf desselben entgegen dem Uhrzeigersinne von der Ecke $v\,t^{i_2}$ an aufeinander folgen,
der Reihe nach mit den Nummern

$$0, 1, 2, 3, 4, 5, \cdots 4p-1\,,$$

so sind um jeden Punkt der zweiten Polygonteilung
die Ecken in der Reihenfolge

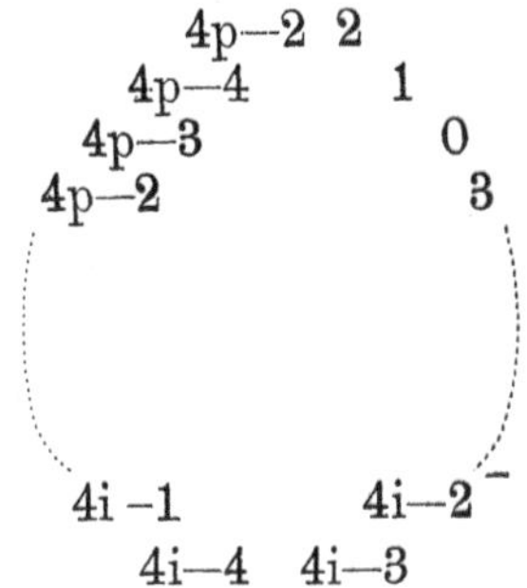

angeordnet. In diesem Zyklus liegt nun der Zahl m die
Zahl $m + 2p$ gegenüber, wenn p gerade ist, dagegen
die Zahl $m + 2p + \tau$, wobei

$$\tau = 0 \quad \text{für } m = 4l - 1 \text{ und } m = 4l - 3\,,$$
$$\tau = -4 \text{ für } m = 4l - 2 \text{ und}$$
$$\tau = +4 \text{ für } m = 4l - 4$$

zu setzen ist, wenn p ungerade ist. Transformieren wir
nun R mit demjenigen Aggregat s von 2p im Sinne der
Fundamentalrelation aufeinander folgenden Erzeugenden, welches die Ecke m, durch die R geht, in die im
obigen Zyklus ihr gegenüberliegende Ecke überführt, so
hat die Achse des transformierten Elementes $s^{-1}Rs$
mit dem reduzierten Polygon ein Stück gemeinsam, das
äquivalent ist dem Stücke auf der Achse von R, welches
sich an das in der Ecke m endigende Stück dieser Achse
anschließt. Das Aggregat s hat b e i g e r a d e m p den
Wert

$$s = b_i\, a_i^{-1}\, b_i^{-1} \cdot a_{i+1} b_{i+1} a_{i+1}^{-1} b_{i+1}^{-1} \cdots\cdots a_{i+\frac{p}{2}} \qquad \Big\rbrace \quad \text{für}$$
$$= a_i^{-1} \cdot b_{i-1} a_{i-1} b_{i-1}^{-1} a_{i-1}^{-1} \cdots\cdots b_{i+\frac{p}{2}} a_{i+\frac{p}{2}} b_{i+\frac{p}{2}}^{-1} \Big\rbrace \quad m = 4l-2$$

$$\begin{aligned}
s &= a_l^{-1}\, b_l^{-1}\cdot a_{l+1}\, b_{l+1}\, a_{l+1}^{-1}\, b_{l+1}^{-1}\cdots\cdots a_{l+\frac{p}{2}}\, b_{l+\frac{p}{2}} \\
&= b_l^{-1}\, a_l^{-1}\, b_{l-1}\, a_{l-1}\, b_{l-1}^{-1}\, a_{l-1}^{-1}\cdots\cdots b_{l+\frac{p}{2}}\, a_{l+\frac{p}{2}}
\end{aligned}\qquad\left.\vphantom{\begin{aligned}&\\&\end{aligned}}\right\}\ \text{für}\ m=4l-3$$

$$\begin{aligned}
s &= b_l^{-1}\cdot a_{l+1}\, b_{l+1}\, a_{l+1}^{-1}\, b_{l+1}^{-1}\cdots\cdots a_{l+\frac{p}{2}}\, b_{l+\frac{p}{2}}\, a_{l+\frac{p}{2}}^{-1} \\
&= a_l\, b_l^{-1}\, a_l^{-1}\cdot b_{l-1}\, a_{l-1}\, b_{l-1}^{-1}\, a_{l-1}^{-1}\cdots\cdots b_{l+\frac{p}{2}}
\end{aligned}\qquad\left.\vphantom{\begin{aligned}&\\&\end{aligned}}\right\}\ \text{für}\ m=4l-4$$

$$\begin{aligned}
s &= a_{l+1}\, b_{l+1}\, a_{l+1}^{-1}\, b_{l+1}^{-1}\cdots\cdots a_{l+\frac{p}{2}}\, b_{l+\frac{p}{2}}\, a_{l+\frac{p}{2}}^{-1}\, b_{l+\frac{p}{2}}^{-1} \\
&= b_l\, a_l\, b_l^{-1}\, a_l^{-1}\cdot b_{l-1}\, a_{l-1}\, b_{l-1}^{-1}\, a_{l-1}^{-1}\cdots\cdots a_{l+\frac{p}{2}+1}^{-1}
\end{aligned}\qquad\left.\vphantom{\begin{aligned}&\\&\end{aligned}}\right\}\ \text{für}\ m=4l-1$$

und bei ungeradem p den Wert

$$\begin{aligned}
s &= b_l\, a_l^{-1}\, b_l^{-1}\cdot a_{l+1}\, b_{l+1}\, a_{l+1}^{-1}\, b_{l+1}^{-1}\cdots\cdots a_{l+\frac{p-1}{2}}^{-1} \\
&= a_l^{-1}\cdot b_{l-1}\, a_{l-1}\, b_{l-1}^{-1}\, a_{l-1}^{-1}\cdots\cdots a_{l+\frac{p+1}{2}}\, b_{l+\frac{p+1}{2}}^{-1}\, a_{l+\frac{p+1}{2}}^{-1}\, b_{l+\frac{p-1}{2}}^{-1}
\end{aligned}\qquad\left.\vphantom{\begin{aligned}&\\&\end{aligned}}\right\}\ \text{für}\ m=4l-2$$

$$\begin{aligned}
s &= a_l^{-1}\, b_l^{-1}\cdot a_{l+1}\, b_{l+1}\, a_{l+1}^{-1}\, b_{l+}^{-1}\cdots\cdots a_{l+\frac{p-1}{2}}^{-1}\, b_{l+\frac{p-1}{2}}^{-1} \\
&= b_l^{-1}\, a_l^{-1}\cdot b_{l-1}\, a_{l-1}\, b_{l-1}^{-1}\, a_{l-1}^{-1}\cdots\cdots a_{l+\frac{p+1}{2}}^{-1}\, b_{l+\frac{p+1}{2}}^{-1}\, a_{l+\frac{p+1}{2}}^{-1}
\end{aligned}\qquad\left.\vphantom{\begin{aligned}&\\&\end{aligned}}\right\}\ \text{für}\ m=4l-3$$

$$\begin{aligned}
s &= b_l^{-1}\cdot a_{l+1}\, b_{l+1}\, a_{l+1}^{-1}\, b_{l+1}^{-1}\cdots\cdots a_{l+\frac{p-1}{2}}^{-1}\, b_{l+\frac{p-1}{2}}^{-1}\, a_{l+\frac{p+1}{2}} \\
&= a_l\, b_l^{-1}\, a_l^{-1}\cdot b_{l-1}\, a_{l-1}\, b_{l-1}^{-1}\, a_{l-1}^{-1}\cdots\cdots a_{l+\frac{p+1}{2}}\, b_{l+\frac{p+1}{2}}^{-1}
\end{aligned}\qquad\left.\vphantom{\begin{aligned}&\\&\end{aligned}}\right\}\ \text{für}\ m=4l-4$$

$$\begin{aligned}
s &= a_{l+1}\, b_{l+1}\, a_{l+1}^{-1}\, b_{l+1}^{-1}\cdots\cdots a_{l+\frac{p-1}{2}}^{-1}\, b_{l+\frac{p-1}{2}}^{-1}\, a_{l+\frac{p+1}{2}}^{-1}\, b_{l+\frac{p+1}{2}}^{-1} \\
&= b_l\, a_l\, b_l^{-1}\, a_l^{-1}\cdot b_{l-1}\, a_{l-1}\, b_{l-1}^{-1}\, a_{l-1}^{-1}\cdots\cdots a_{l+\frac{p+1}{2}}
\end{aligned}\qquad\left.\vphantom{\begin{aligned}&\\&\end{aligned}}\right\}\ \text{für}\ m=4l-1.$$

Indem wir nun weiter auf das reduzierte Element $s^{-1}Rs$ das für den allgemeinen Fall, bzw. das hier für Polygonecken entwickelte Transformationsverfahren anwenden, gelangen wir zu einem neuen reduzierten Element. Hiermit fahren wir solange fort, bis das ganze Bild der Achse von R einmal vollständig durchlaufen ist. Durch analoge Betrachtungen wie vorhin gelangen wir dann zur kanonischen Darstellung

$$R = \left\{ s_1\, c_1\, c_2\cdots c_{v_1}\, s_2\, c_{v_1+1}\cdots c_{v_2}\cdot s_3\cdot c_{v_2+1}\cdots\cdots c_{v_q} \right\}^n.$$

Unser Verfahren hat allerdings noch zur Folge, daß

diejenigen Elemente, deren Achse mit dem reduzierten Polygon bloß die Ecke $v\,t^{1/2}$ gemeinsam hat, nicht zu den reduzierten Elementen gerechnet werden. Es ist aber unmittelbar einzusehen, daß die dadurch bedingte Modifikation in der Definition reduzierter Elemente keine wesentliche Einschränkung herbeiführt.

In dem besonderen Falle, daß die Achse von R durch zwei Ecken des reduzierten Polygons geht, besteht das ganze Achsenbild aus Polygondiagonalen der zweiten Einteilung. Wir wollen diesen Fall noch etwas näher ins Auge fassen. Bei ihm tritt nämlich ein bemerkenswerter Unterschied ein, je nachdem p gerade oder ungerade ist.

Ist erstens **p gerade** und führt die Achse von R von der Ecke $m - g$ zur Ecke m, so besteht das einfache Bild der Achse von R im allgemeinen aus den beiden Polygondiagonalen

$$\{m - g\,,\,m\} \quad \text{und} \quad \{m + 2p\,,\,m - g + 2p\}\,,$$

dagegen im Falle $g = 2p$, in welchem die Achse von R durch den Punkt $\zeta = 0$ geht, bloß aus der Polygondiagonale

$$\{m - 2p\,,\,m\}\,.$$

Daraus folgen für R die kanonischen Darstellungen

$$R = \left\{ s_{(m)}\ s_{(m - g + 2p)} \right\}^{n} \quad \text{bzw.} \quad R = \left\{ s_{(m)} \right\}^{n}\,,$$

wobei unter $s_{(m)}$ das eben mitgeteilte Aggregat s für die Zahl m zu verstehen ist. Ist insbesondere $g = \pm 1$, so fällt die Achse von R in eine Seite $\bar{c}$ des reduzierten Polygons; da jedoch die Seiten $\bar{a}_i^{-1}$ und $\bar{b}_i^{-1}$ dem reduzierten Polygon nicht zugerechnet werden sollten, so sind für $g = + 1$ nur die Zahlen m der Form $4l - 4$ und $4l - 1$ zulässig. Das einfach genommene Achsenbild von R besteht aus den beiden Diagonalen

$$\{m - 1\,,\,m\} \quad \text{und} \quad \{m + 2p\,,\,m + 2p - 1\}\,,$$

sodaß R die kanonische Form

$$R = \left\{ s_{(m)}\ s_{(m + 2p - 1)} \right\}^{n}$$

6*

besitzt. Die zyklische Vertauschung liefert uns ein mit
R gleichberechtigtes Element

$$R' = \left\{ s_{(m+2p-1)} \, s_{(m)} \right\}^n .$$

Diese Elemente R' sind dieselben, die man aus der Annahme $g = -1$ erhalten würde, sodaß wir diesen Fall
nicht weiter mehr zu untersuchen brauchen. Es gibt
also, da die Zahl m 2p verschiedene Werte annehmen
kann, 4p reduzierte Elemente vom Exponenten 1, deren
Achsen Polygonseiten der zweiten Einteilung sind. Diese
4p reduzierten Elemente gehören jedoch nur zu 2p Klassen und außerdem sind je zwei von ihnen einander invers.
Besonders zu beachten ist, daß wegen

$$s_{(m)} \, s_{(m+2p-1)} = b_1^{-1} a_{1+1} \cdots b_{1+\frac{p}{2}} a_{1+\frac{p}{2}}^{-1} \cdot a_{1+\frac{p}{2}} \cdot b_{1+\frac{p}{2}} \cdots a_{1-1}^{-1} b_{1-1}^{-1}$$

$$= a_1 b_1^{-1} a_1^{-1} \cdots b_{1+\frac{p}{2}} \cdot b_{1-1+\frac{p}{2}} a_{1-1+\frac{p}{2}} \cdots b_1^{-1} a_1^{-1}$$

in der als Zyklus geschriebenen Form von R Aggregate
cc^{-1} auftreten. Dieser Umstand wird später noch einmal eine ganz besondere Rolle spielen.

Ist zweitens jedoch p u n g e r a d e, so liefert uns
die Abbildung der Achse von R auf das reduzierte Polygon sukzessive die Diagonalen

$\{m - g \, , m\} \, ,$

$\{m + \tau_1 + 2p \, , \, m - g + \tau_1 + 2p\} \, ,$

$\{m - g + (\tau_1 + \tau_2) \, , m + \tau_1 + \tau_2\} \, ,$

$\{m + \tau_1 + 2p + (\tau_1 + \tau_2) \, , m - g + \tau_1 + 2p + \tau_1 + \tau_2\} \, ,$

$\{m - g + 2(\tau_1 + \tau_2) \, , m + 2(\tau_1 + \tau_2)\} \, ,$

$\{m + \tau_1 + 2p + 2(\tau_1 + \tau_2) \, , m - g + \tau_1 + 2p + 2(\tau_1 + \tau_2)\} \, ,$

$\{m \quad g + 3(\tau_1 + \tau_2) \, , m + 3(\tau_1 + \tau_2)\} \, ,$

$\{m + \tau_1 + 2p + 3(\tau_1 + \tau_2) \, , m - g + \tau_1 + 2p + 3(\tau_1 + \tau_2)\} \, ,$

usw.,

bis man zur Ausgangsdiagonale $\{m - g, m\}$ zurückkehrt. Dabei wird der Wert von τ_1 durch die Zahl m,
der von τ_2 durch die Zahl $m - g + \tau_1 + 2p$ in der
früher angegebenen Weise bestimmt. Bei der Bildung

der einzelnen Glieder ist von den Umständen Gebrauch
gemacht, daß τ für alle nach dem Modul 4 kongruenten
Zahlen denselben Wert 0 oder $+4$ oder -4 besitzt
und überall in dem Schema eine Zahl durch eine andere
ersetzt werden darf, die ihr nach dem Modul 4p kongruent ist. Da die in unserer Reihe an ungerader Stelle
stehenden Diagonalen die Form $(M-g, M)$, dagegen
die an gerader Stelle stehenden Diagonalen die Form
$(M, M-g)$ besitzen, so wird die Diagonale $(m-g, m)$
an gerader Stelle nur dann erscheinen können, wenn

$$-g \equiv +g, \;(\mathrm{mod}\ 4p) \quad \text{oder} \quad g = 2p$$

ist, d. h. wenn die Achse von R durch den Punkt $\zeta = 0$
geht. In diesem Falle haben die einzelnen Glieder der
Reihe, da wegen $m + \tau_1 \equiv m, (4)$ noch $\tau_2 = \tau_1 = \tau$ wird
die folgende Gestalt:

$$\{m + 2p, m\}, \qquad \{m + 2p + \tau, m + \tau\},$$
$$\{m + 2p + 2\tau, m + 2\tau\}, \{m + 2p + 3\tau, m + 3\tau\},$$
$$m + 2p + 4\tau, m + 4\tau\}, \{m + 2p + 5\tau, m + 5\tau\}, \text{usw.}$$

Die Ausgangsdiagonale erscheint wieder, wenn

$$k\,\tau \equiv 0, \;(\mathrm{mod.}\ 4p)$$

wird, also für $\tau = 0$ schon mit dem zweiten, dagegen
für $\tau = \pm 4$ erst mit dem $(p+1)^{\text{ten}}$ Gliede. Ist also
$g = 2p$ und m eine ungerade Zahl, so haben
wir als einfaches Bild der Achse von R nur die Diagonale

$$\{m + 2p, m\},$$

woraus für R die kanonische Darstellung

$$R = \left\{s_{(m)}\right\}^{n}$$

folgt. Ist dagegen $g = 2p$ und m eine gerade
Zahl, so besteht das einfache Bild der Achse von R
aus den p Stücken

$$\{m + 2p + h\tau, m + h\tau\} \quad (h = 0, 1, \cdots p-1),$$

sodaß sich für R die kanonische Darstellung

$$R = \left\{s_{(m)}\; s_{(m+\tau)}\; s_{(m+2\tau)}\; s_{(m+3\tau)} \cdots s_{(m+(p-1)\tau)}\right\}^{n}$$

ergibt; dabei ist noch $\tau = -4$ für $m \equiv 2$, (4) und $\tau = +4$ für $m \equiv 0$, (4) zu nehmen.

Nunmehr setzen wir $g \neq 2p$ und auch noch $g \neq \pm 1$ voraus; denn in diesem letzten Fall besteht die Achse von R aus Polygonseiten der zweiten Einteilung, wobei noch eine besondere Bemerkung erforderlich werden wird. Die Anfangsdiagonale $(m - g, m)$ kann jetzt erst wieder in einem an ungerader Stelle stehenden Gliede der Reihe vorkommen. Das ist zum ersten Male der Fall für die kleinste ganze Zahl k, für die

$$k \, (\tau_1 + \tau_2) \equiv 0 \, , \, (4p)$$

wird. Wenn also $\tau_1 + \tau_2 = 0$ ist, so besteht das Achsenbild bloß aus den beiden Stücken

$$\{m - g \, , \, m\} \text{ und } \{m + \tau_1 + 2p \, , \, m - g + \tau_1 + 2p\} \, ,$$

dagegen in den übrigen Fällen, in denen

$$\tau_1 = \tau_2 = \tau = \pm 4$$

ist, aus den $2\,p$ Stücken

$$\{m - g \, , \, m\} \, , \qquad \{m + \tau + 2p \, , \, m - g + \tau + 2p\} \, ,$$
$$\{m - g + 2\,\tau \, , \, m + 2\,\tau\} \, , \{m + 3\,\tau + 2p \, , \, m - g + 3\,\tau + 2p\} \, ,$$
$$\{m - g + 4\,\tau \, , \, m + 4\,\tau\} \, , \{m + 5\,\tau + 2p \, , \, m - g + 5\,\tau + 2p\} \, ,$$
$$\cdots \cdots$$
$$\{m - g + (2p - 2)\,\tau \, , \, m + (2p - 2)\,\tau\} \, ,$$
$$\{m + (2p - 1)\,\tau + 2p \, , \, m - g + (2p - 1)\,\tau + 2p\} \, .$$

Dieser letzte Fall ist bei weitem der häufigste. Der Fall $\tau_1 + \tau_2 = 0$ tritt nämlich nur ein, wenn m ungerade und g gerade oder m gerade und $g \equiv 0$, (4p) ist, dagegen tritt der Fall $\tau_1 = \tau_2 \neq 0$ ein, wenn m und g beide ungerade oder m gerade und $g \not\equiv 0$, (4) ist. Aus unsern Formeln ergeben sich dann auch noch leicht die kanonischen Darstellungen

$$R = \left\{ s_{(m)} \, s_{(m - g + \tau_1 + 2p)} \right\}^n$$

bezw.

$$R = \left\{ s_{(m)} \, s_{(m - g + \tau + 2p)} \, s_{(m + 2\tau)} \, s_{(m - g + 3\tau + 2p)} \cdots s_{(m - g + (2p - 1)\,\tau + 2p)} \right\}^n \, .$$

Endlich möge der noch ausstehende Fall

$$g = \pm 1$$

kurz besprochen werden, in welchem die Achse aus Polygonseiten der zweiten Einteilung besteht. Nehmen wir zunächst

$$g = + 1$$

an, so sind für m nur die Zahlen der Form $4l - 4$ und $4l - 1$ möglich. Ist

$$m = 4l - 4 ,$$

so wird $\tau_1 = + 4$ und $\tau_2 = 0$. Unser allgemeines Verfahren zeigt uns, daß die aufeinanderfolgenden Stücke der Achse äquivalent sind den Seiten

$$\{4l - 5 , 4l - 4\} , \qquad \{4l + 2p , 4l - 1 + 2p\} ,$$
$$\{4(l+1) - 5 , 4(l+1) - 4\} , \{4(l+1) + 2p , 4(l+1) - 1 + 2p\} ,$$
$$\{4(l+2) - 5 , 4(l+2) - 4\} , \{4(l+2) + 2p , 4(l+2) - 1 + 2p\} ,$$
$$\text{usw.}$$

des reduzierten Polygons. Die an den ungeraden Stellen stehenden Glieder liefern uns der Reihe nach die entgegen dem Uhrzeigersinne durchlaufenen Seiten $\bar{a}_l , \bar{a}_{l+1} , \bar{a}_{l+2} \cdots$, dagegen die an den geraden Stellen stehenden Glieder der Reihe nach die im Uhrzeigersinne durchlaufenen Seiten $\bar{a}_{l + \frac{p+1}{2}}^{-1} , \bar{a}_{l+1 + \frac{p+1}{2}}^{-1} , \bar{a}_{l+2 + \frac{p+1}{2}}^{-1} , \ldots$

des reduzierten Polygons. Da wir nun aber die Seiten $\bar{a}_l^{-1}$ nicht als zum reduzierten Polygon zugehörig auffassen wollten, so erhalten wir das Element, welches in dem durch das Achsenbild von R gelieferten Zyklus folgt, aus R erst durch Transformation mit $s_{(4l-4)} \, a_{l + \frac{p+1}{2}}^{-1}$; das folgende Element des Zyklus ergibt sich dann aber aus R durch Transformation mit $s_{(4l-4)} \, s_{(4l-1+2p)}$, also aus dem vorhergehenden durch Transformation mit $a_{l + \frac{p+1}{2}} \, s_{(4l-1+2p)}$. In dieser Weise ist das Verfahren fortzusetzen, bis man zum Ausgangselemente R zurückkehrt. Die einzelnen reduzierten Elemente, die man erhält, haben der Reihe nach mit dem reduzierten Polygon die entgegen dem Uhrzeiger durchlaufenen Seiten

$$\bar{a}_1 \, , \, \bar{a}_{1+\frac{p+1}{2}} \, , \, \bar{a}_{1+1} \, , \, \bar{a}_{1+1+\frac{p+1}{2}} \, , \, \bar{a}_{1+2} \, , \, \bar{a}_{1+2+\frac{p+1}{2}} \, , \, \cdot \cdot$$

gemeinsam. Unter den Gliedern dieser Reihe ist das $p+1^{te}$ gleich $\bar{a}_1$ und die vorausgehenden Glieder sind alle voneinander verschieden. Der Zyklus reduzierter mit R gleichberechtigter Elemente besteht also aus p Gliedern, welche sämtlich aus der kanonischen Darstellung

$$R = \left\{ \left(s_{(41-4)} \, a_{1+\frac{p+1}{2}}^{-1} \right) \left(a_{1+\frac{p+1}{2}} \, s_{(41-1+2p)} \right) \left(s_{(41+4-4)} \, a_{1+1+\frac{p+1}{2}}^{-1} \right) \right.$$
$$\left. \left(a_{1+1+\frac{p+1}{2}} \, s_{(41+4-1+2p)} \right) \ldots \left(s_{(41+4\frac{p-1}{2}-4)} \, a_{1+\frac{p-1}{2}+\frac{p+1}{2}}^{-1} \right) \right\}^n$$

durch zyklische Vertauschung der eingeklammerten Glieder gewonnen werden können. Nun ist

$$s_{(41-4)} \, a_{1+\frac{p+1}{2}}^{-1} = b_1^{-1} \, a_{1+1} \, b_{1+1} \, a_{1+1}^{-1} \, b_{1+1}^{-1} \ldots a_{1+\frac{p-1}{2}}^{-1} \, b_{1+\frac{p-1}{2}}^{-1} = V_1$$

und

$$a_{1+\frac{p+1}{2}} \, s_{(41-1+2p)} = b_{1+\frac{p+1}{2}}^{-1} \, a_{1+1+\frac{p+1}{2}} \, b_{1+\frac{p+1}{2}} \ldots \ldots a_1^{-1} \, b_1^{-1} = V_{1+\frac{p+1}{2}},$$

wobei V eine Abkürzung für das links stehende Aggregat von $2p-1$ Gliedern ist. Daraus folgt für R die kanonische Darstellung

$$R = \left\{ V_1 \, V_{1+\frac{p+1}{2}} \, V_{1+1} \, V_{1+\frac{p+1}{2}+1} \cdot \cdot \cdot V_{1+\frac{p-1}{2}} \right\}^n .$$

In genau ebenderselben Weise verläuft die Behandlung des Falles $41-1$, in welchem $\tau_1 = 0$ und $\tau_2 = +4$ wird. Die einzelnen Stücke der Achsen sind hier äquivalent den Seiten

$$\{41-2 \, , \, 41-1\} \, , \qquad \{41-1+2p \, , \, 41-2+2p\} \, ,$$
$$\{4(1+1)-2 \, , \, 4(1+1)-1\} \, , \, \{4(1+1)-1+2p \, , \, 4(1+1)-2+2p\}$$

usw.

An ungerader Stelle stehen hier die Seiten $\bar{b}_1 \, , \, \bar{b}_{1+1} \, , \, \cdot \cdot \cdot$ entgegen dem Uhrzeigersinne durchlaufen und an ge-

rader Stelle die Seiten $b^{-1}_{1+\frac{p+1}{2}}$, $\bar{b}^{-1}_{1+1+\frac{p+1}{2}} \cdot\cdot$ im Uhrzeigersinne durchlaufen. Da jedoch die Seiten $\bar{b}_i^{-1}$ nicht
zum reduzierten Polygon gehören, so ergibt sich für R
wie vorhin die kanonische Darstellung

$$R = \left\{ \left(s_{(4l-1)}\, b^{-1}_{1+\frac{p+1}{2}} \right) \left(b_{1+\frac{p+1}{2}}\, s_{(4l-2+2p)} \right) \left(s_{(4l+4-1)}\, b^{-1}_{1+1+\frac{p+1}{2}} \right) \right.$$
$$\left. \cdots \left(s_{4l+4\frac{p-1}{2}-1}\, b^{-1}_{1+\frac{p-1}{2}+\frac{p+1}{2}} \right) \right\}^{\,n} ,$$

wofür wir auch

$$R = \left\{ W_1\, W_{1+\frac{p+1}{2}}\, W_{1+1}\, W_{1+\frac{p+1}{2}+1} \cdots W_{1+\frac{p-1}{2}} \right\}^{\,n}$$

schreiben können, wenn wir

$$a_{1+1}\, b_{1+1}\, a^{-1}_{1+1}\, b^{-1}_{1+1} \cdots a^{-1}_{1+\frac{p-1}{2}}\, b^{-1}_{1+\frac{p-1}{2}}\, a_{1+\frac{p+1}{2}} = W_1$$

setzen.

Den Fall $g = -1$ brauchen wir nicht weiter zu
untersuchen, da er nur die zu den bereits behandelten
Elementen inversen Elemente liefert. Wir haben also
bei ungeradem p wieder 4p reduzierte Elemente vom
Exponenten 1 erhalten, deren Achsen aus Polygonseiten
der zweiten Einteilung bestehen; diese Elemente gehören jedoch zu je p einer Klasse an, sodaß wir vier
solcher Klassen bekommen. Außerdem sind noch je
zwei dieser Elemente einander invers.

Hiermit können wir nun die Behandlung der reduzierten Elemente abschließen und wollen nur kurz noch
einmal die einzelnen Schritte, die zur a n a l y t i s c h e n
L ö s u n g   d e s   T r a n s f o r m a t i o n s p r o b l e m s
erforderlich sind, zusammenfassen. Sind zwei Ausdrücke S_1 und S_2 in den erzeugenden Operationen gegeben, so bestimme man zunächst mit Hilfe der auf
pg. 63 mitgeteilten Formeln die Koeffizienten der
zugehörigen Netzbewegungen. Liefern beide Ausdrücke
dieselbe Netzbewegung, also gleiche Netzbewegungskoeffizienten, so stellen sie identische Elemente der
Fundamentalgruppe dar. Liefern sie dagegen verschie-

dene Netzbewegungen, so sehe man zunächst zu, ob die Realteile der Koeffizienten A_1 und A_2 einander gleich sind. Ist diese Bedingung, welche die Gleichheit der Achsenlänge beider Bewegungen gewährleistet, erfüllt, so ermittele man ein mit S_1 gleichberechtigtes reduziertes Element R_1 und ein mit S_2 gleichberechtigtes reduziertes Element R_2, indem man nach der auf pg. 69—77 dargestellten Methode transformierende Elemente W_1 und W_2 bestimmt, welche die Achsen von S_1 bezw. S_2 in äquivalente, das reduzierte Polygon schneidende Geraden überführen. Endlich bringe man R_1 und R_2 mit Hilfe der pg. 78—89 angestellten Betrachtungen auf ihre kanonischen Formen. Nur dann, wenn diese kanonischen Formen bis auf zyklische Vertauschungen identisch sind, sind die gegebenen Ausdrücke S_1 und S_2 gleichberechtigt.

Hieraus erkennen wir, daß die Lösung des Identitäts- und Transformationsproblems zwar in jedem einzelnen Falle in endlich vielen Schritten erledigt werden kann, aber der angegebene Weg ist doch mit großen Unbequemlichkeiten behaftet. In der Tat ist es hauptsächlich die Bestimmung der Netzbewegungskoeffizienten, die eine ziemlich umständliche Rechnung erfordert. Von praktischer Bedeutung wird die analytische Methode daher erst dann werden, wenn es gelungen ist, das Bildungsgesetz der Netzbewegungskoeffizienten auch zahlentheoretisch einfach zu charakterisieren. Zu diesem wohl schwer lösbaren Problem schalten wir hier einige Bemerkungen ein, die sich aus unsern vorigen Entwicklungen ergeben. Wir sind nämlich nunmehr imstande anzugeben, wann zwei Zahlen der Form

$$A = G(t) \quad , \quad B = \sqrt{q^2 - 1} \cdot H(t) \, ,$$

worin $G(t)$ und $H(t)$ ganze Zahlen des Körpers $K(t)$ bedeuten, Koeffizienten einer Netzbewegung darstellen. Zunächst ist dazu erforderlich, daß die Determinante

$$A\bar{A} - B\bar{B} = G(t) \cdot \overline{G(t)} - (q^2 - 1)\, H(t)\,\overline{H(t)} = 1$$

und, vom trivialen Falle $G(t) = 1$, $H(t) = 0$ abgesehen, der Realteil von $G(t)$ seinem absoluten Werte nach größer als 1 ist. Sind diese Bedingungen erfüllt, so bestimmen wir in der oben mitgeteilten Weise eine Netzbewegung S_1^{-1}, die den Punkt $\zeta = \sqrt{q^2 - 1}\,\dfrac{\overline{H(t)}}{\overline{G(t)}}$,

der aus $\zeta = 0$ durch die Bewegung (A, B) hervorgeht, in den äquivalenten Punkt ζ^* des reduzierten Polygons verlegt. Es ist dann zunächst notwendig, daß dieser Punkt ζ^* mit dem Punkt $\zeta = 0$ zusammenfällt. Ist diese Bedingung befriedigt, so bestimme man die Koeffizienten (A_1, B_1) der Netzbewegung S_1. Dann und nur dann, wenn $A = A_1$ und $B = B_1$ wird, ist (A, B) eine Netzbewegung. Denn würde (A, B) eine Netzbewegung S darstellen, die von S_1 verschieden wäre, so würden die Netzbewegungen S und S_1 beide das reduzierte Polygon in das um den Punkt $\zeta = \dfrac{\bar{B}}{\bar{A}}$ gelegene Polygon des Gruppenbildes zweiter Art überführen, was unmöglich ist,

§ 5.

Kombinatorische Lösung des Transformationsproblems für geschlossene zweiseitige Flächen.

Die analytische Lösung des Transformationsproblems kommt zwar für praktische Anwendungen wegen ihrer Umständlichkeit wohl kaum in Betracht, aber sie liefert uns durch eine eingehende Untersuchung ihrer topologischen Bedeutung für das Dehnsche Gruppenbild ein Verfahren, welches das Transformationsproblem auf rein kombinatorischem Wege ohne jede analytische Rechnung zu lösen gestattet. Um diese kombi-

natorische Lösungsmethode zu erhalten, betrachten wir
zunächst den Ausdruck

$$W = c_1 \, c_2 \cdot \cdot \cdot \cdot c_n \, ,$$

den wir durch das analytische Verfahren für das einen
gegebenen Punkt ζ enthaltende Polygon des Gruppenbildes zweiter Art erhalten haben. Da dieser Ausdruck
W analytisch im allgemeinen eindeutig bestimmt war, so
wollen wir ihn kurz als „Normalform" W unter
allen Ausdrücken, die dasselbe Element wie W darstellen, bezeichnen.

Wir haben diese Normalform W ermittelt durch
Aufstellung der Forderung: Unter den 4p Verbindungsstrecken des Punktes ζ mit
den Endpunkten der 4p von O, d. h. $\zeta = 0$,
ausgehenden Streckenzüge $c_1 \, c_2 \, c_3 \cdots c_i \, c$,
wo c alle erzeugenden Operationen
$a_k^{\pm 1}$, $b_k^{\pm 1}$ durchläuft, soll die Verbindungsstrecke mit dem Endpunkte von
$c_1 \, c_2 \cdots c_i \, c_{i+1}$ die kürzeste sein.

Es hat sich bei der analytischen Behandlung gezeigt, daß diese Forderung gleichbedeutend ist mit dem
Satze: Ist ζ_i der dem Punkte ζ äquivalente Punkt im Polygon $c_{i+1} \, c_{i+2} \cdots c_n$, so
schneidet der Verbindungsstrahl des
Punktes $\zeta = 0$ mit dem Punkte ζ_i die
Seite $\overline{c}_{i+1}$ des reduzierten Polygons.
Der Ausnahmefall tritt dann ein, wenn unter den 4p
oben genannten Verbindungsstrecken mehrere kürzeste
von gleicher Länge vorhanden sind. Analytisch hat sich
ergeben, daß dieses nur dann möglich ist, wenn der
Punkt ζ_i auf einem Eckenstrahl, d. h. auf einem von
$\zeta = 0$ aus durch eine Ecke des reduzierten Polygons
gehenden Strahl liegt. Sind dann $\overline{c}'_{i+1}$ und $\overline{c}''_{i+1}$ die
beiden in dieser Ecke zusammenstoßenden Seiten des
reduzierten Polygons, so sind unter den 4p Verbindungsstrecken von ζ mit den Punkten $c_1 \, c_2 \cdots c_i \, c$ die-

jenigen, welche zu den Punkten $c_1 c_2 \cdots c_i c'_{i+1}$ und $c_1 c_2 \cdots c_i c''_{i+1}$, führen, von gleicher Länge und kürzer als alle übrigen. Bezeichnen wir die Verbindungsstrecke von ζ mit $c_1 c_2 \cdots c_i c_{i+1}$ mit V_{i+1}, so ist in dem Ausnahmefalle $V'_{i+1} = V''_{i+1} = V_{i+1}$, aber wir haben auch schon gesehen, daß man bei Fortsetzung des Verfahrens nach den beiden Möglichkeiten

$$V'_{i+2} = V''_{i+2} = V_{i+2} \, , \ V'_{i+3} = V''_{i+3} = V_{i+3} \cdots$$

erhalten muß aus dem Grunde, weil die Netzteilung bezüglich der Eckenstrahlen symmetrisch (im Sinne der gewöhnlichen hyperbolischen Geometrie) ist. Weiter haben wir dann analytisch bewiesen, daß $\sqrt{\zeta_{i+1} \, \bar\zeta_{i+1}} \leqq \sqrt{\zeta_i \, \bar\zeta_i}$ oder Th $\dfrac{V_{i+1}}{2} \leqq$ Th $\dfrac{V_i}{2}$, also auch $V_{i+1} \leqq V_i$ ist; hierbei tritt insbesondere das Gleichheitszeichen nur dann ein, wenn ζ_i auf einer der nicht zum reduzierten Polygon gehörigen Seiten $\bar{a}_k^{-1}$, $\bar{b}_k^{-1}$ oder in einer nicht zum reduzierten Polygon gehörigen Ecke $vt^{k+1/2}$ $(k = 1, 2, \cdots 4p - 1)$ liegt; in dem ersten Falle, wo diese Besonderheit eintritt, ist $i = n - 1$ und im zweiten ist $i = n - v$ und v kleiner als $2p$.

Aus diesen Sätzen, die wir analytisch gewonnen haben, ergeben sich nun unmittelbar eine Reihe von Eigenschaften für den den Ausdruck $c_1 c_2 \cdots c_n$ darstellenden Streckenzug, den wir den „Normalstreckenzug" nennen wollen. Zunächst folgt aus $V_{i+1} \leqq V_i$ indirekt unmittelbar der Satz: Der Normalstreckenzug enthält keine Aggregate von der Form cc^{-1} und keine Aggregate, die geschlossene Streckenzüge im Netze darstellen, m. a. W. er besitzt keine in Doppelpunkten oder Doppelstrecken bestehende Singularitäten.

Durch die vom Punkte $\zeta = 0$ ausgehenden Eckenstrahlen wird das Innere des Einheitskreises in 4p Winkelräume zerlegt; jeden solchen Winkelraum wollen wir nun nach der von $\zeta = 0$ ausgehenden Netzseite c, die ihm angehört, mit W_c bezeichnen. Den zur Bestimmung der Normalform dienenden Satz können wir dann auch so formulieren: **Liegt ζ_i im Winkelraum $W_{c_{i+1}}$, so ist c_{i+1} das $i+1^{te}$ Glied im Ausdruck von W.** Wir ziehen nun hieraus die weitere Folgerung: **Die Endpunkte der Strekkenzüge c_1, $c_1 c_2$, $c_1 c_2 c_3$, $\cdots c_1 c_2 \cdots c_i$, $\cdots c_1 c_2 \cdots c_n$ und der Punkt ζ liegen sämtlich in demselben Winkelraume W_{c_1}.** Da zunächst nach der eben gegebenen Formulierung unseres ersten Satzes W_{c_1} der Winkelraum ist, dem ζ angehört, so brauchen wir nur zu zeigen, daß der Streckenzug $c_1 c_2 c_3 \cdots c_n$ keinen Eckenstrahl schneiden kann. Sei nämlich $c_1 c_2 c_3 \cdots c_i$ die Stelle, an der dieser Streckenzug den Winkelraum W_{c_1} verläßt, und seien V_c die 4p Verbindungsstrecken von ζ mit den Punkten $c_1 c_2 \cdots c_i c$, so erhalten wir 4p Dreiecke mit der gemeinsamen Seite V_i, in denen die dem Punkte ζ gegenüberliegenden Seiten c sämtlich die Länge s besitzen. Die dritte Seite V_c dieser Dreiecke ist dann am kleinsten, wenn der gegenüberliegende Winkel (V_i, c) seinen kleinsten Wert annimmt, d. h. wenn $\not\subset (V_i, c) \leqq \dfrac{\pi}{4p}$ ist. Liegt nun aber, wie wir angenommen haben, der Endpunkt von $c_1 c_2 \cdots c_i c_{i+1}$ nicht in W_{c_1}, so ist, falls ζ nicht auf dem Eckenstrahl liegt, der im Punkte $c_1 c_2 \cdots c_i$ überschritten wird, $\not\subset (V_i, c_{i+1}) > \dfrac{\pi}{4p}$, d. h. V_{i+1} wäre nicht die kleinste unter den Strecken V_c im Widerspruch gegen die Forderung, die wir zur Bestimmung von $W = c_1 c_2 \cdots c_n$ aufgestellt haben. Nur wenn der Punkt ζ auf dem in $c_1 c_2 \cdots c_i$ geschnittenen Eckenstrahle liegt, gibt es ein nicht in W_{c_1} gelegenes c_{i+1}, für das $\sphericalangle (V_i, c_{i+1}) = \dfrac{\pi}{4p}$, wird, aber auch ein in W_{c_1} gelegenes c, welches durch Spiegelung von c_{i+1} am Eckenstrahl entsteht, für das $\sphericalangle (V_i, c) = \dfrac{\pi}{4p}$ wird. Wir haben hier also den Ausnahmefall, in dem zwei gleiche V_{i+1} vorhanden sind. Wir wollen aber nun ausdrücklich die Festsetzung treffen, daß zur Bestimmung von W diejenige der beiden Strecken benutzt wird, die in W_{c_1} liegt, sodaß auch hier der obige Satz Geltung behält. Es ist aber auch diese Festsetzung schon deshalb notwendig, weil unser Satz für alle in W_{c_1} gelegenen Punkte, die ζ unendlich benachbart sind, gilt, und sie entspricht nur der Forderung, daß ζ dem Winkelraum W_{c_1} angehörig betrachtet werden soll. Andererseits ist es auch noch möglich, ζ dem Winkelraum $W_{c_1'}$ zuzurechnen, der mit W_{c_1} in dem Eckenstrahl von 0 nach ζ zusammengrenzt. In diesem Falle hat man für W denjenigen Ausdruck zu nehmen, den man durch Spiegelung des durch den obigen Ausdruck gelieferten Streckenzuges am Eckenstrahl von 0 nach ζ erhält. Wir können das Resultat dieser Betrachtungen also kurz so zusammenfassen: Liegt der Punkt ζ auf einem Eckenstrahl, der die Grenze zwischen den Winkelräumen $W_{c_1'}$ und $W_{c_1''}$ bildet, so läßt sich nach der Festsetzung, daß ζ dem Winkelraum $W_{c_1^{(i)}}$ $(i = 1, 2)$ angehört, nur ein mit $c_1^{(i)}$ beginnender Streckenzug durch unser Verfahren eindeutig bestimmen, der ganz im Winkelraum $W_{c_1^{(i)}}$ liegt. Die beiden Streckenzüge W' und W'', die sich entsprechend der doppelten Möglichkeit der Wahl von c_1 ergeben, sollen als „äquivalente Eckenstrahlzüge" bezeichnet werden, da ihre Endpunkte im Dehnschen Gruppenbilde auf Eckenstrahlen liegen. Zwei äquivalente Eckenstrahlzüge unterscheiden sich nur dadurch voneinander, daß der eine die Spiegelung des andern bezüglich des Eckenstrahles von O nach ζ ist. Allgemein haben wir nun die folgende Erscheinung: Ist ζ ein gegebener Punkt der hyperbolischen Ebene im Winkelraum W_{c_i}, so lassen sich die den Ausdruck W konstituierenden Fundamentaloperationen c_1, c_2 $\cdots$ solange nur eindeutig bestimmen, bis der Punkt ζ_i auf einen Eckenstrahl zu liegen kommt. Da nunmehr der Ausdruck W_i für den Punkt ζ_i zu bestimmen ist, so haben wir, wenn wir die oben für solche Punkte getroffenen Anordnungen beachten, nur zwei mögliche Aggregate W_i' und W_i'', welche bezüglich des Eckenstrahls von O nach ζ_i symmetrisch gelegene Züge liefern und ganz dem Winkelraum $W_{c_{i+1}'}$ bezw. $W_{c_{i+1}''}$ angehören, deren Grenze jener Eckenstrahl bildet. Der Ausdruck W läßt also nur die beiden Formen

$$W = c_1\, c_2\, \cdots\, c_i\, W_i' = c_1\, c_2\, \cdots\, c_i\, W_i''$$

zu. Für die äquivalenten Eckenstrahlzüge W_i' und W_i'' werden wir später noch ganz bestimmte Formen feststellen, die uns zeigen, daß ein wesentlicher Unterschied zwischen ihnen nicht besteht.

Endlich beweisen wir mit Hilfe der letzten Betrachtungen noch den Satz: Ein Normalstreckenzug W kann von der Berandung eines Polygons der ersten Einteilung höchstens $2p$ aufeinander folgende Strecken enthalten. Würden nämlich $c_{i+1}\, c_{i+2}\, \cdots\, c_{i+q}$ mehr als $2p$ aufeinander folgende Strecken eines Polygons sein, so würde der für den Punkt ζ_i durch unser Verfahren gelieferte Ausdruck $c_{i+1}\, c_{i+2}\, \cdots\, c_{i+q}\, \cdots\, c_n$ an der Stelle $c_{i+1}\, \cdots\, c_{i+2p}$

einen Eckenstrahl schneiden, was nicht der Fall sein kann.

Es sei nun ein Ausdruck in den erzeugenden Operationen gegeben. Wir wollen ihn als einen „N o r m a l - a u s d r u c k" bezeichnen, wenn er nicht enthält

1) Aggregate von der Form cc^{-1}, also „r e d u - z i b l e D o p p e l s t r e c k e n",

2) Aggregate, die aus mehr als 2p aufeinander folgenden Seiten einer Netzmasche bestehen, also „r e d u z i b l e M a s c h e n t e i l e",

3) Aggregate aus 2p aufeinander folgenden Seiten einer Netzmasche, die nicht auf derselben Seite der zugehörigen maschenhalbierenden Diagonale liegen wie die im Ausdruck auf sie folgende Strecke, also „r e d u z i b l e H a l b m a s c h e n".

Ohne das durch den Ausdruck dargestellte Element zu ändern, können wir reduzible Doppelstrecken aus ihm ausschalten, reduzible Maschenteile durch das von derselben Masche gelieferte äquivalente Aggregat ersetzen und statt reduzibler Halbmaschen die äquivalente Halbmasche einführen. Wenn ein „r e d u z i b l e r A u s - d r u c k" vorliegt, so wollen wir mit ihm diese Umformungen in folgender Weise vornehmen. Zuerst eliminieren wir aus ihm die letzte reduzible Doppelstrecke, dann aus dem neuen Ausdruck die letzte reduzible Doppelstrecke usw., bis keine reduziblen Doppelstrecken mehr vorkommen. Hierauf ersetzen wir den letzten reduziblen Maschenteil durch den äquivalenten Maschenteil; wenn jener Maschenteil die volle Begrenzung einer Netzmasche darstellt, so können im neuen Ausdruck wieder reduzible Doppelstrecken auftreten, die wir sukzessive ausschalten. Darauf wird wieder der letzte reduzible Maschenteil eliminiert usw., bis schließlich keine reduziblen Maschenteile mehr vorhanden sind. Endlich wird nun die letzte reduzible Halbmasche durch die äquivalente Halbmasche ersetzt, wobei eventuell wieder ein reduzibler Maschenteil von $2p + 1$ Strecken auftreten kann. Nach dessen Beseitigung wird wieder die letzte reduzible Halbmasche fortgeschafft usw., bis schließlich auch keine reduziblen Halbmaschen mehr vorkommen. Wir haben also aus dem gegebenen Ausdruck für das **Element S eindeutig einen Normalausdruck für dieses Element hergeleitet.**

Der Umstand, daß die Normalform stets ein Normalausdruck ist, legt uns den Satz nahe: **Ein Normalausdruck eines Elementes S ist mit der Normalform von S identisch.**

Beim Beweise dieses wichtigen Satzes können wir voraussetzen, daß das erste Glied c_1 der Normalform

$$c_1\ c_2\ c_3\ \cdots\ c_n$$

vom ersten Glied $c_1{}'$ unseres Normalausdrucks

$$c_1{}'\ c_2{}'\ c_3{}'\ \cdots\ c_n{}'$$

verschieden ist. (Gibt es für S zwei Normalformen mit verschiedenem Anfang, so wollen wir $c_1{}'$ von den Anfangsstrecken dieser beiden Normalformen verschieden annehmen). Wäre nämlich unsere Annahme nicht erfüllt, sondern wäre

$$c_1 = c_1{}',\ c_2 = c_2{}',\ \cdots\ c_{1-1} = c_{1-1}',\ \text{aber}\ c_1 \neq c_1{}',$$

so brauchten wir nur für die Ausdrücke

$$c_1\ c_{1+1}\ \cdots\ c_n{}' \quad \text{und} \quad c_1'\ c_{1+1}'\ \cdots\ c_n{}',$$

die Normalform und Normalausdruck desselben Elementes darstellen, unsern Satz zu beweisen.

Der dem Element S entsprechende Netzpunkt S liegt im Winkelraum W_{c_1}; da $c_1{}'$ nicht diesem Winkelraum angehört, so muß der dem Normalausdruck entsprechende Streckenzug OS wenigstens einen Eckenstrahl schneiden. Es möge der erste derartige Schnittpunkt mit T bezeichnet sein, und der ganz im Winkelraum $W_{c_1'}$ gelegene Streckenzug $c_1'\ c_2'\cdots c_q'$ den Punkt O mit T verbinden. Die auf dem Eckenstrahl OT zwischen O und T gelegenen Netzpunkte der ersten Einteilung bezeichnen wir der Reihe nach mit N_1 , $N_2 \cdots N_k$ und die Halbierungspunkte der Strecken ON_1 , $N_1 N_2$, $\cdots N_k T$ mit M_0 , M_1 , M_2 , $\cdots M_k$. Diese Punkte sind die Mittelpunkte von Netzpolygonen des Dehnschen Gruppenbildes, die je zur Hälfte im Winkelraum $W_{c_i'}$ liegen. Die $k + 1$ Halbmaschen dieser Polygone, die in $W_{c_i'}$ liegen, liefern uns einen Normalausdruck für das durch T dargestellte Element. Sei

$$c_1'' \, c_2'' \, \cdots \, c_{(k+1)2p}''$$

dieser Normalausdruck, so ist zunächst

$$c_1'' = c_1' \, ,$$

aber es kann auch noch weiter

$$c_2'' = c_2' \, , \, c_3'' = c_3' \, , \, \cdots c_r'' = c_r'$$

und erst

$$c_{r+1}'' \neq c_{r+1}'$$

werden. Jedenfalls aber kann nicht $r = (k + 1) 2p$ sein, da sonst in dem Ausdruck $c_1' \, c_2' \cdots c_n'$ noch die reduzible Halbmasche $c_{k2p+1}'' \, c_{k2p+2}'' \cdots c_{(k+1)2p}''$ enthalten wäre. Nun sei M_ρ der Mittelpunkt des Polygons, zu dessen Berandung die Strecke c_{r+1}'' gehört. Den Anfangspunkt R dieser Strecke verlegen wir durch eine Netzbewegung in den Punkt O. Dabei geht M_ρ in eine Ecke M_ρ' des reduzierten Polygons und T in einen Punkt T' über, der der gemeinsame Endpunkt der beiden von O ausgehenden Streckenzüge $c_{r+1}'' \, c_{r+2}'' \cdots c_{(k+1)2p}''$ und $c_{r+1}' \, c_{r+2}' \cdots c_q'$ ist. Der Strahl $M_\rho \, T$ geht über in einen Strahl $M_\rho' \, T'$, dessen Anfang $M_\rho' \, N_{\rho+1}'$ jedenfalls in $W_{c_{r+1}''}$ liegt, da der Streckenzug $O \, N_{\rho+1}'$, der äquivalent dem Zuge $R \, N_{\rho+1}$ ist, aus höchstens $2p$ Strecken einer Masche besteht; nur wenn $R \, N_{\rho+1}$ eine Halbmasche ist, liegt $M_\rho' \, N_{\rho+1}' \, T'$ auf dem Eckenstrahl $O \, M_\rho'$. Daraus folgt nun aber, daß der Punkt T' im

Winkelraum $W_{c''_{r+1}}$ bezw. auf $O\,M'_\rho$ liegt. Das letzte ist sofort evident, das erste aber folgt indirekt aus dem Umstande, daß es kein Dreieck mit der Basis $O\,M'_\rho = r$ und den Basiswinkeln $\frac{2\pi}{4p}$ und $\nu \cdot \frac{2\pi}{4p}$ gibt, worin ν die Anzahl der zum Zuge $O\,N'_{\rho+1}$ gehörigen Strecken bedeutet, also zwischen 1 und 2p liegt. Ließe sich nämlich ein derartiges Dreieck konstruieren, so würde sich erst recht ein gleichschenkliges Dreieck mit der Basis r und dem Basiswinkel $\frac{2\pi}{4p}$ bestimmen lassen. Daraus aber würde sich weiter ergeben, daß der zur Strecke $\frac{r}{2}$ gehörige Parallelwinkel $\Pi\left(\frac{r}{2}\right)$ größer als $\frac{2\pi}{4p}$ wäre. Nun ist aber

$$\cos \Pi\left(\frac{r}{2}\right) = \operatorname{Th}\frac{r}{2} = v = \sqrt{\cos\frac{2\pi}{4p}},$$

also

$$\cos \Pi\left(\frac{r}{2}\right) > \cos\frac{2\pi}{4p} \quad\text{oder}\quad \Pi\left(\frac{r}{2}\right) < \frac{2\pi}{4p},$$

womit sich unsere obige Folgerung nicht im Einklang befindet. Wir müssen also schließen, daß T' dem Winkelraum $W_{c'_{r+1}}$ angehört. Nun ist c'_{r+1} von c''_{r+1} und in dem Falle, daß R auf $O\,M_\rho$ liegt, auch von der Strecke c verschieden, die den im Eckenstrahl $O\,M'_\rho\,N'_{\rho+1}\,T'_1$ mit $W_{c''_{r+1}}$ zusammenstoßenden Winkelraum W_c bestimmt, weil der Zug $c'_1\ c'_2\cdots c'_n$ den Eckenstrahl $O\,T$ in R nicht überschreiten kann. Infolgedessen wird der von O ausgehende Zug $c'_{r+1}\ c'_{r+2}\cdots c'_q$ in jedem Falle einen Eckenstrahl schneiden. Wir können nun für diesen Streckenzug, der aus $q-r < n$ Strecken besteht, unsere Betrachtung wiederholen und schließen, daß ein in ihm als Teil enthaltenes Aggregat von weniger als $q-r$ Strecken einen Eckenstrahl schneiden muß. Wir erhalten daher Teilaggregate des ursprünglichen Ausdrucks, die aus immer weniger Strecken bestehen, aber stets noch einen Eckenstrahl schneiden. Das ist aber nicht möglich, da es z. B. keinen Streckenzug von weniger als 2p Strecken gibt, der einen Eckenstrahl überschreitet. Unsere Annahme $c_1' \neq c_1$ ist also zu verwerfen. Hieraus ergibt sich dann der Schluß, daß der rein kombinatorisch **gefundene** Normalausdruck mit der durch analytische Rechnung zu bestimmenden Normalform eines Elementes identisch ist.

Jedes Element besitzt im allgemeinen nur eine Normalform und also auch nur einen Normalausdruck. In dem **Falle**, daß für ein Element zwei Normalformen existieren, die dann die Form

$$c_1\, c_2 \cdots c_i\, W' \qquad \text{und} \qquad c_1\, c_2 \cdots c_i\, W''$$

besitzen, unterscheiden sich W' und W'' nur dadurch, daß sie äquivalente Eckenstrahlzüge sind. Die Normalausdrücke solcher äquivalenten Eckenstrahlzüge, die von O aus zu einem Punkte W auf einem Eckenstrahl führen, sind aber zusammengesetzt aus den Halbmaschen, in welche der Eckenstrahl O W die von ihm durchschnittenen Polygone des Dehnschen Gruppenbildes zerlegt. Bezeichnen wir von den auf pg. 81 f. angegebenen Paaren äquivalenter Halbmaschen das dort an erster Stelle stehende Aggregat mit s' und das an zweiter Stelle stehende äquivalente Aggregat mit s'', so erhalten wir als äquivalente Normalformen für Eckenstrahlzüge die Ausdrücke

$$\left\{s'_{(m)}\right\}^n = \left\{s''_{(m)}\right\}^n$$

bei geradem p und

$$\left\{s'_{(m)}\right\}^n = \left\{s''_{(m)}\right\}^n \qquad \text{für } m \equiv 1 \ , (2) \ ,$$

$$\left\{s'_{(m)}\, s'_{(m+4)}\, s'_{(m+8)} \cdots s'_{(m+4p-4)}\right\}^{n-1} s'_{(m)}\, s'_{(m+4)} \cdots s'_{(m+4k)}$$

$$= \left\{s''_{(m)}\, s''_{(m+4)}\, s''_{(m+8)} \cdots s''_{(m+4p-4)}\right\}^{n-1} s''_{(m)}\, s''_{(m+4)} \cdots s''_{(m+4k)}$$

$$\text{für } m \equiv 0 \ , (4) \ ,$$

$$\left\{s'_{(m)}\ s'_{(m-4)}\ s'_{(m-8)}\cdots s'_{(m-4p+4)}\right\}^{n-1}\ s'_{(m)}\ s'_{(m-4)}\cdots s'_{m-4k}$$
$$=\left\{s''_{(m)}\ s''_{(m-4)}\ s''_{(m-8)}\cdots s''_{(m-4p+4)}\right\}^{n-1}\ s''_{(m)}\ s''_{(m-4)}\cdots s''_{(m-4k)}$$

$$\text{für } m \equiv 2 \ , (4) \ ,$$

wobei noch k irgend eine ganze Zahl zwischen 0 und p — 1 bedeutet, bei ungeradem p. Es ist hiernach leicht zu erkennen, ob bei zwei Normalausdrücken mit verschiedenen Enden diese Enden äquivalente Eckenstrahlenzüge ergeben.

Wir wollen jedoch für den Begriff eines Normalausdrucks noch eine kleine Einschränkung einführen, indem wir von zwei äquivalenten Normalformen bloß diejenige als Normalausdruck bezeichnen, bei der die letzte Halbmasche bezüglich der Anfangsstrecke c_1 nicht reduzibel ist. Damit ist für jedes Element ein Normalausdruck eindeutig bestimmt, nur nicht für die Elemente W mit den beiden Normalformen W' und W'', bei denen die vom Punkte W ausgehenden Anfangsstrecken c_1' und c_1'' von W' und W'' auf verschiedenen Seiten des Eckenstrahl OW liegen. Diese Elemente W sind dadurch charakterisiert, daß alle Potenzen von W ebenfalls durch Punkte des Eckenstrahls OW repräsentiert werden. Die beiden Normalformen dieser Elemente sind daher bei geradem p

$$\left\{s'_{(m)}\right\}^{n} = \left\{s''_{(m)}\right\}^{n}$$

und bei ungeradem p

$$\left\{s'_{(m)}\right\}^{n} = \left\{s''_{(m)}\right\}^{n}$$

$$\text{für } m \equiv 1 \ , (2) \ ,$$

$$\left\{s'_{(m)}\ s'_{(m+4)}\ s'_{(m+8)}\cdots s'_{(m+4p-4)}\right\}^{n}$$
$$= \left\{s''_{(m)}\ s''_{(m+4)}\ s''_{(m+8)}\cdots s''_{(m+4p-4)}\right\}^{n}$$

$$\text{für } m \equiv 0 \ , (4) \ ,$$

$$\left\{s'_{(m)}\ s'_{(m-4)}\ s'_{(m-8)}\cdots s'_{(m-4p+4)}\right\}^{n}$$
$$= \left\{s''_{(m)}\ s''_{(m-4)}\ s''_{(m-8)}\cdots s''_{(m-4p+4)}\right\}^{n}$$

$$\text{für } m \equiv 2 \ , (4) \ .$$

Aus der Betrachtung dieser Normalformen erkennen wir unmittelbar, daß beide uns Normalausdrücke im Sinne unserer Festsetzung liefern. Abgesehen also von den hier mitgeteilten äquivalenten Normalausdrücken gibt es zu jedem Element nur einen einzigen Normalausdruck. Daher stellen zwei Ausdrücke dann und nur dann identische Elemente dar, wenn sie gleiche Normalausdrücke liefern. Mit diesem Satze haben wir die kombinatorische Lösung des Identitätsproblems erbracht, denn wir können ja aus einem gegebenen Ausdruck den zugehörigen Normalausdruck ohne jede analytische Rechnung bestimmen und in den Fällen, in denen noch zwei Normalausdrücke möglich sind, mit Hilfe der obigen Formeln sofort die Entscheidung über die Aequivalenz treffen.

In ähnlicher Weise werden wir jetzt auch das Transformationsproblem zu lösen versuchen, d. h. die Frage beantworten, wann zwei Ausdrücke, die wir jetzt natürlich als Normalausdrücke voraussetzen, gleichberechtigte Elemente liefern. Zu diesem Zwecke ordnen wir jedem Normalausdruck einen Normalzyklus, d. h. einen Zyklus ohne reduzible Aggregate, zu; diesen Normalzyklus erhalten wir, indem wir den Normalausdruck in Form eines Zyklus schreiben und dann nach einem im folgenden beschriebenen Verfahren alle reduziblen Aggregate aus ihm sukzessive eliminieren.

Bei unserer Methode zur Ermittelung des zu einem Element S gehörigen Normalzyklus können wir zunächst annehmen, daß das Element nur einen Normalausdruck zuläßt. Bei den Elementen mit zwei Normalausdrücken ist nämlich unmittelbar zu erkennen, daß beide Normalausdrücke bei zyklischer Schreibweise ohne weitere Umgestaltung Normalzykeln ergeben. Sei daher

$$S = c_1 c_2 \cdots c_n$$

der Normalausdruck des Elementes S. Um die Bestimmung des Normalzyklus möglichst anschaulich zu gestalten, konstruieren wir im Dehnschen Gruppenbild einen Streckenzug $X_0 X_1$ für den Ausdruck S. Von X_1 aus konstruieren wir einen äquivalenten Streckenzug $X_1 X_2$ und unterscheiden äquivalente Punkte auf den Streckenzügen $X_0 X_1$ und $X_1 X_2$ durch die Indizes 0 und 1. Wenn nun der Ausdruck S einen Normalzyklus liefert, so kann bei X_1 im Zuge $X_0 X_1 X_2$ keine Doppelstrecke, kein reduzibler Maschenteil und keine reduzible Halbmasche auftreten. Umgekehrt wird aber auch ein Normalausdruck S einen Normalzyklus ergeben, wenn im entsprechenden Zuge $X_0 X_1 X_2$ bei X_1 kein reduzibler Streckenzug liegt, denn dann entsteht auch im Zyklus durch Zusammenfügung des Anfanges und Endes von S kein reduzibles Aggregat. Den ersten gemeinsamen Punkt von $X_0 X_1$ und $X_1 X_2$ bezeichnen wir mit Y_1; es stellt uns dann der Teil $Y_1 X_1$ von $X_0 X_1$ die Normalform eines Elementes T und der Teil $X_1 Y_1$ von $X_1 X_2$ die Normalform des inversen Elementes T^{-1} dar. Dieser letzte Zug $X_1 Y_1$ soll in umgekehrter Richtung, d. h. von Y_1 nach X_1 durchlaufen mit $(Y_1 X_1)'$ bezeichnet werden zum Unterschied vom Normalzug $Y_1 X_1$ von T. Der Zug $(Y_1 X_1)'$ kann nur reduzible Halbmaschen enthalten, da $X_1 Y_1$ der Normalzug von T^{-1} ist. Es sei $A_1 A_1' B_1'$ seine letzte reduzible Halbmasche und $A_1 B_1 B_1'$ die äquivalente Halbmasche. Von dieser Halbmasche $A_1 B_1 B_1'$ kann höchstens die letzte Strecke mit dem Anfang von $B_1' X_1$ zu einer Masche gehören und zwar auch höchstens nur mit 2p Strecken, da sonst in $X_1 Y_1$ noch eine reduzible Halbmasche gewesen wäre. Infolgedessen kann durch die Umformung von $A_1 A_1' B_1'$

in $A_1 B_1 B_1'$ nur dann der Teil $B_1' X_1$ beeinflußt werden, wenn durch $B_1 B_1'$ eine reduzible Halbmasche $B_1 B_1' C_1'$ entsteht. Von der Strecke $C_1 C_1'$ gilt nun bezüglich des Zuges $C_1 X_1$ dasselbe wie von $B_1 B_1'$. Somit gelangen wir schließlich zu der Umformung eines Zuges $A_1 A_1' B_1' C_1' \cdots M_1' N_1'$ in $A_1 B_1 C_1 \cdots M_1 N_1 N_1'$. Wir wollen diese beiden Züge kurz als **äquivalente Kettenzüge** bezeichnen, da sie zusammen eine Kette von Polygonen

$$A_1 A_1' B_1' B_1 A_1 , \; B_1 B_1' C_1' C_1 B_1 , \; \cdots M_1 M_1' N_1' N_1 M_1$$

begrenzen. Dabei liegen in den einzelnen Polygonen der Kette sich die Seiten

$$A_1 A_1' \text{ und } B_1 B_1' , \; B_1 B_1' \text{ und } C_1 C_1' , \; \cdots M_1 M_1' \text{ und } N_1 N_1 ,$$

diametral gegenüber, so daß die Teile

$$A_1' B_1' \text{ und } A_1 B_1 , \; B_1' C_1' \text{ und } B_1 C_1 , \; \cdots M_1' N_1' \text{ und } M_1 N_1$$

aus je $2p-1$ Strecken sich zusammensetzen. Die Form solcher äquivalenter Kettenzüge läßt sich leicht feststellen mit Hilfe der Bemerkung, daß die Strecken

$$A_1 A_1' , \; B_1 B_1' , \; C_1 C_1' , \; \cdots M_1 M_1' , \; N_1 N_1'$$

bei geradem p abwechselnd die Bezeichnungen

$$a_h \text{ und } a_{h+p/2}^{-1} \quad \text{oder} \quad b_h \text{ und } b_{h+p/2}^{-1} \quad \text{oder}$$
$$a_h^{-1} \text{ und } a_{h+p/2} \quad \text{oder} \quad b_h^{-1} \text{ und } b_{h+p/2}$$

tragen und bei ungeradem p der Reihe nach

$$a_h , \; a_{h+\frac{p-1}{2}} , \; a_{h-1} , \; a_{h-1+\frac{p-1}{2}} , \; a_{h-2} , \; a_{h-2+\frac{p-1}{2}} , \; \cdots$$

oder

$$b_h , \; b_{h+\frac{p-1}{2}} , \; b_{h-1} , \; b_{h-1+\frac{p-1}{2}} , \; b_{h-2} , \; b_{h-2+\frac{p-1}{2}} , \; \cdots$$

oder

$$a_h^{-1} , \; a_{h+\frac{p+1}{2}}^{-1} , \; a_{h+1}^{-1} , \; a_{h+1+\frac{p+1}{2}}^{-1} , \; a_{h+2}^{-1} , \; a_{h+2+\frac{p+1}{2}}^{-1} , \; \cdots$$

oder

$$b_h^{-1} , \; b_{h+\frac{p+1}{2}}^{-1} , \; b_{h+1}^{-1} , \; b_{h+1+\frac{p+1}{2}}^{-1} , \; b_{h+2}^{-1} , \; b_{h+2+\frac{p+1}{2}}^{-1} , \; \cdots$$

benannt sind.

Die erste Strecke von $A_1 B_1$ kann nicht mit dem Ende des Zuges $(Y_1 A_1)'$ zu einer Masche gehören, da sonst $B_1' A_1' A_1$ in $X_1 Y_1$ eine reduzible Halbmasche wäre. Daher kann durch unsere Umformung in $(Y_1 A_1)'$ nur die Ersetzung eines Eckenstrahlzuges $(A_g A_1)'$ in den äquivalenten Zug $A_g A_1$ erforderlich werden, wenn die Gerade $A_g A_1$ durch B_1' geht. Sei jetzt $A_f A_f' B_f'$ die letzte reduzible Halbmasche und $A_d A_f B_f C_f \cdots M_f N_f N_f'$ die durch sie hervorgerufene Umformung. Der Punkt N_f' kann nicht auf $A_g A_1 B_1 \cdots$ liegen, da sonst im Zuge $X_1 Y_1$ eine reduzible Halbmasche $A_g A_g' B_g'$ bezw. $A_1 A_1' B_1'$ für $A_g = A_1$ vorhanden gewesen wäre.

Demzufolge gewinnen wir das Resultat: K o n s t r u i e r e n   w i r   v o n   e i n e m   P u n k t Y_1 d e s   D e h n s c h e n   G r u p p e n b i l d e s   a u s   e i n e n   N o r m a l z u g $Y_1 X_1$ d e s   E l e m e n t e s   T   u n d   v o n X_1 e i n e n   N o r m a l z u g $X_1 Y_1$ f ü r   d a s   E l e m e n t T^{-1},   s o   u n t e r s c h e i d e n   s i c h   b e i d e   Z ü g e   n u r   d a d u r c h ,   d a ß   d i e   n i c h t   g e m e i n s a m e n   T e i l e   ä q u i v a l e n t e   „K e t t e n z ü g e"   l i e f e r n .   (Hierbei sind auch Ketten aus einem einzelnen Polygon $A A' B' B A$ nicht ausgeschlossen.)

Da äquivalente Kettenzüge aus gleich vielen Strecken bestehen, so wird, wenn Y_1 schon mit X_0 zusammenfällt, auch X_2 mit X_0 identisch. Der Ausdruck S würde uns daher ein Element mit der Relation $S^2 = 1$ liefern, die aber von keinem Element unserer Gruppe befriedigt wird. Daher ist stets Y_1 von X_1 verschieden. Aus demselben Grunde kann Y_0 nicht auf $Y_1 X_1$ liegen; denn wäre dies der Fall, so würde der Punkt Y_2 auf dem Teile $X_1 Y_1$ von $X_1 X_2$ liegen und von X_1 um ebensoviel Strecken entfernt sein wie Y_0 von X_1. Gehört der Punkt Y_2 nicht zu den gemeinsamen Punkten von $Y_1 X_1$ und $(Y_1 X_1)'$, so liegt Y_2 auf einem Zuge $A_h A_h' B_h' \cdots M_h' N_h'$ und Y_0 auf dem Zuge $A_h B_h \cdots M_h N_h N_h'$

und die Entfernung beider Punkte von N_h' ist gleich. Wegen der Aequivalenz von $X_2 Y_2$ und $X_0 Y_0$ müßten aber dann die Züge $N_h' N_h M_h \cdot \cdot Y_0$ und $N_h' M_h' \cdot \cdot Y_1$ gleiche Bezeichnung tragen, was unmöglich ist. Somit wäre notwendig Y_2 mit Y_0 identisch, da Y_2 auch auf $X_0 X_1$ liegt. Das durch $Y_0 Y_1$ dargestellte Element ergäbe dann in der zweiten Potenz die Identität. Dies ist nur möglich, wenn $Y_0 = Y_1$ ist. Hier aber würde der Zug $X_0 X_1 = X_0 Y_0 \cdot Y_1 X_1$, in dem der erste Bestandteil das Element T^{-1}, der zweite das Element T darstellt, verlangen, daß $S = T^{-1} T = 1$ wäre, was für $X_0 \neq X_2$ ausgeschlossen ist. Beim Durchlaufen des Zuges $X_0 X_1$ gelangt man also zuerst zu Y_0 und dann zu Y_1.

Da N_1' nicht mit X_1 zusammenfällt, weil sonst $M_1 N_1 N_1'$ eine reduzible Halbmasche im Normalausdruck S gewesen wäre, so tritt in dem von S gebildeten Zyklus zunächst an der Stelle, wo Anfang und Ende zusammengefügt sind, ein Aggregat cc^{-1} auf, das wir ausschalten werden. Darauf erscheint wieder ein solches Aggregat, das auch zu eliminieren ist. Dieses kommt so oft vor, als der Zug $N_1' X_1$ Strecken besitzt. Nach den Ausschaltungen dieser Aggregate erscheint dem Zuge $M_1 N_1 N_1' M_1'$ entsprechend ein reduzibler Maschenteil von $4p-1$ Strecken, der durch die Strecke $M_1 M_1'$ ersetzt werden muß. Diese Strecke erzeugt einen neuen derartigen reduziblen Maschenteil $L_1 M_1 M_1' L_1'$, der durch $L_1 L_1'$ ersetzt wird. Schließlich erzeugt die Strecke $B_1 B_1'$ die Vollmasche $A_1 B_1 B_1' A_1' A_1$, die ganz ausgeschaltet wird. Sodann entstehen eine Anzahl Vollmaschen entsprechend den Eckenstrahlzügen $A_2 A_1 \cdot A_1 A_2$, die sukzessive eliminiert werden. Darauf treten wieder reduzible Doppelstrecken auf, bis man zu der N_f' entsprechenden Stelle gelangt. In dieser Weise setzt sich das Verfahren fort, bis man zu einem Zyklus kommt, der dem Zuge $Y_0 Y_1$ entspricht.

Besteht das Ende des Zuges $Y_0 Y_1$ aus einer Halbmasche, die mit den ersten $2p-1$ Strecken von $Y_1 Y_2$ zusammen einen reduziblen Maschenteil von $4p-1$ Strecken bildet, so wollen wir diesen Teil mit $M_1 N_1 N_1' M_1'$ bezeichnen, wobei N_1' mit dem Punkte Y_1 identisch sein soll. Es sei $E_1 F_1 F_1' E_1' E_1$ diejenige Masche der Kette $A_1 B_1 C_1 \cdots M_1 N_1 N_1' M_1' \cdots C_1' B_1' A_1' A_1$, auf der zuerst einer von den beiden Zügen $Y_0 Y_1$ und $Y_1 Y_2$ die Kette verläßt; wir wollen dann F_1' mit Y_1^* bezeichnen, da in der Regel F_1' mit dem Punkte $N_1' = Y_1$ zusammenfallen wird. Der Punkt Y_0^* kann nicht auf $F_1 G_1 \cdots M_1 N_1 Y_1$ liegen, denn da die $2p-1$ letzten Strecken von $Y_0 Y_0^*$ einer Masche angehören, so müßte entweder $G_0' F_0'$ etwa mit dem Teile $H_1 K_1$ zusammenfallen oder es müßte $F_0' = Y_0^*$ der Endpunkt der ersten Strecke von $F_1 G_1$ sein. Im ersten Falle würden die (gerichteten) Strecken $F_1 F_1'$ und $K_1' K_1$ der Kette gleiche Bezeichnung tragen müssen, was bei unserer Gruppe nicht möglich ist; im zweiten Fall würden auf der Masche $F_1 F_0' G_1 G_1' F_2 F_1' F_1$ die Strecken $F_1 F_0'$ und $F_2 F_1'$ gleiche Bezeichnung haben, was ebenfalls nicht möglich ist. Somit können wir von einem Zuge $Y_0 Y_0^* \cdot Y_0^* F_1 \cdot F_1 Y_1$ sprechen. Auf den Zyklus dieses Zuges, der uns als Teil von $X_0 X_1$ eine Normalform darstellt, wenden wir nun das oben schon beschriebene Reduktionsverfahren an und gelangen dadurch zu dem Zyklus des Zuges $Y_0^* F_1 Y_1^*$. Der Teil $Y_0^* F_1$ dieses Zuges liefert als Teil von $X_0 X_1$ eine Normalform. Die Strecke $F_1 Y_1^*$ kann nicht mit den $2p$ vorhergehenden Strecken von $Y_0^* F_1$ zu einer Masche gehören, da sonst diese Strecken in $X_0 X_1$ eine reduzible Halbmasche bilden würden. Daher ist nur dann, wenn $Y_0^* F_1$ mit einem Eckenstrahlzug $(Z_1 F_1)'$ endet und die Gerade $Z_1 F_1$ durch G_1' geht, der Zug $Y_0^* F_1 Y_1^*$ kein Normalzug, sondern es ist erst noch in ihm $(Z_1 F_1)'$ durch den äquivalenten Eckenstrahlzug $Z_1 F_1$ zu ersetzen. Dann aber ist $Y_0^* Z_1 \cdot Z_1 F_1 Y_1^*$ ein Normalausdruck.

Nunmehr betrachten wir den zur Normalform $Y_0^* Y_1^*$ gehörigen Zyklus; wir konstruieren also auch noch den von Y_1^* ausgehenden äquivalenten Zug $Y_1^* Y_2^*$. An der Stelle Y_1^* kann ein reduzibles Aggregat nur auftreten, wenn das Ende $W_1 Y_1^*$ von $Y_0^* Y_1^*$ und der Anfang $Y_1^* V_1$ von $Y_1^* Y_2^*$ ein reduzibles Aggregat auf einer Netzmasche ergeben, das dann durch $W_1 V_1$ zu ersetzen ist. Hierbei soll auch der Fall mit berücksichtigt werden, daß $W_1 Y_1^*$ eine durch $Y_1^* Y_2^*$ reduzibel gewordene Halbmasche ist; es ist dann V_1 mit Y_1^* identisch zu denken. Der Punkt V_0 kann nicht auf $W_1 Y_1^*$ und W_2 nicht auf $Y_1^* V_1$ liegen, da sonst auf der Masche $W_1 V_0' V_0 Y_1^* V_1' V_1 W_1$ die beiden gleichbezeichneten Strecken $V_0' V_0$ und $V_1' V_1$ liegen würden. Somit ist $V_0 W_1 Y_1^*$ ein Teil von $Y_0^* Y_1^*$ und daher ein Normalzug. Im Zug $V_0 W_1 V_1$ kann demgemäß nur an der Stelle W_1 ein reduzibles Aggregat erscheinen, wenn $V_0 W_1$ mit einem Eckenstrahlzug $(Z_1 W_1)'$ endigt und die Gerade $Z_1 W_1$ durch den Mittelpunkt der Masche $W_1 Y_1^* V_1 W_1$ geht. Nachdem $(Z_1 W_1)'$ durch den äquivalenten Eckenstrahlzug $Z_1 W_1$ ersetzt ist, ergibt uns der Zug $V_0 Z_1 \cdot Z_1 W_1 \cdot W_1 V_1$ einen Normalausdruck; denn diese Behauptung ist nur dann unrichtig, wenn Z_1 mit V_0 zusammenfällt und $W_1 V_1$ eine Halbmasche ist, die durch die Umformung $(Z_1 W_1)'$ in $Z_1 W_1$ wieder reduzibel wird. Aber diese Möglichkeit ist ausgeschlossen, da dann $V_0 V_1$ Normalform eines Elementes mit doppeltem Normalausdruck wird und also einen Normalausdruck und bei zyklischer Anordnung auch ohne weiteres einen Normalzyklus ergibt.

Nachdem wir in unserem Zyklus die dem geometrischen Verfahren entsprechenden Umformungen vorgenommen haben, sind wir zum Zyklus des Normalausdrucks $V_0 V_1$ gelangt. Betrachten wir daher jetzt den Zug $V_0 V_1 V_2$; besteht in ihm $W_1 V_1$ aus mehr als einer Strecke, so kann nur die letzte Strecke $V_1' V_1$ dieses Maschenteils mit dem Anfang von $V_1 V_2$ Anlaß zu einem reduzibeln Aggregat von $2p+1$ bezw. $2p$ Strecken geben. Im ersten Fall bezeichnen wir den Anfang des Zuges $V_1 V_2$ mit $V_1 \bar{A}_1 \bar{A}_1'$, im zweiten mit $V_1 \bar{A}_1$, sodaß also $V_1 \bar{A}_1$ aus $2p-1$ Strecken bestehen wird. Nach Einführung von $V_1 \bar{A}_1'$ bzw. $V_1 \bar{A}_1' \bar{A}_1$ wird im ersten Fall kein reduzibles Aggregat in $\bar{A}_1' V_2$ mehr vorkommen, da sonst $V_1 \bar{A}_1 \bar{A}_1'$ eine reduzible Halbmasche gewesen wäre; dagegen kann im zweiten Fall die Strecke $\bar{A}_1' \bar{A}_1$ zu Reduktionen derselben Art wie $V_1' V_1$ Anlaß geben. Schließlich kommen wir dahin, daß wir einen Zug $W_1 V_1' V_1 \bar{A}_1 \bar{B}_1 \cdots$ $\bar{M}_1 \bar{N}_1 \cdot \bar{N}_1 \bar{N}_1{}^*$, wobei $\bar{N}_1{}^*$ entweder $\bar{N}_1$ oder $\bar{N}_1'$ bedeutet, durch den Zug $W_1 V_1' \bar{A}_1' \bar{B}_1' \cdots \bar{M}_1' \bar{N}_1' \cdot \bar{N}_1' \bar{N}_1{}^*$ ersetzen müssen. Wenn der Punkt $\bar{N}_1$ nach Z_2 liegt, so muß er entweder Endpunkt der ersten Strecke von $Z_2 W_2$ sein oder es muß $\bar{M}_1$ mit Z_2 zusammenfallen. Das erste ist unmöglich, da es eine reduzible Halbmasche $\bar{M}_1' \bar{N}_1' \bar{N}_1$ zur Folge hätte, im letzten Falle haben wir dagegen $\bar{N}_1{}^* = \bar{N}_1'$ und $\bar{M}_1 \bar{N}_1 \bar{N}_1'$ als erste Halbmasche von $Z_2 W_2$. Wir werden im folgenden unter $\bar{Z}_2$ in dem hier vorliegenden Falle den Punkt $\bar{N}_1'$, sonst aber den Punkt Z_2 verstehen. Falls Z_2 mit W_2 zusammenfällt, liegt stets $\bar{N}_1$ vor W_2, denn läge es in W_2' oder wäre W_2 mit $\bar{M}_1$ identisch, so würde beidemal $\bar{M}_1' \bar{N}_1' \bar{N}_1$ eine reduzible Halbmasche sein. Nach diesen Umformungen ergibt uns aber der Zug

$$V_0' \bar{A}_0' \bar{B}_0' \cdots \bar{M}_0' \bar{N}_0' \cdot \bar{N}_0 \bar{N}_0{}^* \cdot \bar{N}_0{}^* \bar{Z}_1 \cdot \bar{Z}_1 \bar{W}_1 \bar{V}_1'$$

einen Normalausdruck, der einen Normalzyklus liefert; denn der Zug selbst enthält kein reduzibles Aggregat und durch Anfügung des äquivalenten Zuges in W_1 entsteht auch kein reduzibles Aggregat.

Wenn aber $W_1 V_1$ eine einzige Strecke ist, so muß von den beiden Aggregaten $W_1 Y_1^*$ und $Y_1^* V_1$ das eine aus $2p$, das andere aus $2p-1$ Strecken der Netzmasche $W_1 Y_1^* V_1 W_1$ bestehen. Die Festsetzungen, die wir zur Bestimmung von Y_1^* getroffen haben, lassen nur den Fall zu, daß $Y_1^* V_1$ eine Halbmasche ist. Die Strecke $W_1 V_1$ kann dann nicht mit dem Anfang von $V_1 Y_2^*$ zu einer Masche gehören. Es kann somit eine Reduktion nur erforderlich werden, wenn $W_1 V_1$ mit den $2p-1$ letzten Strecken von $V_0 W_1$ zu einer Masche gehört und eine reduzible Halbmasche $U_1 W_1 V_1$ bildet, die durch die äquivalente Halbmasche $U_1 V_1$ zu ersetzen ist. Dadurch wird noch ein Eckenstrahlzug $(Z_1 U_1)'$, dessen Diagonale $Z_1 U_1$ auch durch V_1 geht, reduzibel. Nachdem er durch den äquivalenten Zug $Z_1 U_1$ ersetzt ist, erhalten wir im Zuge $V_0 Z_1 \cdot Z_1 U_1 \cdot U_1 V_1$ einen Zug, der einen Normalzyklus liefert. Denn er stellt erstens einen Normalausdruck dar und die Anfügung des äquivalenten Zuges in V_1 liefert kein reduzibles Aggregat. Das ist auch dann der Fall, wenn Z_1 mit V_0 zusammenfällt; denn die erste Strecke des ursprünglichen Zuges $V_1 V_2$ liegt dann im Scheitelwinkel von $V_0 V_1 Y_1^*$, sodaß entweder $V_0 V_1$ einen Eckenstrahlzug doppelten Normalausdrucks bildet oder einen Eckenstrahlzug, in dem der Winkel $V_0 V_1 V_2$ den Wert $(2p-1)\dfrac{2\pi}{4p}$ besitzt.

Wir haben hiermit bewiesen, dass j e d e r N o r m a l a u s d r u c k e i n d e u t i g e i n e n z u g e h ö r i g e n N o r m a l z y k l u s b e s t i m m t. Dieser Normalzyklus liefert, an irgend einer Stelle aufgetrennt, den Normalausdruck eines Elementes R, das mit S gleichberechtigt ist; denn der Ausdruck R entsteht aus dem Ausdruck S durch zyklische Vertauschung und identische Umformungen. Nennen wir weiterhin kurz Elemente, deren Normalausdruck ohne weitere Umgestaltung einen Normalzyklus ergibt, „a u s g e z e i c h nete Elemente", so gilt der Satz: J e d e s E l e ment ist gleichberechtigt einem ausge zeichneten Element. Elemente, deren Normalausdrücke identische Normalzykeln liefern, sind gleichberechtigt, denn sie können in dasselbe ausgezeichnete Element transformiert werden. Aber es gilt auch, von einem Ausnahmefalle abgesehen, die Umkehrung dieses Satzes: Z w e i E l e m e n t e S u n d S' s i n d n u r dann gleichberechtigt, wenn sie iden tische Normalzykeln ergeben.

Wir bestimmen daher zunächst den Normalzyklus von S; unsere Methode zur Ermittelung dieses Zyklus liefert uns eindeutig den Normalausdruck eines mit S gleichberechtigten ausgezeichneten Elementes R. Ist nun S' mit S gleichberechtigt, so muß sich ein Element T so bestimmen lassen, daß $T^{-1} RT = S'$ wird. Unser Satz besagt nun, daß d i e N o r m a l a u s d r ü c k e a l l e r E l e m e n t e $T^{-1} RT$ a u f d e n s e l b e n N o r m a l zyklus wie R führen.

Dem Beweise dieser Behauptung schicken wir den folgenden Hülfssatz voraus: S i n d x_0 u n d x_1 k o r respondierende Punkte auf zwei gleich bezeichneten Normalzügen $X_0 X_1$ und $X_1 X_2$, so liefert der Normalzug zwischen x_0 und x_1 denselben Normalzyklus wie der Normalzug $X_0 X_1$.

Die allgemeinste Gestalt, die der Normalzug $X_0 X_1$ besitzen kann, ist

$$X_0 X_1 = X_0 Y_0 \cdot Y_0 M_0' \cdot\cdot H_0' G_0' F_0' \cdot F_0' V_0 \cdot V_0 \overline{A}_0 \overline{B}_0 \cdot\cdot \overline{M}_0 \overline{N}_0 \overline{N}_0*.$$

$$\overline{N}_0* \overline{Z}_1 \cdot \overline{Z}_1 W_1 \cdot W_1 F_1 \cdot F_1 G_1 H_1 \cdots M_1 N_1 Y_1 \cdot Y_1 X_1,$$

wobei die einzelnen Buchstaben, die beim allgemeinen Reduktionsverfahren beschriebene Bedeutung haben;

im besonderen Falle, dass $F_0' V_0$ eine Halbmasche ist, die mit einem aus $2p - 1$ Strecken bestehenden Aggregat $W_0 F_0 F_0'$ zu einer Masche gehört, kann auch ein Normalzug der Form

$$X_0 Y_0 \cdot Y_0 M_0' \cdot\cdot G_0' F_0' \cdot F_0' V_0 \cdot V_0 Z_1 \cdot Z_1 U_1 \cdot U_1 W_1 F_1 \cdot F_1 G_1 \cdot\cdot M_1 Y_1 \cdot Y_1 X_1$$

sich einstellen.

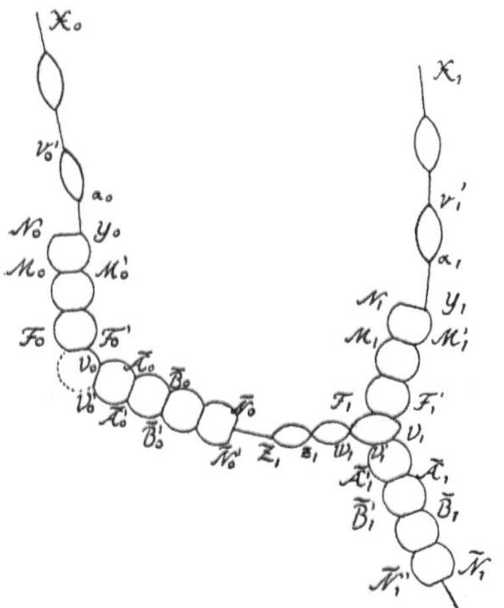

Fig. 6.

Sei nun zunächst x_1 einer der gemeinsamen Punkte von $Y_1 X_1$ und $X_1 Y_1$, so ist der zwischen x_0 und x_1 gelegene Teil des Zuges $X_0 X_1$ der Normalzug $x_0 x_1$; bei Bildung des Normalzyklus von $X_0 X_1$ gelangen wir auch zu dem Zyklus dieses Zuges, sodaß unser Satz in diesem Falle bewiesen ist. Sei zweitens x_1 einer der übrigen Punkte auf $X_1 F_1'$, so liegt x_1 auf einem Kettenzuge $\nu' \mu' \ldots \beta' \alpha' \alpha$, etwa zwischen μ' und λ'; der Normalzug $x_0 x_1$ hat die Form $x_0 x_1 = x_0 \lambda_0' \cdot \lambda_0' \lambda_1 \cdot \lambda_1 \lambda_1' x_1$, wobei $\lambda_0' \lambda_1$ der zwischen λ_0' und λ_1 gelegene Teil von $X_0 X_1$ ist; eliminieren wir, wie es unser Reduktionsverfahren verlangt, bei Bildung des Normalzyklus von $x_0 x_1$ zunächst sukzessive die Aggregate cc^{-1}, so kom-

8

men wir zum Zyklus des Zuges $\lambda_0' \lambda_1 \cdot \lambda_1 \lambda_1'$, der auch bei der Reduktion von $X_0 X_1$ auftritt. Damit ist auch hier unser Satz bewiesen. Ist drittens x_0 ein Punkt von $F_0 F_0'$, so ist, wenn $W_0 F_0 F_0' x_0$ kein reduzibles Aggregat bildet,

$$x_0 V_0 \overline{A}_0 \overline{B}_0 \cdots \overline{M}_0 \overline{N}_0 \overline{N}_0{}^* \cdot \overline{N}_0{}^* \overline{Z}_1 \cdot \overline{Z}_1 W_1 \cdot W_1 F_1 F_1' x_1$$

der Normalzug, andernfalls, d. h. wenn $W_0 F_0 F_0' x_0$ ein reduzibles Aggregat darstellt, ist $\overline{Z}_1 W_1 \cdot W_1 F_1 F_1' x_1$ durch den äquivalenten Zug $\overline{Z}_1 W_1 \cdot W_1 V_1' V_1 x_1$ zu ersetzen. Im ersten Fall aber haben wir im Zyklus von $x_0 x_1$ zunächst den reduziblen Teil, der dem Zuge $\overline{Z}_1 W_1 \cdot W_1 F_1 \overline{F}_1 x_1 \cdot x_1 V_1$ entspricht, durch den äquivalenten Teil $\overline{Z}_1 W_1 \cdot W_1 V_1' V_1$ zu ersetzen und gelangen damit zum Zyklus des Zuges

$$V_0 \overline{A}_0 \cdots \overline{N}_0{}^* \cdot \overline{N}_0{}^* \overline{Z}_1 \cdot \overline{Z}_1 W_1 V_1' V_1;$$

im zweiten Fall kommen wir zu diesem Zyklus durch Ausschaltung der im Zyklus von $x_0 x_1$ auftretenden Aggregate cc^{-1}. Da unser Zyklus bei der Umgestaltung des Zyklus $X_0 X_1$ auftritt, so ist auch hier unser Satz bewiesen. Ist viertens x_0 ein Punkt von $F_0' \overline{A}_0 \cdots \overline{M}_0 \overline{N}_0 \overline{N}_0{}^*$, so ist der Normalzug

$$x_0 x_1 = x_0 \overline{L}_0 \overline{M}_0 \overline{N}_0 \overline{N}_0{}^* \cdot \overline{N}_0{}^* \overline{Z}_1 \cdot \overline{Z}_1 W_1 \cdot W_1 V_1' \overline{A}_1' \overline{B}_1' \cdots \overline{L}_1' \overline{L}_1 x_1 ,$$

sodaß uns das Reduktionsverfahren des Zyklus $x_0 x_1$ zunächst auf den Zyklus des Zuges

$$\overline{N}_0{}^* \overline{Z}_1 \cdot \overline{Z}_1 W_1 \cdot W_1 V_1' \overline{A}_1' \overline{B}_1' \cdots \overline{L}_1' \overline{M}_1' \overline{N}_1' \overline{N}_1{}^*$$

führen wird, der auch bei der Reduktion von $X_0 X_1$ vorkommt. Es gilt auch hier noch unser Satz. Für die Punkte x_0 zwischen $\overline{N}_0{}^*$ und $\overline{Z}_1$ ist

$$x_0 \overline{Z}_1 \cdot \overline{Z}_1 W_1 \cdot W_1 V_1' \cdot V_1' \overline{A}_1' \cdots \overline{M}_1' \overline{N}_1' \overline{N}_1{}^* \cdot \overline{N}_1{}^* x_1$$

der Normalzug; es entsteht also bei zyklischer Anordnung derselbe Zyklus wie im vorigen Falle. Liegt fünftens x_0 auf $\overline{Z}_1 W_1$ und ist z_1 der nächste Knotenpunkt auf $\overline{Z}_1\,W_1$, so ist

$$x_0\,z_1 \cdot z_1\,W_1 \cdot W_1\,V_1{}' \cdot V_1{}'\,\overline{A}_1{}' \cdot \cdot \overline{N}_1{}^* \cdot \overline{N}_1{}^*\,\overline{Z}_2 \cdot \overline{Z}_2\,z_2 \cdot z_2\,x_1$$

der Normalzug. In seinem Zyklus ist nur der

$$\overline{Z}_1\,z_1 \cdot z_1\,x_1 \cdot x_1\,z_1$$

entsprechende Teil ein reduzibler Eckenstrahlzug, der
durch den äquivalenten Zug zu ersetzen ist; dann aber
entsteht derselbe Zyklus wie in den beiden vorigen
Fällen. Ist sechstens x_0 ein Punkt von $W_1\,F_1\,G_1 \cdot \cdot N_1\,Y_1$,
so verläuft der Normalzug $x_0\,x_1$ bis W_1 auf $X_0\,X_1$, dann
erscheint der Teil $W_1\,V_1{}' \cdot \cdot W_2$ und hierauf kommt der
zwischen W_1 und x_1 gelegene Teil von $X_1\,X_2$. Nach
Elimination der auftretenden Aggregate cc^{-1} erhält
man also wieder denselben Zyklus wie in den vorigen
Fällen. Ist endlich noch x_0 ein Punkt vom $Y_1\,X_1$, so
umfaßt der Normalzug zunächst bis zum nächsten
Punkt $v_1{}'$ einen Teil von $X_0\,X_1$, von da aber liegt er
auf $X_1\,X_2$; das Reduktionsverfahren führt uns also
nach Elimination der Aggregate cc^{-1} auf den Zyklus
des ganz auf $X_1\,X_2$ gelegenen Zuges $v_1{}'\,v_2{}'$, der dem
Zuge $v_0{}'\,v_1{}'$ auf $X_0\,X_1$ kongruent ist. Somit gelangen
wir auch hier zu einem bei der Reduktion von $X_0\,X_1$
auftretenden Zyklus. Ebenso ist das Beweisverfahren
für einen Zug der Form

$$X_0\,Y_0 \cdot Y_0\,F_0{}' \cdot F_0{}'\,V_0 \cdot V_0\,Z_1 \cdot Z_1\,U_1 \cdot U_1\,W_1\,F_1 \cdot F_1\,Y_1 \cdot Y_1\,X_1.$$

Unsere Behauptung ist also vollständig bewiesen.

Im Dehn'schen Gruppenbild konstruieren wir, um
unseren Hauptsatz zu beweisen, einen Streckenzug

$$\cdot \cdot P_{-3}\,P_{-2}\,P_{-1}\,P_0\,P_1\,P_2\,P_3 \cdot \cdot \cdot ,$$

dessen einzelne Teile $P_i\,P_{i+1}$ dem Normalausdruck von R
äquivalent sind. Besitzt R einen doppelten Normalausdruck, so sollen alle Teile demselben Normalausdruck entsprechen. Da R ein ausgezeichnetes Element
ist, so enthält unser Zug keine reduziblen Doppelstrecken, Maschenteile oder Halbmaschen, besitzt also

in allen seinen Punkten die Eigenschaften eines Normalzuges. Von den Punkten P_0 und P_1 aus konstruieren wir zwei gleichbezeichnete Streckenzüge $P_0 X_1$ und $P_1 X_1$, die dem Normalausdruck des transformierenden Elementes T entsprechen. Es ist dann unsere erste Aufgabe, den Normalzug S' zwischen den Punkten X_0 und X_1 zu bestimmen. Wenn dieser Normalzug dann mit dem R-Zuge einen Punkt x_0 gemeinsam hat, so liefert er nach unserem Hülfssatze denselben Normalzyklus wie $x_0 x_1$, d. h. denselben Normalzyklus wie R.

Den letzten Punkt, den der Zug $P_0 X_0$ mit dem R-Zuge gemeinsam hat, bezeichnen wir mit Q_0. Der äquivalente Punkt Q_1 auf $P_1 X_1$ ist dann der letzte gemeinsame Punkt des R-Zuges mit $P_1 X_1$. Der Teil $Q_0 Q_1$ des R-Zuges liefert uns bei zyklischer Anordnung seiner Strecken den Zyklus R; daher stellt $Q_0 Q_1$ den Normalausdruck eines mit R gleichberechtigten ausgezeichneten Elementes R_1 dar. Für den Fall, daß Q_0 mit X_0 identisch wird, ist also unser Satz schon bewiesen.

Durch den Zug $Q_0 X_0$ ist uns nun die Normalform eines Elementes t gegeben, durch das R_1 in S' transformiert wird. Der Normalzug $\overline{X_0 Q_0}$ unterscheidet sich daher von dem ursprünglich konstruierten Zuge $X_0 Q_0$ nur dadurch, daß die nicht gemeinsamen Teile beider Züge äquivalente Kettenzüge bilden. Den Anfang des Zuges $X_0 Q_0$ bezeichnen wir, soweit er einer Masche angehört, mit $Q_0 V_0$. Wir wollen und dürfen dann annehmen, daß der letzte Punkt N' zwischen X_0 und V_0 liegt. Da nämlich der Teil $N' M'$ aus $2p-1$ Strecken einer Masche besteht und $M N N'$ eine nicht reduzible Halbmasche in $\overline{X_0 Q_0}$ sein muss, so kann N' auf $V_0 Q_0$ nur dann liegen, wenn es mit Q_0 zusammenfällt; hier aber liefert uns nicht nur $\overline{X_0 M} \, \overline{M N} N'$, sondern auch $\overline{X_0 M} \, \overline{M M'} N'$ eine Normalform von $\overline{X_0 Q_0}$. Auf dem Zuge $\overline{X_0 Q_0}$ kann im besonderen noch die letzte Strecke $N N'$, wenn N' mit V_0

zusammenfällt, zu derselben Netzmasche wie $V_0 Q_0$ gehören. Demgemäß bezeichnen wir das Ende von $\overline{X_0 Q_0}$ mit $V_0{}^* Q_0$ und setzen $V_0{}^*$ gleich $V_0{}'$ oder V_0, je nachdem es mit N identisch ist oder nicht. Endlich wollen wir noch unter $Q_0 A$ und $W Q_1$ den Anfang und das Ende des Zuges $Q_0 Q_1$ verstehen, soweit sie einer Netzmasche angehören.

Um nun den Normalzug $\overline{X_0 X_1}$ herzustellen, unterscheiden wir zwei Fälle:

Fall I.

$V_0{}^* Q_0$ g e h ö r t z u e i n e r M a s c h e m i t $Q_0 A$ o d e r d o c h m i t d e r A n f a n g s s t r e c k e v o n $Q_0 A$.

1) Gehört der ganze Zug $V_0{}^* Q_0 A$ derselben Masche an, so tritt keine Umformung ein, wenn er nicht reduzibel ist, andernfalls ist er durch $V_0{}^* A' A$ zu ersetzen. Diese Umformung kann dann analog den auf pg. 107 ff. geschilderten Verhältnissen zur Folge haben die Ersetzung

   1) eines Kettenzuges $A' A\, B \cdots M\, N \cdot N\, N^*$ durch den äquivalenten Kettenzug $A'\, B' \cdots M'\, N' \cdot N'\, N^*$,

   2) eines Eckenstrahlzuges $Z_0 V_0{}^*$ in $\overline{X_0\, V_0{}^*}$ durch den äquivalenten Eckenstrahlzug,

   3) eines Eckenstrahlzuges $Z_0\, U_0 \cdot U_0\, V_0\, A$ in $\overline{X_0\, V_0}$ durch den äquivalenten Zug.

Die erste dieser Umänderungen setzt voraus, dass $Q_0 A$ keine Halbmasche ist, die zweite ist nur bei $V_0{}^* = V_0$ möglich, und die dritte kann nur eintreten, wenn $V_0 Q_0$ aus $2p-1$ und $Q_0 A$ aus $2p$ Strecken besteht. Alle andern Arten von Umformungen, die man l. c. zusammengestellt findet, sind ausgeschlossen.

2) Gehört nur die Anfangsstrecke $Q_0 Q_0{}'$ des Zuges $Q_0 A$ mit $V_0{}^* Q_0$ zu einer Masche, so ist eine Umformung bei Q_0 nur möglich, wenn $V_0{}^* Q_0$ eine Halbmasche

ist. Die Ersetzung von $V_0{}^* Q_0 Q_0{}'$ durch $V_0{}^* Q_0{}'$ kann, wenn $V_0{}^* = V_0$ ist, noch die Umformung eines Eckenstrahlzuges $\overline{Z_0 \, V_0}$ auf $\overline{Q_0 \, V_0}$ in den äquivalenten Zug nach sich ziehen.

An der Stelle Q_1 kann in unserm Falle $W Q_1$ höchstens mit der ersten Strecke von $Q_1 V_1$ zu einer Masche gehören; andernfalls würde nämlich die erste Strecke von $Q_1 W$ dieselbe Bezeichnung tragen wie die erste Strecke von $Q_0 A$, also im Zyklus von $Q_0 Q_1$ ein Aggregat cc^{-1} entstehen. Bei Q_1 kann somit eine Umformung nur stattfinden, wenn entweder $W Q_1$ die letzte Halbmasche eines reduziblen Eckenstrahlzuges $Z W Q_1$ ist oder wenn $Q_1 V_1$ eine Strecke ist und mit $W Q_1$ zusammen einen reduziblen Kettenzug

$$W \, Q_1 \, V_1 \, A_1 \, B_1 \cdot \cdot \, M_1 \, N_1 \cdot N_1{}^*$$

auf $W Q_1 X_1$ erzeugt, der durch den äquivalenten Zug

$$W \, V_1{}' \, A_1{}' \, B_1{}' \cdot \cdot \, M_1{}' \, N_1{}' \cdot N_1{}' \, N_1{}^*$$

zu ersetzen ist. Hiermit ist aber der Normalzug $\overline{X_0 \, X_1}$ festgestellt; er hat, wenn $W Q_1$ von den Umformungen bei Q_0, wie wir hier stillschweigend angenommen haben, nicht betroffen wird, mit dem R-Zuge den Punkt W gemeinsam und ergibt dann nach unserem Hülfssatze denselben Normalzyklus wie R.

Besonders zu untersuchen sind also nur noch die Fälle, in denen der Teil $W Q_1$ durch die Umformungen bei Q_0 nicht bestehen bleibt. Das tritt ein, wenn W auf $Q_0 A$ oder auf dem Kettenzuge $A B \cdots M N N^*$ liegt.

Sei zunächst W identisch mit Q_0, sodaß $Q_0 Q_1$ bloß einer Masche angehört. In dem Normalzug $X_0 Q_1$, der entweder die Form $\overline{X_0 V_0{}^*} \, V_0{}^* \, V_0{}' \, Q_1{}' \, Q_1$ oder die Form $\overline{X_0 V_0} \cdot V_0 \, Q_0 \, Q_1$ besitzt, kann eine Umänderung, bei der Q_1 als Punkt des Normalzuges $X_0 X_1$ verschwindet, nur eintreten, wenn entweder die letzte Strecke von $X_0 Q_1$ einen reduziblen Kettenzug erzeugt oder $Q_1 Q_1{}'$ die erste Strecke von $Q_1 V_1$ ist. Im ersten Falle aber müssen entweder auf der Masche $Q_0 Q_0' Q_1 Q_1' V_0 Q_0$ die Strecken $Q_0 Q_0'$ und $Q_1 Q_1'$ gleiche Bezeichnung tragen, was bei unserer Gruppe unmöglich ist, oder der Normalzug $\overline{X_0 X_1}$ geht gleichzeitig mit $X_0 Q_1$ durch den Punkt Q_0. Im zweiten Falle aber müssen auf der Masche $Q_0 Q_1 Q_1' V_0 Q_0' Q_0$ die beiden Strecken $Q_0 Q_0'$ und $Q_1 Q_1'$ gleichbezeichnet sein, sodaß bei unserer Bezeichnung der Netzseiten $Q_0 Q_1$ nur eine einzige Strecke sein kann; eine Reduktion von $V_0^* Q_0 Q_1$ in $V_0^* Q_1' Q_1$ ist aber dann nur möglich, wenn $V_0^* Q_1$ eine Halbmasche ist. Je nachdem $V_0^* = V_0$ oder $V_0^* = V_0'$ ist, spielt V_0^* die Rolle von Y_0 oder Y_0^*, sodaß wir zunächst zum Zyklus des Zuges $V_0^* V_0' Q_1' V_1 V_1^*$ gelangen. Dieser Zyklus stimmt aber überein mit dem Zyklus des Zuges $Q_0' V_0^* V_0' Q_1'$, dessen Normalform $Q_0' Q_0 Q_1 Q_1'$ ist. Da nun $Q_0 Q_0'$ und $Q_1 Q_1'$ gleichbezeichnete Strecken sind, so erkennen wir, daß auch in diesem speziellen Falle der Normalzug $\overline{X_0 X_1}$ auf den gegebenen Normalzyklus führt.

Ist nun weiter W der Anfangspunkt der letzten Strecke von $Q_0 A$, so hat der Normalzug $\overline{X_0 Q_1}$ entweder die Form

$$\overline{X_0 V_0} \cdot V_0 Q_0 A \cdot A Q_1$$

oder die Form

$$\overline{X_0 \cdot \cdot V_0^*} \cdot V_0^* V_0' A' A \cdot A Q_1,$$

geht also jedenfalls durch den Punkt A. Der Punkt Q_1 kann aus dem Normalzuge $\overline{X_0 X_1}$ nur verschwinden, wenn die letzte Strecke von $A Q_1$, das aus wenigstens einer und höchstens $2p-1$ Strecken besteht, einen reduziblen Kettenzug erzeugt. Nach der dann vorzunehmenden Umformung aber erhält man die Normalform $\overline{X_0 X_1}$, und wir sehen, daß A ein Punkt des

Normalzuges $\overline{X_0 X_1}$ ist. Somit gelangen wir auch hier zu dem gegebenen Normalzyklus.

Liegt W drittens auf dem Zuge $A B \cdots M N N^*$, so muß entweder Q_1 einer der Punkte $B, C, \cdots M, N, N^*$ sein oder $Q_1 V_1$ aus einer in einem dieser Punkte endigenden Strecke bestehen. Wäre das nämlich nicht der Fall, so würden $W Q_1$ und $Q_1 V_1$ derselben Masche angehören und dabei $Q_1 V_1$ aus mehr als einer Strecke bestehen. Ist V_1 einer der Punkte $B, C, \cdots M, N$, so umfaßt $Q_0 A$, da $V_0 Q A$ wenigstens eine Halbmasche sein muß, aber $Q_0 A$ höchstens $2p-1$ Strecken aufweisen darf, $2p - 1$ Strecken der Masche $Q_0 A A' V_0 Q_0$. Unter Beachtung dieses Umstandes finden wir nun aus der Bezeichnung der Netzseiten, daß keine der in $B, C, \cdots M, N$ endigenden Strecken der Strecke $Q_0 V_0$ kongruent sein kann. Infolgedessen ist Q_1 einer der Punkte $B, C, \cdots M, N, N^*$.

Sei also zunächst etwa $Q_1 = G$ und werde für $Q_1 = M$ noch $N^* = N$ angenommen, so ist $W Q_1 = F G$ und $Q_1 V_1 = G H$, also $V_1 V_1' = H H'$, $V_1' Q_1' = H' G'$ und $Q_1' Q_1 = G' G$; ist aber $Q_1 = M$ und $N^* = N'$, so ist $Q_1 V_1 = M N N'$, also $N' M' = V_1 Q_1'$ und $M' M = Q_1' Q_1$. Der Normalzug $\overline{X_0 X_1}$ hat daher die Form

$$\overline{X_0 V_0^*} \cdot V_0^* V_0' A' B' \cdots M' N' N^* \cdot N^* X_1$$

bzw. in dem speziellen Falle

$$\overline{X_0 V_0} \cdot V_0 A' B' \cdots M' N' \cdot N' X_1.$$

Der Punkt A' entspricht dem beim Reduktionsverfahren mit Y_0 bezeichneten Punkte; da nun aber der Zyklus des Zuges $Y_0 Y_1$ mit dem des Zuges $Q_0' A A' \cdot A' B' \cdots Q_1'$ übereinstimmt, dessen Normalform durch $Q_0' A B \cdots Q_1 Q_1'$ gegeben wird, so führt $\overline{X_0 X_1}$ zu dem gegebenen Normalzyklus.

Fällt Q_1 mit dem Punkte N' zusammen, so kann die letzte Strecke von $M' N'$ nicht Anlaß zu einem reduziblen Kettenzuge geben oder mit der ersten Strecke von $Q_1 V_1$

identisch sein; denn die Anfangsstrecke $Q_1 Q_1'$ von $Q_1 V_1$ gehört mit der von Q_1 ausgehenden Strecke des R-Zuges zu einer Masche, und diese Strecke liegt mit der Halbmasche MNN' auf derselben Seite von MN'. Somit ist $Q_1 = N'$ stets ein Punkt von $\overline{X_0 X_1}$.

Wenn Q_1 jedoch mit dem Punkte N identisch ist, so kann Q_1 dem Normalzuge $\overline{X_0 X_1}$ eventuell nicht angehören. Dies tritt ein, wenn die Strecke $N'N$ mit dem Anfang von $Q_1 V_1$ einen reduziblen Kettenzug erzeugt oder mit der ersten Strecke von $Q_1 V_1$ identisch ist. Im ersten Falle aber spielt im Normalzuge

$$\overline{X_0 V_0}^* \cdot V_0^* A' \cdot A' B' \cdots M' N' \cdot N' \overline{A_1'}\ \overline{B_1'} \cdots \overline{N_1}^* X_1$$

der Punkt A' wieder die Rolle von Y_0, da der Zug $N \overline{A_1}\ \overline{A_1'} N'$ kongruent $Q_0 V_0 A Q_0'$ ist. Die obigen Ueberlegungen zeigen uns dann, daß $\overline{X_0 X_1}$ den Zyklus von $Q_0 Q_1$ als Normalzyklus besitzt. Im zweiten Fall hat der Normalzug $\overline{X_0 X_1}$ im allgemeinen die Form

$$\overline{X_0 V_0}^* \cdot V_0^* V_0' A' B' \cdots M' N' \cdot N' V_1 X_1;$$

wenn aber $N N' = Q_1 V_1$ ist, so kann auch noch die letzte Strecke von $M' N'$ einen reduziblen Kettenzug erzeugen und erst nach seiner Beseitigung der Normalzug $\overline{X_0 X_1}$ entstehen. Der Punkt V_0^* repräsentiert hier den Punkt Y_0^* und bei der angegebenen Form den Punkt Y_0 oder Y_0^*, je nachdem $V_0^* = V_0$ oder $V_0 = V_0'$ ist. Der Zyklus des Zuges $V_0^* V_0$ stimmt also überein mit dem Zyklus von

$$Q_0' V_0 V_0' A' B' \cdots M' N'.$$

Besteht das Aggregat $Q_0' V_0 V_0' A'$ aus wenigstens $2p$ Strecken, also $Q_0 A$ aus weniger als $2p-1$ Strecken, so ist es durch $Q_0' Q_0 A A'$ zu ersetzen, sodaß

$$Q_0' Q_0 A B \cdots M N N'$$

die Normalform unseres Zuges wird. Dieser Normalzug führt aber zu dem gegebenen Normalzyklus. Wenn jedoch $Q_0' V_0 V_0' A'$ aus bloß $2p-1$ Strecken sich zusammensetzt, so ist der Zug $Q_0' A' B' \cdot \cdot M' N'$ schon ein Normalzug. Da das $Q_0 A'$ kongruente Aggregat in Q_1' zu der Masche gehört, die in $Q_1 Q_1'$ mit der Masche $M Q_1 Q_1' M' M$ zusammenstößt, so entsteht bei Q_1' kein reduzibles Aggregat; der Normalzug $Q_0' N' = Q_0' Q_1'$ liefert uns also bei zyklischer Anordnung einen Normalzyklus. Wir erhalten somit in den Zügen $Q_0 Q_1$ und $Q_0' Q_1'$, die zusammen mit den gleichbezeichneten Strecken $Q_0 Q_0'$ und $Q_1 Q_1'$ eine Kette der bekannten Art begrenzen, ein Paar gleichberechtigter ausgezeichneter Elemente von verschiedenem Normalzyklus. Wir werden später noch untersuchen, wann unsere Annahme, daß $Q_1 Q_1'$ kongruent der Strecke $Q_0 Q_0'$ ist, von solchen Zügen $Q_0 Q_1$ und $Q_0' Q_1'$ erfüllt wird.

Fall II.

$V_0 Q_0$ **gehört nicht ganz, also höchstens mit seiner letzten Strecke** $Q_0' Q_0$ **zu einer Masche mit** $Q_0 A$.

An der Stelle Q_0 wird jetzt in der Regel keine Umformung erforderlich werden; nur wenn $\overline{X_0 Q_0}$ mit einem reduziblen Eckenstrahlzug $Z_0 Q_0$ schließt, wird eine Umänderung von $Z_0 Q_0$ in den äquivalenten Zug stattfinden, und wenn die letzte Strecke $Q_0' Q_0$ des eventuell so umgeformten Zuges einen reduziblen Kettenzug erzeugt, wird $Q_0' A' B' \cdot \cdot M' N' N^*$ an die Stelle von $Q_0' Q_0 A B \cdot \cdot M N N^*$ treten. Der Zug $\overline{X_0 Q_1}$ hat also im allgemeinen wieder dasselbe Ende $W Q_1$ wie $Q_0 Q_1$. Nur wenn $Q_1 = N'$ ist, ist $M' N'$ das neue Ende, und wenn $W = N$ bzw. Q_0 ist, kann eventuell $N' N Q_1$ bzw. $Q_0' Q_0 Q_1$ als neues Ende auftreten.

Nunmehr haben wir die Umformungen bei Q_1 zu untersuchen. Wir betrachten zunächst den speziellen Fall, daß $W Q_1$ eine Halbmasche ist, die zusammen mit den ersten $2p - 1$ Strecken von $Q_1 X_1$ einen reduziblen Maschenteil $WQ_1 V_1$ von $4p - 1$ Strecken bildet. Hier kann die letzte Strecke von $\overline{X_0 Q_0}$, das entweder die Form $\overline{X_0 V_0} \cdot V_0 Q_0$ oder die Form $\overline{X_0 A_0'} \cdot A_0' B_0' \cdots V_0' Q_0' Q_0$ besitzt, keinen reduziblen Kettenzug erzeugen. Wäre dies nämlich der Fall, so würde beim Ende $V_0 Q_0$ im R-Zuge die Halbmasche WQ_1 reduzibel sein und beim Ende $V_0' Q_0' Q_0$ wegen der Identität von $V_1' Q_1' Q_1$ und WQ_1 auch im R-Zuge ein reduzibler Kettenzug vorkommen. Die Züge $\overline{X_0 Q_0}$ und $Q_0 Q_1$ treten also ohne Umformung zu $\overline{X_0 Q_1}$ zusammen. In der Kette $\cdots L M N N' M' L' \cdots$, in der das Aggregat $M N N' M'$ mit $W Q_1 V_1$ identisch sei, möge $E F F' E' E$ diejenige Masche bedeuten, von der zuerst einer der Züge $Q_1 X_1$ oder $\overline{X_0 Q_1}$ abspringt. Der Punkt Q_0 kann nicht auf $F' G' \cdots M' N'$ liegen; denn wäre dies der Fall, so müßte entweder Q_0 einer der Punkte $G', \cdots M', N'$ oder die Endstrecke $Q_0' Q_0$ von $V_0' Q_0' Q_0$ mit der ersten Strecke von $F' G'$ identisch sein; die Bezeichnung der Netzseiten lehrt uns aber, daß im letzten Fall $Q_0' Q_0$ nicht kongruent $N' N$ sein kann, wie es doch die Identität von $V_1' Q_1' Q_1$ und $M' N' N$ erfordert. Ist aber Q_0 identisch mit K', so wird $H' K' = V_0 Q_0$, also kongruent $M N$, was nicht möglich ist. Im Falle $Q_0 = G'$ könnte allenfalls noch $F F' G'$ mit $V_0' Q_0' Q_0$ identisch werden, aber die Bezeichnung der Netzseiten lehrt uns, daß dies in unserem Gruppenbilde nicht möglich ist. Wenn endlich Q_0 mit F' zusammenfällt, so gehört die Endstrecke des Zuges $V_0 Q_0$ bzw. $V_0' Q_0' Q_0$ nicht mit $F' F$ zu einer Masche; hier kann also keine Umformung eintreten, bei der Q_0 als Punkt des Normalzuges $\overline{X_0 X_1}$ verschwindet, sodaß wir zu dem gegebenen Normalzyklus gelangen.

In dem Zuge $\overline{X_0 Q_0} \cdot Q_0 F' \cdot F' F \cdot F X_1$, den wir durch unser Reduktionsverfahren erhalten, befindet sich der Bestandteil $\overline{X_0\,Q_0} \cdot Q_0\,F'$ in seiner Normalform; die Strecke $F'F$ kann in ihm eine Aenderung nur erforderlich machen, wenn $\overline{X_0\,Q_0} \cdot Q_0\,F'$ mit einem reduziblen Eckenstrahlzug $Z_0\,F'$ schließt, der durch den äquivalenten Zug zu ersetzen ist. Hier aber bleibt F' ein Punkt des Zuges $\overline{X_0\,X_1}$, da $F'F$ eventuell nur noch einen reduziblen Kettenzug auf $F'F\,X_1$ erzeugen kann; somit erhalten wir, da F' ein Punkt des R-Zuges ist, dann den gegebenen Normalzyklus. Mit den letzten $2p$ Strecken $U\,F'$ von $\overline{X_0\,Q_0} \cdot Q_0\,F'$ kann aber $F\,F'$ nicht zu einer Masche gehören, da sonst die Halbmasche $U\,F'$, die ganz dem R-Zuge angehört, reduzibel wäre. Wir können infolgedessen weiterhin annehmen, daß $\overline{X_0\,Q_0} \cdot Q_0\,F'\,F$ ein Normalzug ist.

Um nunmehr die Reduktion zu Ende zu führen, wollen wir die Zusammensetzung zweier Normalzüge $\overline{X_0\,Q_1}$ und $\overline{Q_1\,X_1}$ betrachten, bei der an der Stelle Q_1 keine reduzible Doppelstrecke und kein reduzibles Aggregat $W\,Q_1\,V_1$ von der Form $M'\,N'\,N\,M\ (Q_1 = N)$ und keine reduzible Vollmasche $W\,Q_1\,V_1$ entsteht. Was von diesen Zügen gilt, gilt dann auch von unsern beiden Zügen $\overline{X_0\,Q_0} \cdot Q_0\,F'\,F$ und $F\,X_1$; allerdings müssen wir noch zeigen, daß bei F keine reduzible Doppelmasche $U\,F'\,F\,U$ auftritt. Da U ein Punkt des Zuges $F\,X_1$ ist, so darf U nicht mehr auf dem R-Zuge liegen; andererseits betritt aber der Zug $\overline{X_0\,Q_0} \cdot Q_0\,F'$ entweder in Q_0 oder in Q_0' eine neue Masche und beide Punkte gehören dem R-Zuge an, sodaß $U\,F'$ ganz auf dem R-Zuge liegt; daraus folgt aber unsere Behauptung.

An der Stelle Q_1 werden nun Umformungen nur dann erforderlich, wenn $W^*\,Q_1$ oder die letzte Strecke von $W^*\,Q_1$ mit dem Anfang von $Q_1\,X_1$ reduzible Aggregate erzeugen; dabei bedeutet $W^*\,Q_1$ im allgemeinen das Aggregat $\overline{W\,Q_1}$, für $Q_1 = N'$ dagegen das Aggregat $M' M N Q_1$ und für $W = N$ eventuell das Aggregat $N' N Q_1$; betrachten wir statt Q_1 den Punkt F, so soll $W^* Q_1$ das Ende des Zuges $\overline{X_0 Q_0} \cdot Q_0 F' F$, soweit es einer Masche angehört, darstellen. Nachdem wir für unser reduzibles Aggregat das äquivalente Aggregat eingeführt haben, kann seine letzte Strecke noch einen reduziblen Kettenzug von der Form $V_1' V_1 \overline{A_1} \overline{B_1} \cdot\cdot$ $\overline{M_1} \overline{N_1} \overline{N_1}^*$ erzeugen und seine erste Strecke im Falle $W^* = W$ noch einen reduziblen Eckenstrahlzug ZW bedingen. Die erste der hier genannten Umänderungen ist nicht möglich, wenn $\overline{WW^*} V_1$ bloß aus einer Strecke besteht, da dann $Q_1 V_1$ unserer Voraussetzung gemäß eine Halbmasche ist. Indessen kann hier für $W^* = W$ die Strecke WV_1 noch eine reduzible Halbmasche $UW V_1$ erzeugen, die zur Umformung eines Eckenstrahlzuges $ZU \cdot UWV_1$ in den äquivalenten Zug Anlaß gibt. Mit den hier genannten Umformungen ist aber die Reduktion beendet; wir erkennen, daß der Punkt W^* nur nach der Umformung von UWV_1 in UV_1 kein Punkt des Normalzuges $\overline{X_0 X_1}$ ist. Der Zug $\overline{X_0 X_1}$ führt also, wenn wir von diesem einen Falle zunächst absehen, für $W^* = W$ stets auf den gegebenen Normalzyklus. Ist $W^* = M'$ und $Q_1 = N^* = N'$, so gehört $M_{-1}' N_{-1}'$ nicht nicht zu einer Masche mit $Q_0 Q_0'$, da sonst $M_{-1} N_{-1} N_{-1}'$ im R-Zug reduzibel wäre. Somit wird

$$M_{-1}' \, N_{-1}' \cdot Q_0 \, A \, B \cdot\cdot M \, M'$$

der Normalausdruck von $M_{-1}' M'$, und dieser Normalausdruck führt uns auf den gegebenen Normalzyklus. Ist $W^* = M'$ und $Q_1 = N^* = N$, so verschwindet Q_0 als Punkt des Normalzuges $M_{-1}' M'$ nur dann, wenn $N' N = Q_1' Q_1$ ist. Dann aber liefert uns der Zug $\overline{X_0 X_1}$ den Zyklus des Zuges $Q_0' Q_1'$, der mit $Q_0 Q_1$ und den gleichbezeichneten Strecken $Q_0 Q_0'$ und $Q_1 Q_1'$ eine Kette der bekannten Form bildet. Ist endlich $W^* = N'$

und $N^* = N$ wegen $W^* \neq W$, so verschwindet im Zuge
$$N_{-1}' \, N_{-1} \, Q_0 \cdot Q_0 \, Q_0' \, A' \, B' \cdots M' \, N'$$
der Punkt Q_0 als Punkt des Normalzuges $N_{-1}' \, N'$ nur
dann, wenn $N_{-1}' \, N_{-1} \, Q_0 \, Q_0'$ durch $N_{-1}' \, Q_0'$ zu ersetzen ist.
Hier ergibt uns $\overline{X_0 \, X_1}$ den Normalzyklus von $Q_0' \, Q_1'$,
der zu $Q_0 \, Q_1$ wieder in der oben genannten Beziehung
steht.

Sehr schnell erledigt sich der Fall, daß W^* den Anfangspunkt des Endes von $\overline{X_0 \, F}$ bezeichnet. Da wir nämlich Q_0 von F' verschieden annehmen, so liegt W^* entweder auf $Q_0 \, F'$ oder es fällt mit dem Punkte Q_0' zusammen, gehört also stets dem R-Zuge an. Somit ist
nur noch der Zug $\overline{X_0 \, Z} \cdot Z \, U \cdot U \, V_1 \cdot V_1 \, X_1$ zu untersuchen; hier würde im Zyklus des Zuges $V_0 \, U \cdot U \, V_1$
stets $U \, V_1$ eine reduzible Halbmasche sein, die durch
$U \, W \, V_1$ ersetzt werden müßte. Damit aber kommen
wir zum Zuge $U_{-1} \, W_{-1} \, Q_0 \cdot Q_0 \, U$ oder $Q_0 \, Q_1$ zurück. Ist
W^* der Anfangspunkt des Endes von $\overline{X_0 \, F'}$ und tritt bei
W^* ein Aggregat $U \, W^* \, V_1$ auf, so kann U nur auf dem
R-Zuge liegen; denn $\overline{X_0 \, Q_0}$ endigt mit der Halbmasche
$V_0' \, Q_0' \, Q_0$, sodaß die 2p Strecken des Zuges $\overline{X_0 \, F'}$ vor
Q_0 einer Masche angehören. Keiner der Punkte auf
$U \, W^* \, F'$ erfüllt aber diese Bedingung.

Unser Satz ist jetzt vollständig bewiesen. Wir erhalten für gleichberechtigte Elemente stets denselben
Normalzyklus. Zwei g l e i c h b e r e c h t i g t e N o r -
m a l z y k e l n verschiedener Form erhält man nur
bei zyklischer Anordnung der beiden äquivalenten
Normalausdrücke für die Elemente, deren Achsenbilder die durch $\zeta = 0$ gehenden Diagonalen des
reduzierten Polygons sind, und ferner durch
zyklische Anordnung der Züge $Q_0 \, Q_1$ und $Q_0' \, Q_1'$,
die mit den gleichbezeichneten Seiten $Q_0 \, Q_0'$ und $Q_1 \, Q_1'$
zusammen eine Kette erzeugen. Wie aus unseren Be-

trachtungen auf pg. 104 hervorgeht, können $Q_0 Q_0'$ und $Q_1 Q_1'$ nur dann gleiche Bezeichnung haben, wenn $Q_0 Q_1$ im Falle eines geraden p aus 2h und eines ungeraden p aus $2h \cdot p$ Maschenteilen von je $2p-1$ Strecken besteht. Setzen wir zur Abkürzung das Aggregat von $2p-1$ Strecken, welches im Zyklus der Fundamentalrelation auf a_i, b_i, a_i^{-1}, b_i^{-1} folgt, bzw. gleich A_i, B_i, A_i', B_i', so werden die Paare gleichberechtigter Normalzykeln geliefert durch die in zyklischer Form geschriebenen Ausdrücke

$$\left(A_i \; A'_{i+\frac{p}{2}}\right)^n \quad \text{und} \quad \left(A'_i \; A_{i+\frac{p}{2}}\right)^{-n},$$

$$\left(B_i \; B'_{i+\frac{p}{2}}\right)^n \quad \text{und} \quad \left(B'_i \; B_{i+\frac{p}{2}}\right)^{-n}$$

bei geradem p und

$$\left(A_i \; A_{i+\frac{p-1}{2}} \; A_{i-1} \; A_{i-1+\frac{p-1}{2}} \cdots A_{i+1} \; A_{i+1+\frac{p-1}{2}}\right)^n \text{ und}$$

$$\left(A'_i \; A'_{i+\frac{p+1}{2}} \; A'_{i+1} \; A'_{i+1+\frac{p+1}{2}} \cdots A'_{i-1} \; A'_{i-1+\frac{p+1}{2}}\right)^{-n},$$

$$\left(B_i \; B_{i+\frac{p-1}{2}} \; B_{i-1} \; B_{i-1+\frac{p-1}{2}} \cdots B_{i+1} \; B_{i+1+\frac{p-1}{2}}\right)^n \text{ und}$$

$$\left(B'_i \; B'_{i+\frac{p+1}{2}} \; B'_{i+1} \; B'_{i+1+\frac{p+1}{2}} \cdots B'_{i-1} \; B'_{i-1+\frac{p+1}{2}}\right)^{-n}$$

bei ungeradem p; unter n ist hierbei eine beliebige ganze Zahl zu verstehen.

§ 6.

Analytische Lösung des Transformationsproblems für geschlossene einseitige Flächen.

Man kann eine geschlossene einseitige Fläche von der Charakteristik k (= Maximalzahl der zusammen nicht begrenzenden geschlossenen Kurven auf der Fläche) durch Aufschneiden längs k geeignet zu wählen-

der geschlossener Kurven, die sich
sämtlich in einem Punkte P berühren
und sonst keine gemeinsamen Punkte
haben, in ein Elementarflächenstück
verwandeln. Die Lage dieser Kurven zeigt die
nebenstehende Figur für eine Kugel mit drei Kreuz-
hauben, d. h. für eine geschlossene einseitige Fläche von

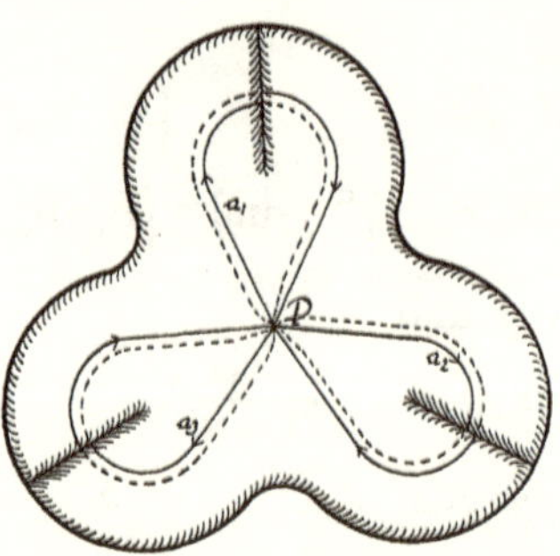

Fig. 7.

der Charakteristik $k = 3$. Versehen wir jene Kurven
mit einem Richtungssinn und bezeichnen sie in dieser
Richtung durchlaufen mit

$$a_1 , a_2 , a_3 , \cdots a_k$$

so wird bei geeigneter Wahl jener Richtung und passender Anordnung der Indizes der Kurven a_i das Elementarflächenstück der Reihe nach begrenzt von den Seiten

$$a_1 , a_1 , a_2 , a_2 , a_3 , a_3 \cdots a_k , a_k .$$

Dieses Elementarflächenstück kann wieder als Abbild der Fläche aufgefaßt werden. Doch tritt auch hier
die Unbequemlichkeit auf, daß das Bild einer zusammenhängenden Kurve überall da, wo es auf eine Polygonseite a_i stößt, zum homologen Punkte der anderen
Polygonseite a_i überspringt. Zur Vermeidung dieses
Uebelstandes wird man wieder das Fundamentalpolygon

zu einem Polygonnetze erweitern. In diesem
Netze, das einfachen und lückenlosen Zusammenhang
besitzt, stoßen in jeder Seite zwei, in jeder Ecke 2k
Polygone zusammen. Jede Seite erhält aber von jedem
der in ihr zusammenstoßenden Polygone dieselbe Bezeichnung c dem Umstand entsprechend, daß sie von
beiden Polygonen in derselben Richtung durchlaufen
wird. Die 2k von einer Polygonecke ausgehenden Seiten folgen bei einem Umlauf der Ecke aufeinander in
der Reihenfolge

$$a_1 , a_1^{-1} , a_2 , a_2^{-1} , \cdots \cdots a_k , a_k^{-1} .$$

Der hierdurch festgelegte Umlaufssinn einer Ecke ist
aber für die beiden eine Polygonseite begrenzenden
Ecken entgegengesetzt. (Vgl. die Figur für den Fall

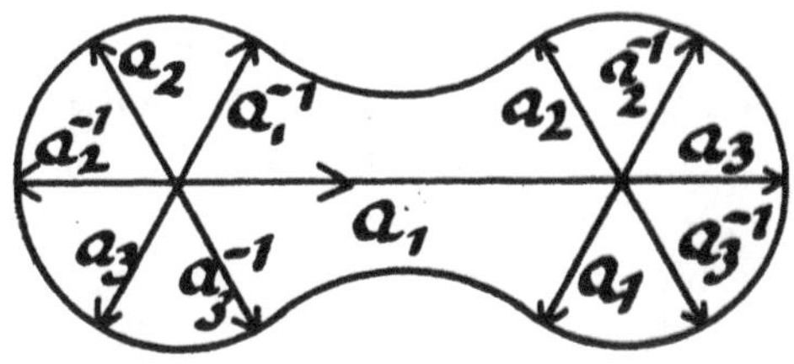

Fig. 8.

k = 3.) Indem man nun das Polygonnetz als Abbild
der unendlich oft überdeckten Fläche betrachtet, läßt
sich die Lösung des Homotopieproblems
für die geschlossenen Kurven auf der Fläche genau so
erledigen wie bei zweiseitigen Flächen. Zunächst ist
jede geschlossene Kurve auf der Fläche
homotop mit einer gewissen Komposition S der Kurven $a_i^{\pm 1}$, die demzufolge
als Kurven eines Fundamentalsystems
aufgefaßt werden können. Zwei Kompositionen S_1 und S_2 der Kurven des Fun-

damentalsystems sind aber dann und
nur dann homotop, wenn sich eine Komposition T so bestimmen läßt, daß
$T^{-1} S_1 T S_2^{-1}$ eine Nullhomotopie wird.

Dieser Satz gibt Anlaß zur Definition der
Fundamentalgruppe der einseitigen
Fläche. Als erzeugende Operationen dieser Gruppe
dienen die Symbole

$$a_1 \, , \, a_2 \, , \, \cdots a_k$$

der fundamentalen Kurven; sie sind durch die eine wesentliche Relation

$$a_1^2 \, a_2^2 \, \cdots \, a_k^2 = 1$$

zu verknüpfen. Hierauf gilt aber der Satz, daß zwei
Kompositionen S_1 und S_2 der fundamentalen Kurven dann und nur dann homotop sind, wenn die durch sie gegebenen
Ausdrücke in den Erzeugenden a_i gleichberechtigte Elemente der Fundamentalgruppe darstellen.

Das vorhin konstruierte Netz kann augenscheinlich
als Dehnsches Gruppenbild für die Fundamentalgruppe dienen. Es ist jedoch auch hier zweckmäßig, dem Netze die metrische Bedingung aufzuerlegen,
daß seine Maschen reguläre Polygone vom Polygon-
winkel $\dfrac{2\pi}{2k}$ sind. Für den Fall $k > 2$, auf den wir uns weiterhin beschränken wollen [38]), ist dieses Netz nur in der
hyperbolischen Ebene konstruierbar. Wählt man einen
beliebigen Punkt E dieses Netzes als Repräsentanten des
Einheitselementes, so entspricht jedem Ausdruck in den
Erzeugenden ein von E ausgehender Streckenzug, dessen

---

[38]) Für die beiden einfachsten Fälle $k = 1$ und $k = 2$
hat nämlich Dehn in der Arbeit „Über unendliche diskontinuierliche Gruppen“ das Transformationsproblem in elemen-
tarer Weise vollständig erledigt.

Seiten die durch jenen Ausdruck gegebene Bezeichnung tragen. Der Endpunkt dieses Streckenzuges entspricht dem Element der Fundamentalgruppe, das durch jenen Ausdruck dargestellt wird. Zwei Ausdrücke, deren zugeordnete von E ausgehenden Streckenzüge dieselben Endpunkte haben, stellen identische Elemente der Fundamentalgruppe dar.

Jedem Element der Fundamentalgruppe läßt sich nun wieder eindeutig diejenige Bewegung der hyperbolischen Ebene zuordnen, die den Punkt E in den dem Element entsprechenden Punkt überführt und gleichbezeichnete Netzseiten zur Deckung bringt. Die von diesen „Netzbewegungen“ gebildete Gruppe ist einstufig isomorph mit der Fundamentalgruppe. Dem Einheitselemente der Fundamentalgruppe entspricht als ausgeartete Netzbewegung die Ruhe; identischen Elementen entsprechen identische Netzbewegungen und gleichberechtigten Elementen gleichberechtigte Netzbewegungen.

Die den erzeugenden Operationen entsprechenden erzeugenden Netzbewegungen gehören zu den Bewegungen zweiter Art der hyperbolischen Ebene, d. h. sie sind nur mit Zuhülfenahme einer Klappung auszuführen. Alle Netzbewegungen, die durch Komposition einer ungeraden Anzahl von erzeugenden Netzbewegungen entstehen, sind daher Bewegungen zweiter Art, alle Netzbewegungen dagegen, die durch Komposition einer geraden Anzahl erzeugender Netzbewegungen entstehen, sind Bewegungen erster Art, d. h. Bewegungen der hyperbolischen Ebene ohne Klappung. Da gleichberechtigte Bewegungen, also im speziellen auch identische Bewegungen, stets Bewegungen derselben Art sind, so kann ein durch einen Ausdruck mit einer ungeraden Anzahl von Erzeugen-

den dargestelltes Element niemals
identisch oder gleichberechtigt sein
einem Element, das durch einen Ausdruck mit einer geraden Anzahl von
Erzeugenden gegeben ist, und umgekehrt.

Aequivalente Punkte in zwei Netzpolygonen, d h.
solche Punkte, die bezüglich der Polygone, denen sie angehören, homologe Lagen besitzen und also bei der Netzbewegung, die das eine Polygon in das andere überführt,
zur Deckung kommen, haben stets endliche Entfernung
voneinander. Demzufolge sind die zu der Gruppe G gehörenden Netzbewegungen Verschiebungen längs einer
Geraden der hyperbolischen Ebene ohne oder mit
Klappung um die Verschiebungsgerade. Die Gerade, längs
der die Verschiebung erfolgt, wollen wir wieder als
A c h s e, die Größe der Verschiebung als A c h s e n -
l ä n g e, die Richtung der Verschiebung als A c h s e n -
r i c h t u n g und die beiden unendlich fernen Punkte
der Achse, die bei der Bewegung allein festbleiben, als
F i x p u n k t e der Bewegung kurz bezeichnen.

Alle Punkte auf der Achse einer Netzbewegung S,
deren Entfernung voneinander gleich der Achsenlänge
D dieser Bewegung ist, sind äquivalent. Ist d die kleinste
Strecke auf der Achse von S von der Art, daß a l l e
Punkte auf dieser Achse mit der Entfernung d äquiva-
lent sind, so ist d ein aliquoter Teil von D, also

$$D = nd,$$

wo n eine ganze Zahl bedeutet. Es gibt nun eine Netzbewegung s erster oder zweiter Art, die mit der Netzbewegung S die Achse und die Achsenrichtung gemeinsam
hat, aber nur die Achsenlänge d besitzt. Die Netzbewegung S ist die n^{te} Potenz dieser Netzbewegung s ;
die durch

$$\frac{D}{d} = n$$

definierte Zahl n nennen wir wieder den Exponenten der Netzbewegung S. Ist s eine Netzbewegung
zweiter Art, so ist S eine Netzbewegung zweiter Art nur
für ungerades n, dagegen eine Netzbewegung erster Art
für gerades n. Wenn aber s eine Netzbewegung erster
Art ist, so ist S stets auch eine Netzbewegung erster
Art.

Bildet man ein Stück der Achse von der Länge d auf
einen Fundamentalbereich ab, so erhält man in dem
Bilde dieses Stückes schon das Bild der ganzen Achse.
Dieses Bild soll nun noch mit einem Pfeil versehen werden, der der Achsenrichtung entspricht, und außerdem
noch n-mal zu durchlaufen sein. Nach dieser Modifikation soll es als Achsenbild der Netzbewegung S
bezeichnet werden. Dieselben Betrachtungen wie bei
zweiseitigen Flächen ergeben uns dann wieder den Satz:
Die notwendige und hinreichende Be-
dingung für die Gleichberechtigung
zweier Netzbewegungen ist die Identität ihrer Achsenbilder. Wir brauchen hierbei nicht ausdrücklich hervorzuheben, daß die beiden
Bewegungen derselben Art sein müssen, denn ein und
dasselbe Achsenbild kann nicht gleichzeitig zu einer
Netzbewegung erster und zu einer Netzbewegung zweiter Art gehören.

Zum Zwecke der analytischen Durchführung dieser
geometrischen Lösung des Transformationsproblems benutzen wir die Abbildung der hyperbolischen Ebene auf
das Innere des Einheitskreises $\zeta \bar{\zeta} - 1 = 0$ der ζ-Ebene.
Dabei denken wir uns das Netz in der hyperbolischen
Ebene so konstruiert, daß dem Punkte E der Punkt
$\zeta = 0$ und der Lage der von E ausgehenden Polygonseite a_1 die Richtung der positiven ξ-Achse in der ζ-
Ebene entspricht. Die Endpunkte der 2k vom Punkte
$\zeta = 0$ ausgehenden Netzseiten c_h haben dann die Koor-

dinaten

$$\zeta_h = \mathrm{wt}^{\,\nu_h},$$

worin zur Abkürzung

$$t = e^{\frac{2\pi}{2k}i} \quad \text{und} \quad w = \mathrm{Th}\,\frac{s}{2} = \frac{\sqrt{\cos\dfrac{2\pi}{2k}}}{\cos\dfrac{\pi}{2k}}$$

gesetzt ist und für ν_h die Werte

$$\nu_h = 2l - 2 \quad \text{für} \quad c_h = a_1$$
$$\nu_h = 2l - 1 \quad \text{für} \quad c_h = a_1^{-1}$$

zu wählen sind.

Durch die zur erzeugenden Operation c_h gehörige Netzbewegung

$$\zeta' = \frac{\alpha_h\,\bar\zeta + \bar\beta_h}{\beta_h\,\bar\zeta + \bar\alpha_h} \qquad \alpha_h\,\bar\alpha_h - \beta_h\,\bar\beta_h = 1$$

geht der Punkt $\zeta = 0$ in den Punkt $\zeta = \mathrm{wt}^{\,\nu_h}$ und der
Punkt $\zeta = \mathrm{wt}^{\,\nu_h + \mu_h}$, worin

$$\mu_h = +\,1 \quad \text{für} \quad c_h = a_1$$
$$\mu_h = -\,1 \quad \text{für} \quad c_h = a_1^{-1}$$

zu setzen ist, in den Punkt $\zeta = 0$ über. Wir haben
daher zur Berechnung der Koeffizienten α_h und β_h die
Gleichungen

$$\bar\alpha_h\,\mathrm{wt}^{\,\nu_h} = \bar\beta_h \quad \text{und} \quad 0 = \alpha_h\,\mathrm{wt}^{\,-\nu_h - \mu_h} + \bar\beta_h,$$

aus denen zunächst

$$\beta_h\,\bar\beta_h = w^2 \cdot \alpha_h\,\bar\alpha_h$$

und dann weiter

$$\bar\alpha_h = -\,\frac{\alpha_h\,\mathrm{wt}^{\,-\nu_h - \mu_h}}{\mathrm{wt}^{\,\nu_h}} = -\,\alpha_h\,t^{\,-2\nu_h - \mu_h}$$

folgt. Durch Einführung dieser Werte in die Relation
$\alpha_h\,\bar\alpha_h - \beta_h\,\bar\beta_h = 1$ erhalten wir die Gleichung

$$-\,(1 - w^2) \cdot \alpha_h^2\,t^{\,-2\nu_h - \mu_h} = 1.$$

Setzen wir zur Abkürzung wieder

$$q = \frac{1}{\sqrt{1 - w^2}} = \mathrm{Ch}\,\frac{s}{2} = \cot\frac{\pi}{2k},$$

so ergibt sich hieraus

$$\alpha_h{}^2 = -\,q^2 \cdot t^{2\nu_h} + \mu_h = q^2\,t^{2\nu_h + k + \mu_h}.$$

Wegen der Identität der Substitutionen $(\alpha_h,\,\beta_h)$ und $(-\alpha_h,\,-\beta_h)$ brauchen wir von den beiden für α_h hieraus hervorgehenden Werten, die sich nur durch das Vorzeichen unterscheiden, bloß einen zu berücksichtigen, können also

$$\alpha_h = q\,t^{\nu_h + \frac{k + \mu_h}{2}}$$

und dann

$$\beta_h = wq\,t^{\frac{k + \mu_h}{2}}$$

setzen. Führen wir zur Vereinfachung noch die Bezeichnungen

$$\nu_h + \frac{k + \mu_h}{2} = \varepsilon_h \quad , \quad \frac{k + \mu_h}{2} = \varepsilon_h - \nu_h = \eta_h$$

ein, so wird

$$\alpha_h = q\,t^{\varepsilon_h} \quad , \quad \beta_h = wq\,t^{\eta_h} ;$$

dabei haben dann ε_h und η_h die Werte

$$\varepsilon_h = 21 + \frac{k - 3}{2} \qquad \eta_h = \frac{k + 1}{2}\ \text{für}\ c_h = a_l$$

$$\varepsilon_h = 21 + \frac{k - 3}{2} \qquad \eta_h = \frac{k - 1}{2}\ \text{für}\ c_h = a_l^{-1} .$$

Die auf pg. 57 mitgeteilten Kompositionsformeln liefern uns nun für die B e s t i m m u n g d e r z u m a l l - g e m e i n e n E l e m e n t e

$$S = c_1\,c_2 \cdots\cdots c_n$$

g e h ö r i g e n ζ - S u b s t i t u t i o n die Rekursions- formeln

$$A_{h+1} = \bar{\alpha}_{h+1}\, A_h + \bar{\beta}_{h+1}\, \bar{B}_h$$
$$B_{h+1} = \bar{\alpha}_{h+1}\, B_h + \bar{\beta}_{h+1}\, \bar{A}_h$$

für ungerades h , da hier die zu $c_1\, c_2 \cdots c_h$ gehörige ζ-Substitution $(A_h,\, B_h)$ von der zweiten Art ist, und

$$A_{h+1} = \alpha_{h+1}\, A_h + \beta_{h+1}\, \bar{B}_h$$
$$B_{h+1} = \alpha_{h+1}\, B_h + \beta_{h+1}\, \bar{A}_h$$

für gerades h, da hier die ζ-Substitution $(A_h,\, B_h)$ von der ersten Art ist. Durch Anwendung dieser Formeln erhalten wir dann für die Koeffizienten der Netzbewegung S die Werte

$$A_n = q^n \cdot \sum_{0}^{\left[\frac{n}{2}\right]}{}_{\!\rho} \left\{ w^{2\rho}\, U_\rho \right\},$$

$$B_n = w q^n \sum_{0}^{\left[\frac{n-1}{2}\right]}{}_{\!\sigma} \left\{ w^{2\sigma}\, V_\sigma \right\},$$

wobei mit U_ρ der Summenausdruck

$$\sum_{\substack{\nu_i \\ \nu_1 < \nu_2 < \cdots < \nu_{2\rho}}}^{1\,\ldots\,n} t^{-\sum_{1}^{2\rho} i} \, (-1)^i \left\{ \sum_{\nu_{i-1}+1}^{\nu_i-1}{}_{\!\varkappa} (-1)^{\varkappa+1}\, \varepsilon_\varkappa + (-1)^{\nu_i}\, \eta\nu^i \right\} + \sum_{\nu_{2\rho}+1}^{n}{}_{\!\varkappa} (-1)^{\varkappa+1}\, \varepsilon_\varkappa$$

und mit V_σ der Summenausdruck

$$\sum_{\substack{\nu_i \\ \nu_1 < \nu_2 < \cdots < \nu_{2\sigma+1}}}^{1\,\cdots\,n} t^{\sum_{1}^{2\sigma+1} i} \, (-1)^i \left\{ \sum_{\nu_{i-1}+1}^{\nu_i-1}{}_{\!\varkappa} (-1)^{\varkappa+1}\, \varepsilon_\varkappa + (-1)^{\nu_i}\, \eta\nu_i \right\} + \sum_{\nu_{2\sigma+1}+1}^{n}{}_{\!\varkappa} (-1)^{\varkappa}\, \varepsilon_\varkappa$$

bezeichnet ist und $\left[\dfrac{n}{2}\right]$ und $\left[\dfrac{n-1}{2}\right]$ die größten ganzen Zahlen unterhalb $\dfrac{n}{2}$ und $\dfrac{n-1}{2}$ bedeuten. Durch Schluß von n auf n + 1 lassen sich diese Formeln allgemein sofort beweisen. Uebrigens liefert außer dem durch diese Formeln bestimmten Koeffizientenpaar $(A_n,\, B_n)$ auch das Paar $(-A_n,\, -B_n)$ dieselbe ζ-Substitution. Von diesen beiden Paaren wollen wir stets dasjenige auswählen, das die auf Seite 49 und 54 angegebenen Vorzeichenbedingungen befriedigt.

Die Zahl q ist eine im Kreiskörper $K(t)$ der $2k^{\text{ten}}$ Einheitswurzeln enthaltene reelle Einheit und folglich

$$w^2 = \frac{1}{q^2}\,(q^2 - 1) \quad \text{eine in } K(t) \text{ enthaltene ganze Zahl;}$$

ferner sind die ε_h und η_h für ungerades k ganze Zahlen, für gerades k beide gleich ganzen Zahlen vermehrt um $1/2$; infolgedessen haben d i e K o e f f i z i e n t e n d e r N e t z b e w e g u n g e n d i e F o r m

$$A = G(t) \;,\; B = \sqrt{q^2 - 1}\; H(t)$$

f ü r u n g e r a d e s k, d a g e g e n f ü r g e r a d e s k die b e i d e n F o r m e n

$$A = G(t) \;,\; B = \sqrt{q^2 - 1}\; H(t) \quad \text{oder}$$
$$A = t^{1/2} \cdot G(t); \; B = t^{1/2}\sqrt{q^2 - 1}\; H(t)\,,$$

j e n a c h d e m d i e N e t z b e w e g u n g v o n d e r e r s t e n o d e r z w e i t e n A r t i s t. Hierbei bedeuten $G(t)$ und $H(t)$ ganze Zahlen des Körpers $K(t)$, die noch an die Beziehung

$$G(t)\,\overline{G(t)} - (q^2 - 1)\,H(t)\cdot\overline{H(t)} = 1$$

geknüpft sind. Das Bildungsgesetz dieser Zahlen ist in den obigen Formeln angegeben, aber es besteht noch die Frage, ob sich dieses Gesetz nicht zahlentheoretisch einfach charakterisieren läßt. Einige einfache Eigenschaften, die die Zahlen $G(t)$ und $H(t)$ erfüllen müssen, ergeben sich daraus, daß die Netzbewegungen Verschiebungen mit oder ohne Klappung darstellen. Es ist auch möglich, von einem gegebenen Zahlenpaar $G(t)$, $H(t)$ festzustellen, ob es eine Netzbewegung liefert; man braucht zu dem Zwecke nur die auf pg. 90 angegebenen Methoden einzuschlagen, die wir sogleich noch genauer untersuchen wollen. Die zu erstrebende Lösung des P r o b l e m s d e r z a h l e n t h e o r e t i s c h e n

Charakterisierung der Netzbewegungskoeffizienten ist damit aber noch keineswegs gewonnen. Wir wollen auch nicht weiter hierauf eingehen, da diese Fragen für die Anwendungen auf die Topologie von geringerer Bedeutung sind, sondern zunächst die analytische Lösung des Identitäts- und Transformationsproblems zu Ende führen.

Mit der Bestimmung der Netzbewegungkoeffizienten ist zunächst das Identitätsproblem sofort wieder erledigt. Damit ein Ausdruck in den erzeugenden Operationen das Einheitselement liefert, müssen die Koeffizienten der zugehörigen ζ-Substitution die Werte

$$A = 1 \quad B = 0$$

haben, und damit zwei Ausdrücke S_1 und S_2 identische Elemente darstellen, müssen die zugehörigen Netzbewegungskoeffizienten identisch, also

$$A_2 = A_1 \quad , \quad B_2 = B_1$$

sein. Wir brauchen hier nicht ausdrücklich hinzuzufügen, daß die dargestellten Bewegungen auch gleicher Art sein müssen, denn in den Relationen für die Koeffizienten ist diese Eigenschaft schon enthalten. Würde es nämlich in der Gruppe der Netzbewegungen zwei Bewegungen verschiedener Art, aber mit den gleichen Koeffizienten geben, so müßte auch die Substitution $\zeta = \bar{\zeta}$ eine Netzbewegung darstellen; das aber ist schon deswegen nicht möglich, weil die Gruppe reine Klappungen nicht aufweist.

Die Lösung des Transformationsproblems erfordert indessen die analytische Behandlung der Theorie der Achsenbilder. Eine notwendige Bedingung für die Gleichberechtigung zweier ζ-Substitutionen ist zunächst die Gleichheit der Achsenlängen, die analytisch in der Relation

$$|\,A_2\,| = |\,A_1\,| \quad \text{für Bewegungen erster Art und}$$
$$|\,C_2\,| = |\,C_1\,| \quad \text{für Bewegungen zweiter Art}$$

ihren Ausdruck findet. Um dagegen hinreichende Bedingungen zu erhalten, müssen wir die Achse wieder auf einen Fundamentalbereich abbilden.

Als solchen Fundamentalbereich werden wir auch hier zweckmäßig nicht die einzelne Netzmasche, sondern das von den Mittelsenkrechten der von $\zeta = 0$ ausgehenden $2\,k$ Netzseiten gebildete reguläre $2k$-seitige Polygon vom Polygonwinkel $\dfrac{2\pi}{2\,k}$ benutzen.

Dieses Polygon, dessen Seiten wir mit $\bar{c}_h$ bezeichnen, wobei $\bar{c}_h$ die c_h schneidende Seite bedeutet, werden wir kurz wieder reduziertes Polygon nennen. Das reduzierte Polygon gibt nun Anlaß zu einem Gruppenbilde zweiter Art für die Fundamentalgruppe, bei dem jedem Element S der Fundamentalgruppe dasjenige Polygon S zugeordnet ist, welches aus dem reduzierten Polygon durch die Netzbewegung S entsteht.

Unter den Elementen der Fundamentalgruppe sind diejenigen ausgezeichnet, bei denen die Achse der zugehörigen Netzbewegung das reduzierte Polygon schneidet; sie mögen deshalb reduzierte Elemente genannt werden. Jedes Element der Fundamentalgruppe ist einem reduzierten Element gleichberechtigt. Gleichberechtigte Elemente fassen wir zu einer Klasse zusammen. Es gilt auch hier der Satz von der Endlichkeit der Klassenanzahl für eine gegebene Achsenlänge, d. h. es gibt nur endlich viele Klassen von Elementen, die gleiche Achsenlänge besitzen.

Um zunächst festzustellen, wie man ein gegebenes Element in ein reduziertes Element transformieren kann, müssen wir die umfassendere Aufgabe der V e r - l e g u n g   e i n e s   P u n k t e s   d e r   h y p e r b o l i - s c h e n E b e n e i n d e n ä q u i v a l e n t e n P u n k t   d e s   r e d u z i e r t e n   P o l y g o n s behandeln, die wir nach genau denselben Methoden wie in § 4 erledigen können.

Die **2 k** Ecken des reduzierten Polygons haben die Koordinaten

$$\zeta = \mathbf{v}\, \mathbf{t}^{\nu + 1/2} \qquad (\nu = 0,\, 1,\, 2,\, \cdots 2\mathbf{k} - 1);$$

da sie alle äquivalent sind, so wollen wir von ihnen nur die Ecke

$$\zeta_0 = \mathbf{v}\, \mathbf{t}^{1/2}$$

als dem reduzierten Polygon angehörig betrachten; die Größe v hat hierbei den Wert

$$\mathbf{v} = \mathrm{Th}\,\frac{\mathbf{r}}{2} = \sqrt{\cos\frac{2\pi}{2\mathbf{k}}} \cdot$$

Die Gleichung der durch die beiden Ecken $\mathbf{v}\, \mathbf{t}^{\nu \pm 1/2}$ gehenden Polygonseite $\bar{c}$ ist

$$\mathbf{w}\, (\zeta\, \bar{\zeta} + 1) - (\mathbf{t}^{-\nu}\, \zeta + \mathbf{t}^{\nu}\, \bar{\zeta}) = 0 \,,$$

und zwar ist

$$\nu = 2\mathbf{l} - 2 \;\; \text{für die Seite } \bar{\mathbf{a}}_1$$
$$\nu = 2\mathbf{l} - 1 \;\; \text{,,} \quad \text{,,} \quad \text{,,} \quad \bar{\mathbf{a}}_1^{-1} \,.$$

Die beiden Seiten $\bar{\mathbf{a}}_1$ und $\bar{\mathbf{a}}_1^{-1}$ sind äquivalent; demzufolge wollen wir nur die Seiten $\bar{\mathbf{a}}_1$ dem reduzierten Polygon zurechnen. Des weiteren bezeichnen wir die vom Punkte $\zeta = 0$ ausgehenden Strahlen, die durch die Ecken des reduzierten Polygons führen, als E c k e n s t r a h - l e n. Diese Eckenstrahlen teilen die hyperbolische Ebene in **2 k** Winkelräume $\mathbf{W}_c$, wobei der Index c die von $\zeta = 0$ ausgehende Polygonseite angibt, die im Winkelraum $\mathbf{W}_c$ liegt.

Sei nun $\zeta = \rho\, e^{i\varphi}$ ein Punkt der hyperbolischen Ebene; der Winkelraum, dem er angehört, wird bestimmt durch die Ungleichung

$$\left| \nu_0 \frac{2\pi}{2\mathrm{k}} - \varphi \right| \leqq \frac{\pi}{2\mathrm{k}} ,$$

die, falls ζ nicht auf einem Eckenstrahl liegt, nur durch eine Zahl ν_0 befriedigt werden kann, aber, falls ζ einem Eckenstrahl angehört, zwei ν_0 von der Differenz 1 als Lösung besitzt. Außerhalb des reduzierten Polygons liegt der Punkt ζ, wenn

$$\frac{1+\rho^2}{2\rho} \leqq \frac{1}{\mathrm{w}} \cos\left(\nu_0 \frac{2\pi}{2\mathrm{k}} - \varphi \right)$$

ist, wobei aber das Gleichheitszeichen nur für die Zahlen 0, 2, 4, $\cdots 2\mathrm{k}$ und, falls $\left| \nu_0 \frac{2\pi}{2\mathrm{k}} - \varphi \right| = \frac{\pi}{2\mathrm{k}}$ ist, nur für die Zahl $\nu_0 = 0$ gilt. Liegt nun ζ außerhalb des reduzierten Polygons, so übe man auf ζ die erzeugenden Operationen aus und bestimme unter ihnen diejenige, die ζ in einen möglichst nahe am reduzierten Polygon gelegenen Punkt $\zeta_1 = \rho_1\, \mathrm{e}^{i\varphi_1}$ überführt, d. h. in den Punkt ζ_1, für den ρ_1 seinen kleinsten Wert besitzt. Es ist

$$\zeta_1 = \frac{\alpha_1 \bar{\zeta} + \bar{\beta}_1}{\beta_1 \bar{\zeta} + \bar{\alpha}_1} ,$$

also

$$1 - \rho_1^2 = 1 - \zeta_1 \bar{\zeta}_1 = \frac{(\beta_1 \bar{\zeta} + \bar{\alpha}_1)(\bar{\beta}_1 \zeta + \alpha_1) - (\alpha_1 \bar{\zeta} + \bar{\beta}_1)(\bar{\alpha}_1 \zeta + \beta_1)}{(\beta_1 \bar{\zeta} + \bar{\alpha}_1)(\bar{\beta}_1 \zeta + \alpha_1)}$$

$$= \frac{(\beta_1 \bar{\beta}_1 - \alpha_1 \bar{\alpha}_1)\, \zeta \bar{\zeta} + (\alpha_1 \bar{\alpha}_1 - \beta_1 \bar{\beta}_1)}{\beta_1 \bar{\beta}_1 \zeta \bar{\zeta} + \alpha_1 \beta_1 \bar{\zeta} + \bar{\alpha}_1 \bar{\beta}_1 \zeta + \alpha_1 \bar{\alpha}_1}$$

$$= \frac{1 - \zeta \bar{\zeta}}{\mathrm{q}^2 \left\{ \mathrm{w}^2 \zeta \bar{\zeta} + 1 + \mathrm{w}\, (\mathrm{t}^{\eta_1 + \varepsilon_1} \bar{\zeta} + \mathrm{t}^{-(\eta_1 + \varepsilon_1)} \zeta) \right\}}$$

$$= \frac{1 - \rho^2}{\mathrm{q}^2 \left\{ 1 + \mathrm{w}^2 \rho^2 + 2\mathrm{w}\rho\, \cos\left[(\nu_1 + \mathrm{k} + \mu_1) \frac{2\pi}{2\mathrm{k}} - \varphi \right] \right\}}$$

$$= \frac{1 - \rho^2}{\mathrm{q}^2 \left\{ 1 + \mathrm{w}^2 \rho^2 - 2\mathrm{w}\rho\, \cos\left((\nu_1 + \mu_1) \frac{2\pi}{2\mathrm{k}} - \varphi \right) \right\}} .$$

Es nimmt somit ρ_1 seinen kleinsten oder $1 - \rho_1^2$ seinen größten Wert an, wenn $\left((\nu_1 + \mu_1) \dfrac{2\pi}{2k} - \varphi \right)$ den kleinsten möglichen Wert besitzt, d. h. wenn $\nu_1 + \mu_1$ gleich der oben bestimmten Zahl ν_0 ist. Die Zahl ν_1, die uns die gesuchte Operation bestimmt, hat also den Wert $\nu_0 - \mu_1$. Schneidet daher der von $\zeta = 0$ nach $\zeta = \rho e^{i\varphi}$ gezogene Strahl die Seite $\bar{c}_1$ des reduzierten Polygons, m. a. W. liegt der gegebene Punkt ζ im Winkelraum W_{c_1}, so ist c_1^{-1} diejenige Operation, durch deren Anwendung der Punkt ζ in einen dem reduzierten Polygon möglichst nahe gelegenen Punkt ζ_1 übergeführt wird. Liegt der Punkt ζ aber auf einem Eckenstrahl und sind W_{c_1} und $W_{c_1'}$ die beiden in diesem Eckenstrahl aneinander grenzenden Winkelräume, so führen die beiden Operationen $\bar{c}_1^{-1}$ und $c_1'^{-1}$ den Punkt ζ in Punkte ζ_1 und ζ_1' über, die gleichweit von $\zeta = 0$ entfernt sind. Wenn aber ζ nicht auf einem Eckenstrahl liegt, so ist durch unsere Forderung die Operation c_1^{-1} eindeutig bestimmt.

Man wende nun auf ζ_1 dasselbe Verfahren an und bestimme eine Operation c_2^{-1}, die ζ_1 in einen dem Punkt $\zeta = 0$ möglichst nahe gelegenen Punkt ζ_1 überführt, und fahre in dieser Weise fort, bis man schließlich zu einem dem reduzierten Polygon angehörigen Punkte ζ_n gelangt. Wie früher läßt sich hier zeigen, daß das Verfahren in endlich vielen Schritten zum Ziele führt. Ist nun

$$c_1^{-1}, \, c_2^{-1}, \, \cdots \cdot c_n^{-1}$$

die Reihe der in dieser Weise bestimmten Operationen, so ist

$$W^{-1} = c_n^{-1} \, c_{n-1}^{-1} \cdots c_2^{-1} \, c_1^{-1}$$

das Element, durch dessen Anwendung ζ in das reduzierte Polygon verlegt wird. Der Punkt ζ liegt demzufolge im Polygon

$$W = c_1\, c_2 \cdots c_n$$

der zweiten Einteilung.

Sei nunmehr S ein Element, dessen Achse das reduzierte Polygon nicht schneidet, so bestimme man eine Operation T^{-1}, die einen Punkt der Achse von S, etwa den Fußpunkt des Achsenlotes, in das reduzierte Polygon verlegt; dann ist

$$R = T^{-1}\, S\, T$$

ein reduziertes Element. Das Achsenbild liefert uns dann wieder eine k a n o n i s c h e D a r s t e l l u n g von R, aus der alle andern mit R gleichberechtigten reduzierten Elemente durch zyklische Vertauschung hervorgehen. Wenn die Achse von R durch Polygonecken der zweiten Einteilung geht, so erscheinen in der kanonischen Darstellung wieder Aggregate von k im Sinne der Fundamentalrelation aufeinander folgenden Erzeugenden, die bei der zyklischen Vertauschung als Ganze zu behandeln sind. Auf alle diese Dinge brauchen wir hier nicht mehr genau einzugehen, weil wir sie bei den zweiseitigen Flächen schon ausführlich auseinander gesetzt haben. Schließlich findet das Transformationsproblem auch hier seine völlige Erledigung in dem Satz: Z w e i A u s d r ü c k e S_1 u n d S_2 s t e l l e n n u r d a n n g l e i c h b e r e c h t i g t e E l e m e n t e d a r , w e n n d i e k a n o n i s c h e n D a r s t e l l u n g e n v o n i r g e n d z w e i i h n e n g l e i c h b e r e c h t i g t e n r e d u z i e r t e n E l e - m e n t e n R_1 u n d R_2 b i s a u f z y k l i s c h e V e r - t a u s c h u n g e n i d e n t i s c h s i n d .

§ 7.

Kombinatorische Lösung des Transformationsproblems für geschlossene einseitige Flächen.

Nunmehr wollen wir auf die Frage eingehen, wie man das Identitäts- und Transformationsproblem rein kombinatorisch ohne analytische Rechnung lösen kann. Die analytische Bestimmung der „Normalform" $W = c_1 c_2 \cdots c_n$, die uns das Polygon der zweiten Einteilung angibt, in dem ein gegebener Punkt ζ der hyperbolischen Ebene gelegen ist, ist nach genau denselben Prinzipien erfolgt, die bei den Fundamentalgruppen zweiseitiger Flächen zur Anwendung gelangt sind. Zunächst haben wir die Forderung aufgestellt, daß unter den 2k Verbindungsstrecken des Punktes $\zeta = \rho e^{i\varphi}$ mit den Netzpunkten $c_1 c_2 \cdots c_i c$, wobei c die Reihe der erzeugenden Operationen $a_i^{\pm 1}$ durchläuft, diejenige, deren Endpunkt der Netzpunkt $c_1 c_2 \cdots c_i c_{i+1}$ ist, die kürzeste sein soll. Gleichbedeutend mit dieser Forderung hat sich der Satz erwiesen, daß der Strahl vom Punkte $\zeta = 0$ nach dem dem Punkte $\zeta = \rho e^{i\varphi}$ äquivalenten Punkte ζ_i des Polygons $c_{i+1} c_{i+1} \cdots c_n$ die Seite $\bar{c}_{i+1}$ des reduzierten Polygons schneidet oder im Winkelraum $W_{c_{i+1}}$ liegt. Bezeichnen wir die hyperbolische Länge der Verbindungsstrecke von $\zeta = 0$ mit ζ_i durch V_i, so ergibt sich aus der Relation $\operatorname{Th} \dfrac{V_i}{2} = \sqrt{\zeta_i \bar{\zeta}_i}$ und der von uns analytisch hergeleiteten Ungleichung $\zeta_{i+1} \bar{\zeta}_{i+1} \leqq \zeta_i \bar{\zeta}_i$, daß

$$V_{i+1} \leqq V_i$$

ist; das Gleichheitszeichen gilt dabei nur dann, wenn

der Punkt ζ_i auf einer der nicht zum reduzierten Polygon gehörigen Seiten $\bar{a}_h{}^{-1}$ oder in einer der nicht zum reduzierten Polygon gehörigen Ecken $v\,t^{\nu+\frac{1}{2}}$ $(\nu \neq 0)$ liegt.

Hieraus folgen nun wieder die Sätze: D e r N o r m a l s t r e c k e n z u g e n t h ä l t k e i n e A g g r e g a t e , d i e g e s c h l o s s e n e S t r e c k e n z ü g e o d e r D o p p e l s t r e c k e n z ü g e i m N e t z e b i l d e n . F ü r a l l e P u n k t e ζ , d i e n i c h t e i n e m a u f e i n e r d u r c h $\zeta = 0$ g e h e n d e n D i a g o n a l e d e s r e d u z i e r t e n P o l y g o n s g e l e g e n e n P u n k t e ä q u i v a l e n t s i n d , i s t d e r z u g e h ö r i g e N o r m a l s t r e c k e n z u g e i n d e u t i g b e s t i m m t . E r g e h ö r t g a n z d e m s e l b e n W i n k e l r a u m w i e ζ a n . Fügt man für die Punkte ζ, die auf einem Eckenstrahl liegen, diese Eigenschaft als neue Forderung hinzu, d. h. rechnet man ζ zu einem bestimmten von den beiden Winkelräumen $W_{c_i'}$ und $W_{c_i''}$, die in jenem Eckenstrahl zusammenstoßen, so sind nur zwei Streckenzüge

$$c_1'\, c_2' \cdots c_n' \quad \text{und} \quad c_1''\, c_2'' \cdots c_n''$$

möglich, die unsere Forderungen befriedigen; der eine dieser beiden Streckenzüge entsteht aus dem andern durch Spiegelung an dem durch ζ gehenden Eckenstrahl; wir bezeichnen diese beiden Streckenzüge kurz als ä q u i v a l e n t e E c k e n s t r a h l z ü g e . J e d e m P u n k t e ζ d e r h y p e r b o l i s c h e n E b e n e i s t n u n e i n S t r e c k e n z u g e i n d e u t i g z u g e o r d n e t ; n u r w e n n e i n P u n k t ζ_i a u f e i n e n E c k e n s t r a h l f ä l l t , s i n d z w e i E n d e n $c_{i+1}' \cdots c_n'$ u n d $c_{i+1}'' \cdots c_n''$ m ö g l i c h , d i e a b e r ä q u i v a l e n t e E c k e n s t r a h l z ü g e b i l d e n . Endlich gilt auch hier noch, d a ß d e r N o r m a l s t r e c k e n z u g k e i n e A g g r e g a t e e n thält, die mehr als die Hälfte einer Netzmasche umfassen.

Ist nun irgend ein Ausdruck S in den Erzeugenden gegeben, so eliminieren wir aus ihm in der auf pg. 97 geschilderten Weise nach und nach alle reduziblen Doppelstrecken, Maschenteile und Halbmaschen, bis schließlich keine reduziblen Aggregate mehr in ihm enthalten sind. Den durch diese Umformung entstandenen Ausdruck nennen wir einen Normalausdruck für das Element S. Auf genau demselben Wege wie im fünften Paragraphen ergibt sich auch hier der wichtige Satz: Ein Normalausdruck ist stets mit einer Normalform seines Elementes identisch.

Für ein Element mit zwei Normalformen besteht der Unterschied zwischen diesen Normalformen nur darin, daß ihre nicht gemeinsamen Enden W′ und W″ äquivalente Eckenstrahlzüge sind. Die Normalausdrücke für W′ und W″ werden uns aber sofort geliefert durch die Halbmaschenzüge, die durch die vom Eckenstrahl O W durchschnittenen Polygone des Dehnschen Gruppenbildes bestimmt werden. Wir setzen zur Abkürzung bei geradem k

$$s = a_l \cdot a_{l+1} a_{l+1} \cdots a_{l+\frac{k}{2}-1} a_{l+\frac{k}{2}-1} a_{l+\frac{k}{2}}$$
$$= a_l^{-1} a_{l-1}^{-1} a_{l-1}^{-1} \cdots a_{l+\frac{k}{2}+1}^{-1} a_{l+\frac{k}{2}+1}^{-1} a_{l+\frac{k}{2}}^{-1} \quad \right\} \text{für } m=2l-2$$

$$s = a_{l+1} a_{l+1} \cdots a_{l+\frac{k}{2}-1} a_{l+\frac{k}{2}-1} a_{l+\frac{k}{2}} a_{l+\frac{k}{2}}$$
$$= a_l^{-1} a_l^{-1} a_{l-1}^{-1} a_{l-1}^{-1} \cdots a_{l-\frac{k}{2}+2}^{-1} a_{l-\frac{k}{2}+2}^{-1} a_{l-\frac{k}{2}+1}^{-1} a_{l-\frac{k}{2}+1}^{-1} \quad \right\} \text{für } m=2l-1$$

und bei ungeradem k

$$s = a_l \cdot a_{l+1} a_{l+1} \cdots a_{l+\frac{k-1}{2}} a_{l+\frac{k-1}{2}}$$
$$= a_l^{-1} a_{l-1}^{-1} a_{l-1}^{-1} \cdots a_{l-\frac{k-1}{2}}^{-1} a_{l-\frac{k-1}{2}}^{-1} \quad \right\} \text{für } m=2l-2$$

$$s = a_{l+1} a_{l+1} \cdots a_{l+\frac{k-1}{2}} a_{l+\frac{k-1}{2}} a_{l+\frac{k+1}{2}}$$
$$= a_l^{-1} a_l^{-1} a_{l-1}^{-1} a_{l-1}^{-1} \cdots a_{l-\frac{k-3}{2}}^{-1} a_{l-\frac{k-3}{2}}^{-1} a_{l-\frac{k-1}{2}}^{-1} \quad \right\} \text{für } m=2l-1$$

und unterscheiden bei diesen Paaren äquivalenter Halbmaschenausdrücke den ersten vom zweiten durch die Bezeichnungen s$'$ und s$''$. Die Normalausdrücke äquivalenter Eckenstrahlzüge sind dann bei geradem k

$$\{s'_{(m)}\}^n = \{s''_{(m)}\}^n$$

und bei ungeradem k

$$\{s'_{(m)}\, s''_{(m)}\}^n \{s'_{(m)}\}^h = \{s''_{(m)}\, s'_{(m)}\}^n \{s''_{(m)}\}^h\,,$$

wobei h entweder 0 oder 1 bedeuten kann.

Auch hier wollen wir nun den Begriff des Normalausdrucks dahin beschränken, daß von den beiden äquivalenten Normalformen bloß diejenige als Normalausdruck bezeichnet werden soll, bei der die letzte Halbmasche bezüglich der Anfangsstrecke c_1 nicht reduzibel ist. Damit ist für jedes Element ein Normalausdruck eindeutig bestimmt; nur bei den äquivalenten Eckenstrahlzügen, die wir oben dargestellt haben, liefern die beiden Normalformen bei geradem k stets, aber bei ungeradem k nur für h $= 0$ auch Normalausdrücke, die unsere Festsetzung befriedigen; ist bei ungeradem k dagegen h $= 1$, so ist unter den beiden Normalformen keine vorhanden, die unserer Forderung genügt; um jedoch lästige Ausnahmebestimmungen zu vermeiden, wollen wir auch in diesem Falle die beiden Normalformen als Normalausdrücke bezeichnen. Dann aber gilt der Satz: Zwei Ausdrücke stellen dann und nur dann identische Elemente dar, wenn ihre Normalausdrücke identisch sind oder Normalausdrücke äquivalenter Eckenstrahlzüge darstellen. Mit Hilfe dieses Satzes ist die Lösung des Identitätsproblems wieder auf rein kombinatorischem Wege durchgeführt, und wir werden nunmehr in ähnlicher Weise auch das Transformationsproblem zu lösen versuchen.

Auch hier werden wir uns wieder zu jedem Normalausdruck einen N o r m a l z y k l u s verschaffen, indem wir aus dem Zyklus des Normalausdrucks in der bekannten Weise reduzible Aggregate sukzessive eliminieren. Dabei brauchen wir wieder nur die Elemente zu betrachten, die bloß einen Normalausdruck zulassen, denn bei den Elementen mit doppeltem Normalausdrucke ergeben beide Ausdrücke ohne weitere Umgestaltung auch Normalzykeln. Allerdings müssen wir in Uebereinstimmung mit dem Umstand, daß wir bei ungeradem k die äquivalenten Normalformen

$$\left\{s'_{(m)}\, s''_{(m)}\right\}^n s'_{(m)} \quad \text{und} \quad \left\{s''_{(m)}\, s'_{(m)}\right\}^n s''_{(m)}$$

als Normalausdrücke bezeichnet haben, auch ihre Zykeln als Normalzykeln ansehen.

Die Methode zur Bestimmung des Normalzyklus, der zu einem gegebenen Normalausdruck gehört, ist von der Ersetzung der Zahl 2p durch die Zahl k abgesehen genau dieselbe wie im fünften Paragraphen. Ihre Begründung erfordert jedoch noch einige Modifikationen, sodaß wir ihren Gang hier kurz wiederholen wollen. Wir konstruieren zunächst einen Streckenzug $X_0 X_1 \cdot X_1 X_2$, dessen beide Teile den gegebenen Normalausdruck S darstellen. Wenn bei X_1 kein reduzibles Aggregat entsteht, so ist S der Normalausdruck eines a u s g e z e i c h n e t e n E l e m e n t e s, d. h. S liefert ohne weitere Umgestaltung einen Normalzyklus. Den ersten gemeinsamen Punkt von $X_0 X_1$ mit $X_1 X_2$ nennen wir Y_1. Der Zug $Y_1 X_1$ auf $X_0 X_1$ ist dann die Normalform eines Elementes T und der Zug $X_1 Y_1$ auf $X_1 X_2$ die Normalform des inversen Elementes T^{-1}. Es zeigt sich auch hier, daß die nicht gemeinsamen Teile unserer beiden Züge zwischen X_1 und Y_1 ä q u i v a l e n t e K e t t e n z ü g e $A\, A'\, B' \cdots M'\, N'$ und $A\, B \cdots M\, N\, N'$

von der früher beschriebenen Art ergeben. Die Form solcher Kettenzüge läßt sich leicht feststellen mit Hilfe des Umstandes, daß die durch Maschenteile von $k-1$ Strecken getrennten Seiten $A A'$, $B B'$, $\cdots M M'$, $N N'$ bei geradem k abwechselnd die Bezeichnung

$$a_h \quad \text{und} \quad a^{-1}_{h+\frac{k}{2}}$$

tragen und bei ungeradem k, je nachdem die erste Strecke von $A' B'$ mit a_h oder a_{h+1} bezeichnet ist, der Reihe nach

$$a_h \,,\, a^{-1}_{h+\frac{k-1}{2}} \,,\, a_{h-1} \,,\, a^{-1}_{h-1+\frac{k-1}{2}} \,,\, a_{h-2} \,,\, a^{-1}_{h-2+\frac{k-1}{2}} \,,\, \cdots$$

oder

$$a_h \,,\, a^{-1}_{h+\frac{k+1}{2}} \,,\, a_{h+1} \,,\, a^{-1}_{h+1+\frac{k+1}{2}} \,,\, a_{h+2} \,,\, a^{-1}_{h+2+\frac{k+1}{2}} \,,\, \cdots$$

benannt sind.

Durch das auf pg. 105 beschriebene Ausschaltungsverfahren gelangen wir zunächst vom Zyklus S zum Zyklus des durch den Zug $Y_0 Y_1$ gelieferten Ausdruckes, der die Normalform eines mit S gleichberechtigten Elementes $S' = T S T^{-1}$ liefert. Besteht nun das Ende des Zuges $Y_0 Y_1$ aus einer Halbmasche, die mit den ersten $k-1$ Strecken des Zuges $Y_1 Y_2$ zusammen einen reduziblen Maschenteil von $2k-1$ Strecken erzeugt, so betrachten wir die Kette $\cdots L_1 M_1 N_1 N_1' M_1' L_1' \cdots$, bei welcher der Teil $M_1 N_1 N_1' M_1'$ mit jenem Aggregat von $2k-1$ Strecken identisch ist. Es sei $E_1 F_1 F_1' E_1' E_1$ diejenige Masche dieser Kette, von der zuerst einer der Züge $Y_0 Y_1$ oder $Y_1 Y_2$ abspringt. Wir bezeichnen dann den Punkt F_1' mit Y_1^*, um anzudeuten, daß F_1' mit Y_1 zusammenfällt, wenn ein reduzibles Aggregat der eben genannten Art bei Y_1 nicht entsteht. Würde nun der Punkt $Y_0^* = F_0'$ auf $F_1 G_1 \cdots M_1 N_1 Y_1$ liegen, so müßte entweder $S_0' F_0'$ mit dem Teile $H_1 K_1$ zusammenfallen oder $F_0' = Y_0^*$ der Endpunkt der ersten Strecke von $F_1 G_1$ sein. Im letzten Fall würden auf der Masche

$$F_1 \, F_0' \, G_1 \, G_1' \, F_2 \, F_1' \, F_1$$

die Seiten $F_1 \, F_0'$ und $F_2 \, F_1'$ gleiche Bezeichnung haben, was unmöglich ist. Im ersten Falle würde dagegen die Strecke $K_1 \, K_1'$ kongruent $F_1' \, F_1$ sein; das ist bei ungeradem k zwar möglich, wenn $F_0 \, K_0$ aus $(2m + 1)$ k Maschenteilen von k — 1 Strecken besteht, aber es ist dann nicht $H_0 \, K_0$ kongruent $G_1' \, F_1'$, sondern kongruent den k — 1 letzten Strecken der Halbmasche $G_1' \, F_1' \, F_1$; infolgedessen ist auch dieser Fall ausgeschlossen. Durch das bekannte Reduktionsverfahren gelangen wir vom Zuge $Y_0 \, Y_1$ zum Zyklus des Zuges $Y_0^* \, F_1 \, Y_1^*$, der entweder selbst oder sonst nach Ersetzung eines reduziblen Eckenstrahlzuges $Z_1 \, F_1$ durch den äquivalenten Zug ein Normalzug wird. In dem Zyklus des Normalzuges $Y_0^* \, Y_1^*$ treten reduzible Aggregate nur dann auf, wenn Ende $W_1 \, Y_1^*$ von $Y_0^* \, Y_1^*$ und Anfang $Y_1^* \, V_1$ von $Y_1^* \, Y_2^*$ ein reduzibles Aggregat auf einer Netzmasche ergeben, das durch $W_0 \, V_1$ zu ersetzen ist. Der Punkt V_0 kann nicht auf $W_1 \, Y_1^*$ und W_2 nicht auf $Y_1^* \, V_1$ liegen, da sonst $W_1 \, V_0$ und $W_2 \, V_1$ äquivalente Teile auf der Masche $W_1 \, V_0 \, Y_1^* \, W_2 \, V_1 \, W_1$ wären; daraus würde folgen, daß $W_1 \, V_0$ und $W_2 \, V_1$ beide nur aus einer Strecke bestehen könnten und V_0 und W_2 mit Y_1^* zusammenfallen müßten; dann aber würde $W_1 \, V_1$ bloß zwei Strecken aufweisen und keinen reduziblen Maschenteil erzeugen. Somit gelangen wir auch hier zum Zyklus des Zuges $V_0 \, W_1 \, V_1$. Dieser Zug ist im allgemeinen wieder ein Normalzug; er kann nämlich, da $V_0 \, W_1$ als Teil von $Y_0^* \, Y_1^*$ ein Normalzug ist und $W_1 \, V_1$ einer Masche angehört, nur reduziert werden, wenn $V_0 \, W_1$ mit einem bezüglich $W_1 \, V_1$ reduziblen Eckenstrahlzug $Z_1 \, W_1$ endet. Nach Einführung des äquivalenten Eckenstrahlzuges ist aber $V_0 \, Z_1 \cdot Z_1 \, W_1 \cdot W_1 \, V_1$ ein Normalzug, der einen Normalausdruck liefert. Nur wenn $W_1 \, V_1$ eine Halbmasche ist und Z_1 mit V_0 zusammenfällt, könnte unsere Behauptung unrichtig sein. Dann aber wird unser Ausdruck die Normalform eines Eckenstrahlzuges; diese Züge liefern uns aber ohne weitere Umgestaltung Normalzyklen. Vom Zyklus des Normalzuges $V_0 V_1$ gelangen wir endlich, indem wir eventuell noch zum Zuge $V_0' \overline{A_0'} \, \overline{B_0'} \cdots \overline{N_0'} \, \overline{N_0^*} \cdot \overline{N_0^*} \, \overline{Z_1} \cdot \overline{Z_1} \, W_1 V_1'$ bzw. zum Zuge $V_0 Z_1 . Z_1 U_1 \cdot U_1 V_1$ übergehen, zum Normalzuge eines ausgezeichneten Elementes; dabei kann von den beiden hier genannten Formen die erste nur eintreten, wenn $W_1 V_1$ aus mindestens zwei Strekken besteht, die zweite dagegen nur dann, wenn $W_1 V_1$ bloß eine Strecke ist.

Somit ist wieder der Satz bewiesen: J e d e r N o r m a l a u s d r u c k b e s t i m m t e i n d e u t i g e i n e n z u g e h ö r i g e n N o r m a l z y k l u s. Zwei Elemente, deren Normalausdrücke gleiche Normalzykeln ergeben, sind gleichberechtigt, aber es gilt auch hier der Satz: Z w e i E l e m e n t e s i n d von einigen Ausnahmefällen abgesehen d a n n u n d n u r d a n n g l e i c h b e r e c h t i g t , w e n n s i e g l e i c h e N o r m a l z y k e l n e r g e b e n. Die Ausnahmen, die hier eintreten, sind zunächst die Zykeln äquivalenter Eckenstrahlzüge, deren Form wir durch die zyklische Anordnung der pg. 146 mitgeteilten äquivalenten Aggregate erhalten, und ferner die Zykeln der Züge $Q_0 Q_1$ und $Q_0' Q_1'$ auf einer Kette $Q_0 Q_1 Q_1' Q_0' Q_0$ der bekannten Art, bei der die Strecken $Q_0 Q_0'$ und $Q_1 Q_1'$ gleiche Bezeichnung tragen. Setzen wir im Zyklus $a_1 a_1 a_2 a_2 \cdots a_k a_k$ das mit $a_h a_{h+1} \cdots$ beginnende Aggregat von $k - 1$ Strecken gleich A_h und das mit $a_{h+1} a_{h+1}$ beginnende Aggregat von $k - 1$ Strecken gleich A_h', so entstehen die Paare gleichberechtigter Normalzykeln durch die zyklische Anordnung von

$$\left\{ A_h \, A_h'^{\,-1} \right\}^n \quad \text{und} \quad \left\{ A_{h+\frac{k}{2}}^{-1} \, A_{h+\frac{k}{2}}' \right\}^n$$

bei geradem k und

$$\left\{ A_h \; A_{h-1}^{\prime -1} \; A_{h-1} \; A_{h-2}^{\prime -1} \cdots A_h^{\prime -1} \right\}^n \quad \text{und}$$

$$\left\{ A_{h+\frac{k-1}{2}}^{\prime -1} \; A_{h+\frac{k-1}{2}} \; A_{h-1+\frac{k-1}{2}}^{\prime -1} \; A_{h-1+\frac{k-1}{2}} \cdots A_{h+1+\frac{k-1}{2}} \right\}^n$$

bei ungeradem k; hierbei kann n wieder eine beliebige ganze Zahl bedeuten.

Um unsere Behauptung zu beweisen, zeigen wir in genau derselben Art wie im fünften Paragraphen, daß der Normalzyklus jedes mit einem gegebenen ausgezeichneten Element R gleichberechtigten Elementes S entweder mit dem Zyklus von R oder, wenn R zu den oben angegebenen Formen gehört, mit dem R gleichberechtigten Zyklus identisch ist. Zu dem Zwecke konstruieren wir zunächst den R-Zug $\cdots P_{-2} \, P_{-1} \, P_0 \, P_1 \, P_2 \cdots$, dessen einzelne Teile $P_i \, P_{i+1}$ dem Ausdruck R entsprechen. Hat R zwei Normalausdrücke, so wollen wir zur Konstruktion des R-Zuges stets denselben Ausdruck wählen, dagegen bei ungeradem k von den beiden Formen

$$\left\{ s_{(m)}^{\prime} \; s_{(m)}^{\prime\prime} \right\}^n \, s_{(m)}^{\prime} \quad \text{und} \quad \left\{ s_{(m)}^{\prime\prime} \; s_{(m)}^{\prime} \right\}^n \, s_{(m)}^{\prime\prime}$$

abwechselnd die eine und die andere Form benutzen. Durch diese Festsetzungen erreichen wir, daß der R-Zug keine reduziblen Aggregate enthält.

Von den Punkten P_0 und P_1 aus konstruieren wir weiter zwei Streckenzüge $P_0 \, X_0$ und $P_1 \, X_1$, die der Normalform des transformierenden Elementes T entsprechen. Den letzten Punkt, den der Zug $P_0 \, X_0$ mit dem R-Zuge gemeinsam hat, nennen wir Q_0 und betrachten nun den Zug $X_0 \, Q_0 \cdot Q_0 \, Q_1 \cdot Q_1 \, X_1$. Wir bringen in ihm zunächst den Bestandteil $X_0 \, Q_0$ auf diejenige Normalform $\overline{X_0 \, Q_0}$, deren Ende die Form $V_0^* \, V_0 \, Q_0$ besitzt. Sodann stellen wir die Normalform $\overline{X_0 \, Q_1}$ und endlich die Normalform $\overline{X_0 \, X_1}$ fest. Auch hier gilt der Hülfssatz, den wir im fünften Paragraphen bewiesen haben; wir können ihn für unsere Zwecke so formulieren: Enthält der Normalzug $\overline{X_0 \, X_1}$ einen

Punkt des R-Zuges, so führt er auf den gegebenen Normalzyklus. Eine genauere Untersuchung erfordern also die Fälle, in denen die Bedingung dieses Satzes nicht erfüllt ist.

Bei der Herstellung des Normalzuges $\overline{X_0 X_1}$ unterscheiden wir auch hier zwei Fälle:

Fall I.

$V_0 Q_0$ gehört mit $Q_0 A$ oder doch mit der Anfangsstrecke $Q_0 Q_0'$ von $Q_0 A$ zu einer Masche.

Der Normalzug $X_0 Q_1$ hat auch hier eine der Formen

$\overline{X_0 V_0^*} \cdot V_0^* Q_0 \cdot Q_0 Q_1$,

$\overline{X_0 V_0^*} \cdot V_0^* V_0' A \cdot A Q_1$,

$\overline{X_0 Z_0} \cdot Z_0 V_0 \cdot V_0 V_0' A \cdot A Q_1$,

$\overline{X_0 V_0^*} \cdot V_0^* V_0' A' B' \cdot \cdot M' N' N^* \cdot N^* Q_1$,

$\overline{X_0 Z_0} \cdot Z_0 V_0 \cdot V_0 V_0' A' B' \cdot \cdot M' N' N^* \cdot N^* Q_1$,

$\overline{X_0 Z_0} \cdot Z_0 V_0' \cdot V_0' Q_1$ für $V_0' = A$,

$\overline{X_0 Z_0} \cdot Z_0 V_0 \cdot V_0 B' \cdot \cdot N' N^* \cdot N^* Q_1$ für $V_0 = A'$,

$\overline{X_0 V_0^*} V_0^* V_0 Q_0' \cdot Q_0' A \cdot A Q_1$,

$\overline{X_0 V_0^*} V_0^* V_0' Q_0' \cdot Q_0' A \cdot A Q_1$,

$\overline{X_0 Z_0} \cdot Z_0 V_0 \cdot V_0 V_0' Q_0' \cdot Q_0' A \cdot A Q_1$,

wobei die einzelnen Buchstaben dieselbe Bedeutung haben wie im fünften Paragraphen. Das Ende $W Q_1$ des Zuges $Q_0 Q_1$ ist im allgemeinen auch das Ende von $\overline{X_0 Q_1}$; nur wenn $Q_1 = N^* = N'$ wird, ist $M' N'$ das neue Ende und wenn $W = N^* = N$ wird, kann eventl. $N' N Q_1$ das neue Ende werden. Weiter kann der Zug $\overline{X_0 Q_1}$ ein anderes Ende als $Q_0 Q_1$ haben, wenn $Q_0 Q_1$ bloß einer Masche angehört oder wenn W der Anfangspunkt der letzten Strecke von $Q_0 A$ ist. Diese beiden speziellen Fälle sollen zunächst erledigt werden.

Daß man in dem letzten dieser Fälle zu dem gegebenen Normalzyklus gelangt, ergibt sich genau so wie
auf pg. 119. Gehört nun aber $Q_0 Q_1$ bloß einer Masche
an, so hat $\overline{X_0 Q_1}$ entweder die Form $\overline{X_0 V_0} \cdot V_0 Q_0 Q_1$
oder die Form $\overline{X_0 V_0^*} \cdot V_0^* V_0' Q_1' Q_1$. Der Punkt Q_1
verschwindet als Punkt des Normalzuges nur dann,
wenn die letzte Strecke von $\overline{X_0 Q_1}$ einen reduziblen Kettenzug erzeugt oder wenn $Q_1 Q_1'$ die erste Strecke von
$Q_1 V_1$ ist· Im ersten Falle aber geht der Zug $X_0 X_1$ entweder durch Q_0 oder die Strecken $Q_0 Q_0'$ und $Q_1 Q_1'$
der Masche $Q_0 Q_1 Q_1' V_0 Q_0' Q_0$ tragen gleiche Bezeichnung, **was wegen** $Q_0 \neq Q_1$ **unmöglich ist.** Im zweiten
Falle müßten $Q_1 Q_1'$ und $Q_0 Q_0'$ gleichbezeichnet sein,
was ebenfalls bei unserer Bezeichnung der Netzseiten
nicht eintreten kann.

Wird $Q_1 = N'$, so ergibt sich wie auf pg. 120, daß
der Normalzug $\overline{X_0 X_1}$ den Punkt N' enthält; somit
brauchen wir nur noch Züge mit dem Ende WQ_1 bzw.
$N' N Q_1 = N' W Q_1$ zu betrachten. Da WQ_1 bloß mit
der ersten Strecke $Q_1 Q_1'$ von $Q_1 V_1$ zu einer Masche
gehören kann, so können bei Q_1 im allgemeinen keine
reduziblen Maschenteile entstehen. Als Punkt des Normalzuges $\overline{X_0 X_1}$ kann Q_1 nur dann verschwinden, wenn
$WQ_1 Q_1'$ bzw. $N' WQ_1 Q_1'$ reduzibel ist, d. h. durch
WQ_1' bzw. $N' Q_1'$ ersetzt werden muß. Im ersten Fall
geht aber $\overline{X_0 X_1}$ durch den Punkt W des R-Zuges, im
zweiten Fall hat $\overline{X_0 X_1}$ die Form

$$\overline{X_0 V_0^*} \cdot V_0^* A' B' \cdot \cdot N' Q_1' V_1 \cdot V_1 X_1 ,$$

und wenn $Q_1' = V_1$ ist, eventuell auch die Form

$$\overline{X_0 V_0^*} \cdot V_0^* A' B' \cdot \cdot N' V_1' A_1' \cdot \cdot N_1^* X_1 .$$

Der Punkt V_0^* spielt hier wieder die Rolle von Y_0^*
oder Y_0 und der Zyklus von $V_0^* V_1^*$ ist identisch mit
dem Zyklus des Zuges

$$Q_0' \, V_0 \, V_0' \, A' \, B' \cdots M' \, N'.$$

Wenn $Q_0' \, V_0 \, V_0' \, A'$ aus mehr als $k-1$ Strecken besteht, so gelangen wir zu dem Zyklus von $Q_0 \, Q_1$; wenn dagegen $Q_0' \, V_0 \, V_0' \, A'$ bloß $k-1$ Strecken umfaßt, so bilden $Q_0 \, Q_1$ und $Q_0' \, Q_1'$ die Normalzüge eines Paares gleichberechtigter ausgezeichneter Elemente mit verschiedenem Normalzyklus und haben die oben mitgeteilten Formen. Für den Fall I. sind damit unsere Behauptungen bewiesen.

Fall II.

$V_0 \, Q_0$ gehört nicht ganz, also höchstens mit seiner letzten Strecke zu einer Masche mit $Q_0 \, A$ bzw. $Q_0 \, Q_0'$.

Hier sind zunächst für $\overline{X_0 \, Q_1}$ nur die Normalformen

$$\overline{X_0 \, Q_0} \cdot Q_0 \, Q_1 \,, \quad \overline{X_0 \, Z_0} \cdot Z_0 \, Q_0 \cdot Q_0 \, Q_1 \,,$$

$$\overline{X_0 \, Q_0'} \cdot Q_0' \, A' \, B' \cdots M' \, N' \, N^* \cdot N^* \, Q_1 \,,$$

$$\overline{X_0 \, Z_0} \cdot Z_0 \, Q_0' \cdot Q_0' \, A' \, B' \cdots M' \, N' \, N^* \cdot N^* \, Q_1$$

möglich. Sodann gehen wir über zum Zuge $\overline{X_0 \, F} \cdot F \, X_1$. Würde der Punkt Q_0 auf dem Zuge $F' \, G' \cdots M' \, N'$ liegen, so müßte er auch hier entweder mit einem der Punkte $F', G' \cdots M', N'$ zusammenfallen oder es müßte die letzte Strecke der Halbmasche $V_0' \, Q_0' \, Q_0$ mit der ersten Strecke von $F' \, G'$ identisch sein. Ist aber $Q_0 = K'$, so muß $H' \, K'$ kongruent $M \, N$ sein, was bei unserer Bezeichnung der Netzseiten nicht möglich ist; ist $Q_0 = G'$, so könnte auch $F \, F' \, G' = V_0' \, Q_0' \, Q_0$ denkbar sein, indessen ist auch dies durch unsere Bezeichnung der Netzseiten ausgeschlossen. Ebenso ist es bei unserer Bezeichnung der Netzseiten nicht möglich, daß $Q_0' \, Q_0$ mit der Anfangsstrecke von $F' \, G'$ zusammenfällt, wie man durch Betrachtung der von uns angegebenen Formen der Züge $A' \, B' \cdots M' \, N'$ leicht erkennt. Wie auf pg. 126

folgt nun weiter, daß der Fall $Q_0 = F'$ auf den gegebenen Normalzyklus führt, sodaß wir im Zuge

$$\overline{X_0\,Q_0}\cdot Q_0\,F'\cdot F'\,F$$

den Punkt Q_0 von F' verschieden annehmen dürfen. Die weitere Betrachtung geht nun ohne jegliche neue Ueberlegung genau so wie im fünften Paragraphen vor sich. Infolgedessen gilt auch hier unser Satz, mit dessen Hilfe das Transformationsproblem für die Fundamentalgruppen einseitiger Flächen rein kombinatorisch gelöst ist.

Auch die Frage nach der H o m o l o g i e zweier Kurven auf der Fläche läßt sich leicht beantworten. Die A b e l s c h e G r u p p e unserer Fläche ist nämlich ebenfalls definiert durch die wesentliche Relation $a_1^2\,a_2^2\cdots a_k^2 = 1$ zwischen ihren Erzeugenden $a_1,\,a_2\cdots a_k$. Ist nun irgend ein Ausdruck in den Erzeugenden gegeben, so kann man ihn stets, da ja das kommuntative Gesetz gilt, auf die Form

$$a_1^{\alpha_1}\,a_2^{\alpha_2}\cdots a_k^{\alpha_k}$$

bringen; ein solcher Ausdruck stellt offenbar die Identität in der Abelschen Gruppe dann und nur dann dar, wenn die Koeffizienten $\alpha_1,\,\alpha_2\cdots\alpha_k$ sämtlich einander gleich und durch 2 teilbar sind. Eine Kurve ist homolog null, wenn der diese Kurve repräsentierende Ausdruck, nachdem er auf die obige Form gebracht ist, dieser Bedingung genügt. Hieraus folgt dann, daß zwei Kurven homolog sind, wenn die ihnen zugeordneten Ausdrücke, auf die Form

$$a_1^{\alpha_1}\,a_2^{\alpha_2}\cdots a_k^{\alpha_k}\quad\text{und}\quad a_1^{\alpha_1'}\,a_2^{\alpha_2'}\cdots a_k^{\alpha_k'}$$

gebracht, die Bedingung befriedigen, daß die Differenzen

$$\alpha_1-\alpha_1' = \alpha_2-\alpha_2' = \cdots = \alpha_k-\alpha_k'$$

sämtlich gleich werden und durch 2 teilbar sind.

Es erübrigt sich auch hier, auf die b e r a n d e -
t e n e i n s e i t i g e n F l ä c h e n einzugehen. Die
Fundamentalgruppe einer solchen Fläche ist nämlich
definiert durch

$$G \begin{cases} \text{erzeugende Operationen } a_1, a_2, \cdots a_k, d_1, d_2 \cdots d_q \\ \text{wesentliche Relation } a_1{}^2 a_2{}^2 \cdots a_k{}^2 d_1 d_2 \cdots d_q = 1, \end{cases}$$

wobei q die Anzahl der Randkurven bedeutet. Diese
Gruppe ist nun aber isomorph mit der durch die Operationen $a_1, a_2 \cdots a_k, d_1, d_2 \cdots d_{q-1}$ erzeugten Gruppe,
bei der diese Erzeugenden durch keine Relation ver-
knüpft sind. Zwei Ausdrücke S_1 und S_2 in den erzeugenden Operationen der Fundamentalgruppe stellen nur
dann identische Elemente dar, wenn sie, nachdem jedes
d_q und $d_q{}^{-1}$ durch

$$d_q = d_{q-1}{}^{-1} \cdots d_1{}^{-1} a_k{}^{-2} \cdots a_2{}^{-2} a_1{}^{-2}$$
$$d_q{}^{-1} = a_1{}^2 a_2{}^2 \cdots a_k{}^2 d_1 \cdots d_{q-1}$$

ersetzt ist und hierauf alle Aggregate der Form $c c^{-1}$
ausgeschaltet sind, identisch werden. Sie sind gleichberechtigt, wenn ihre Ausdrücke nach dieser Umgestaltung in Form eines Zyklus geschrieben nach Ausschaltung der etwa dadurch entstehenden Aggregate cc^{-1}
denselben Zyklus liefern.

Zum Schluß sei noch darauf hingewiesen, daß sich
nunmehr auch das Identitäts- und Transformationsproblem für alle G r u p p e n, i n d e r e n w e s e n t -
l i c h e n R e l a t i o n e n z u s a m m e n j e d e E r -
z e u g e n d e h ö c h s t e n s z w e i m a l e r s c h e i n t,
ohne jede Rechnung lösen läßt. Es ist dies von M. Dehn
im zweiten Kapitel der Arbeit „Ueber unendliche diskontinuierliche Gruppen" ausführlich dargestellt. Da-
selbst ist auch darauf hingewiesen, daß die hier genannten Gruppen isomorph sind den Fundamentalgruppen
von Flächenkomplexen, die sich aus einer gewissen Anzahl von zweiseitigen und einseitigen Flächen und Hör-
nern, die alle in einem Punkte aneinander hängen, zusammensetzen.

Kap. II.

Fundamentalgruppen höherer Mannigfaltigkeiten.

§ 1.

Die Gruppe

$$G \begin{cases} \text{erzeugende Operationen } a,\ b \\ \text{wesentliche Relation } a^2\, b^2\, a^{-1}\, b^{-1} = 1. \end{cases}$$

Wir gehen zunächst kurz ein auf d i e F u n d a -
m e n t a l g r u p p e n   v o n   g e s c h l o s s e n e n
d r e i d i m e n s i o n a l e n   M a n n i g f a l t i g k e i -
t e n M_3. Wie man eine geschlossene zweidimensionale Mannigfaltigkeit dadurch erhalten kann, daß man
in einem Polygon, dessen Seiten in bestimmter Art
einander paarweise zugeordnet sind, die entsprechenden
Seiten zusammenheftet, so kann man auch aus einem
Polyeder, dessen Seitenflächen in bestimmter Art einander paarweise zugeordnet sind, durch Vereinigen
entsprechender Seitenflächen geschlossene dreidimensionale Mannigfaltigkeiten erzeugen.[39]) Wie dann weiter
das die zweidimensionale Mannigfaltigkeit definierende
Polygon als Diskontinuitätsbereich der Fundamentalgruppe aufgefaßt werden konnte, so wird auch hier
das Polyeder einen D i s k o n t i n u i t ä t s b e r e i c h
f ü r   d i e   F u n d a m e n t a l g r u p p e der dreidimensionalen Mannigfaltigkeit bilden. Bezeichnet man
nämlich die einander zugeordneten Seitenpaare des

---

[39]) Man vergleiche hierzu Poincaré „Analysis situs"
§§ 10—14, woselbst auch die folgenden Entwickelungen, die
zur Definition der Fundamentalgruppe führen, eine ein-
gehendere Begründung finden. Besonders zu beachten ist
aber, daß nicht jedes Polyeder, das den Diskontinuitätsbereich
einer Gruppe darstellt, auch eine dreidimensionale Mannigfaltigkeit definiert. So liefert z. B. das zu der hier behandelten Gruppe gehörige Tetraeder keine M_3.

Polyeders bzw. mit $\bar{a}_1$ und $\bar{a}_1^{-1}$, $\bar{a}_2$ und $\bar{a}_2^{-1}$ usw. und fügt an der Seite $\bar{c}$ ein äquivalentes Polyeder mit seiner Seite $\bar{c}^{-1}$ so an das gegebene Polyeder an, daß äquivalente Punkte dieser beiden Seitenflächen zur Deckung kommen, so entsteht bei Fortsetzung dieses Verfahrens ein Z e l l e n s y s t e m   ä q u i v a l e n t e r   P o l y e d e r, welches den Raum einfach und lückenlos ausfüllen wird. Dieses Zellensystem kann als Abbild der dreidimensionalen Mannigfaltigkeit, die durch das Ausgangspolyeder definiert ist, betrachtet werden. Aus den Eigenschaften dieser Abbildung, die sich ganz analog den in der Ebene vorliegenden Verhältnissen ergeben, geht hervor, daß dieses Zellensystem als Gruppenbild zweiter Art für die Fundamentalgruppe der Mannigfaltigkeit angesehen werden kann.

Zum Zwecke der analytischen Behandlung wird man dem gegebenen Polyeder durch Auferlegung gewisser metrischer Bedingungen eine möglichst einfache Gestalt geben. Diese metrischen Bedingungen müssen aber so beschaffen sein, daß sich die Zusammenhangsverhältnisse des aus dem neuen Polyeder entstehenden Zellensystems nicht ändern, d. h. daß auch im neuen Zellensystem in jeder Kante und in jeder Ecke der einzelnen Zellen ebensoviel Polyeder zusammenstoßen wie in dem ursprünglichen System; kurz gesagt, die beiden Zellensysteme müssen äquivalent im Sinne der Analysis situs oder homöomorph sein. Es wird natürlich nur in wenigen Fällen möglich sein, diese Eigenschaften durch ein System ebenflächiger Polyeder im gewöhnlichen euklidischen Raum zu befriedigen, sondern es wird in der Regel der Uebergang zum hyperbolischen Raum erforderlich werden.

Es sei nun als Diskontinuitätsbereich gegeben ein r e g u l ä r e s   h y p e r b o l i s c h e s   T e t r a e d e r,   d e s s e n

Ecken auf dem absoluten Gebilde liegen.[40])
Da der Kantenwinkel eines solchen Tetraeders den Wert
$\dfrac{2\pi}{6}$ besitzt, so stoßen in dem Zellensystem in jeder Kante
sechs derartige Tetraeder zusammen. Die Ecken aller
Tetraeder des Zellensystems liegen auf dem absoluten
Gebilde und bedecken dieses überall dicht, aber nicht
kontinuierlich. Wir haben aber noch anzugeben, in
welcher Weise die Ecken, Kanten und Seitenflächen des
ursprünglichen Tetraeders einander zugeordnet sein
sollen. Wir bezeichnen die Ecken dieses Tetraeders mit
A, B, C, D und setzen nun folgende Zuordnung
für die Seitenflächen fest:
$$A\,B\,C \equiv A\,C\,D$$
$$A\,B\,D \equiv B\,C\,D,$$
wobei durch diese Schreibweise auch noch angegeben
sein soll, in welcher Weise die Ränder der Flächen
einander entsprechen. Es folgen also hieraus sofort die
Zuordnungen für die Kanten
$$A\,B \equiv A\,C \equiv A\,D \equiv B\,D \equiv C\,D \equiv B\,C$$
und Ecken
$$A \equiv B \equiv C \equiv D,$$
d. h. beim Zusammenheften der entsprechenden Seiten-
flächen $\bar{a} = A\,B\,C$ mit $\bar{a}^{-1} = A\,C\,D$ und $\bar{b} = A\,B\,D$ mit
$\bar{b}^{-1} = BCD$ kommen sämtliche Ecken und Kanten des
Tetraeders zum Zusammenfallen.

Die zu dem Diskontinuitätsbereich gehörige Gruppe G besitzt zwei erzeugende Operationen a und b, die dem
Uebergang in das an die Seiten $\bar{a}$ bzw. $\bar{b}$ grenzende
Polyeder entsprechen. Für diese beiden Operationen besteht nun der Zuordnung der Kanten korrespondierend
die eine wesentliche Relation

---

[40]) M. Dehn hat mir dieses Beispiel zur Behandlung
empfohlen.

$$a^2\, b^2\, a^{-1}\, b^{-1} = 1 \ . \ ^{41)}$$

Jedem Element S der Gruppe G entspricht nun eindeutig eine Bewegung des hyperbolischen Raumes, bei der das ursprüngliche Tetraeder, das wir kurz als „r e d u z i e r t e s T e t r a e d e r" bezeichnen wollen, in das dem Element S entsprechende Tetraeder unseres Zellensystems, das uns ein Gruppenbild zweiter Art für die Gruppe G liefert, so übergeht, daß die Punkte des reduzierten Tetraeders mit den äquivalenten Punkten des Tetraeders S zusammenfallen. Diese B e w e - g u n g e n S bilden eine Gruppe, die der Gruppe G einstufig isomorph ist. Jede Bewegung dieser Gruppe läßt sich durch Komposition aus den zu den erzeugenden Operationen a und b gehörigen Bewegungen bestimmen. Das Identitäts- und Transformationsproblem läßt sich für diese Bewegungsgruppe und damit dann auch für die Gruppe G in einer Weise lösen, welche die unmittelbare Uebertragung der im vorigen Kapitel für die hyperbolische Ebene entwickelten Methode auf den hyperbolischen Raum bedeutet. Wir haben also zunächst die Bewegungen des hyperbolischen Raumes analytisch darzustellen.

Bei dieser Aufgabe können wir uns auf die Darstellung in dem Werke von R. Fricke und F. Klein „Vorlesungen über die Theorie der automorphen Funktionen" ,Band I, Einleitung § 12—14 unmittelbar beziehen. Als a b s o l u t e s G e b i l d e wird der Betrachtung die Kugel

$$z_1{}^2 + z_2{}^2 + z_3{}^2 - z_4{}^2 = 0$$

zu Grunde gelegt, deren Inneres die eigentlichen und deren Aeußeres die uneigentlichen Punkte des hyperbolischen Raumes liefert. Wir benutzen für diese Kugel die Parameterdarstellung

---

[41]) Die Methode, nach der die Fundamentalrelationen sich aus dem Zuordnungsschema gewinnen lassen, findet man bei Poincaré „Analysis Situs" § 13.

$$z_1 : z_2 : z_3 : z_4 = \zeta + \bar{\zeta} : - i\,(\zeta - \bar{\zeta}) : \zeta\,\bar{\zeta} - 1 : \zeta\,\bar{\zeta} + 1\,,$$

wobei die beiden Parameter

$$\zeta = \frac{z_1 + i\,z_2}{z_4 - z_3} = \frac{z_4 + z_3}{z_1 - i\,z_2} \qquad \bar{\zeta} = \frac{z_1 - i\,z_2}{z_4 - z_3} = \frac{z_4 + z_3}{z_1 + i\,z_2}$$

die beiden Scharen geradliniger Erzeugender der Fläche bedeuten. Die **a l l g e m e i n s t e n K o l l i n e a t i o n e n d e r K u g e l i n s i c h** führen dann auf die beiden simultanen linearen Substitutionen

$$\zeta' = \frac{A\,\zeta + B}{\Gamma\,\zeta + \varDelta} \qquad \bar{\zeta}' = \frac{A'\,\bar{\zeta} + B'}{\Gamma'\,\bar{\zeta} + \varDelta'}$$

oder auf die beiden simultanen linearen Kollinationen

$$\bar{\zeta}' = \frac{A\,\bar{\zeta} + B}{\Gamma\,\bar{\zeta} + \varDelta} \qquad \bar{\zeta}' = \frac{A'\,\zeta + B'}{\Gamma'\,\zeta + \varDelta'}\,,$$

wo beidemal $A\,,\,B\,,\,\Gamma\,,\,\varDelta\,,\,A'\,,\,B'\,,\,\Gamma'\,,\,\varDelta'$ acht komplexe Koeffizienten sind, die nur die Bedingungen

$$A\,\varDelta - B\,\Gamma \neq 0 \qquad A'\,\varDelta' - B'\,\Gamma' \neq 0$$

befriedigen. Bei der ersten Art geht jede der beiden Erzeugendenscharen in sich über, bei der zweiten Art tritt eine Vertauschung der beiden Scharen ein. Den reellen Punkten der Kugel entsprechen konjugiert komplexe Parameterwerte ζ und $\bar{\zeta}$ und umgekehrt. Eine **r e e l l e K o l l i n e a t i o n** liegt vor, wenn A und A', B und B', Γ und Γ', $\varDelta$ und $\varDelta'$ konjugiert komplex sind. Wir brauchen also hier nur eine der beiden simultanen Substitutionen anzugeben, da die andere aus ihr durch Uebergang zur konjugiert komplexen Form ohne weiteres folgt. So kommt man schließlich zu dem Resultat, daß die Bewegungen des hyberbolischen Raumes sich ausdrücken lassen durch eine der linearen Substitutionen

$$\bar{\zeta}' = \frac{A\,\zeta + B}{\Gamma\,\zeta + \varDelta} \qquad \text{oder} \qquad \zeta' = \frac{A\,\bar{\zeta} + B}{\Gamma\,\bar{\zeta} + \varDelta}$$

$$A\,\varDelta - B\,\Gamma \neq 0\,,$$

wobei die **S u b s t i t u t i o n e n e r s t e r A r t** den **e i g e n t l i c h e n B e w e g u n g e n, die S u b s t i -**

tutionen zweiter Art den symmetrischen Umformungen des hyperbolischen Raumes in sich entsprechen. Diese linearen Substitutionen spielen auch in der Funktionentheorie eine große Rolle; sie stellen nämlich die allgemeinsten Kreisverwandtschaften in der ζ-Ebene bzw. auf der ζ-Kugel dar, und zwar entsprechen den Substitutionen erster Art die direkten, denen zweiter Art die indirekten Kreisverwandtschaften. Jede Bewegung des hyperbolischen Raumes in sich ist also gleichbedeutend mit einer Kreisverwandtschaft der ζ-Ebene bzw. der ζ-Kugel und umgekehrt.

Durch unsere Parameterdarstellung sind die Punkte des absoluten Gebildes auf die Punktepaare $\zeta, \bar{\zeta}$ der ζ-Ebene bzw. der ζ-Kugel umkehrbar eindeutig bezogen. Da den reellen Punkten des absoluten Gebildes konjugiert komplexe Parameterwerte ζ und $\bar{\zeta}$ entsprechen, so wollen wir jedem solchen Punkte nur den Punkt

$$\zeta = \frac{z_1 + i\,z_2}{z_4 - z_3}$$

der ζ-Ebene bzw. der ζ-Kugel entsprechen lassen. Als komplexe ζ-Kugel wählen wir nun die um den Punkt $\zeta = 0$ der $\zeta = \xi + i\eta$-Ebene beschriebene Einheitskugel, deren Gleichung in rechtwinkligen Koordinaten x, y, z durch

$$x^2 + y^2 + z^2 = 1$$

gegeben ist. Lassen wir die x-Achse mit der ξ-Achse die y-Achse mit der η-Achse zusammenfallen und projizieren die Punkte der ζ-Ebene vom Punkte $x = 0$, $y = 0$, $z = 1$ stereographisch auf die ζ-Kugel, so haben wir als Punkt ζ dieser Kugel denjenigen Punkt x, y, z zu bezeichnen, dessen Koordinaten[42] bestimmt sind durch

---

[42] Vgl. F. Klein „Vorlesungen über das Jkosaeder" pg. 32.

$$\zeta = \frac{x + iy}{1 - z} \qquad x^2 + y^2 + z^2 = 1$$

und also die Werte besitzen

$$x = \frac{2\xi}{\xi^2 + \eta^2 + 1} \qquad y = \frac{2\eta}{\xi^2 + \eta^2 + 1} \qquad z = \frac{\xi^2 + \eta^2 - 1}{\xi^2 + \eta^2 + 1}.$$

Durch Vergleich dieser Formeln mit dem Werte ζ erkennen wir sofort, daß das absolute Gebilde der hyperbolischen Maßbestimmung direkt als ζ-Kugel im gewöhnlichen Riemannschen Sinn betrachtet werden kann.

Dieses Resultat steht in genauer Analogie zu den Verhältnissen in der Ebene, wo der Einheitskreis der ζ-Ebene dem absoluten Kreise der hyperbolischen Ebene auch unmittelbar zugeordnet ist. Wir wollen nun diese Analogie zu den früheren Entwicklungen noch weiter ausdehnen, indem wir **j e d e m r e e l l e n P u n k t e d e s e i g e n t l i c h e n h y p e r b o l i s c h e n R a u m e s n u n m e h r e i n P a a r b e z ü g lich d e r E i n h e i t s k u g e l i n v e r s g e l e g e ner P u n k t e e n t s p r e c h e n l a s s e n.** Dabei wollen wir, um volle Eindeutigkeit zu erzielen, von den beiden Punkten des Paares allein den innerhalb der Einheitskugel gelegenen Punkt ins Auge fassen. Wie die Zuordnung beschaffen ist, legen wir gleich analytisch fest durch die Formeln

$$x = \frac{z_1}{z_4 + \sqrt{z_4^2 - z_1^2 - z_2^2 - z_3^2}}, \quad y = \frac{z_2}{z_4 + \sqrt{z_4^2 - z_1^2 - z_2^2 - z_3^2}},$$

$$z = \frac{z_3}{z_4 + \sqrt{z_4^2 - z_1^2 - z_2^2 - z_3^2}},$$

aus denen durch Inversion folgt

$$z_1 : z_2 : z_3 : z_4 = 2x : 2y : 2z : 1 + x^2 + y^2 + z^2.$$

Hieraus ergeben sich nun zunächst eine Reihe von Folgerungen, die den Verhältnissen in der Ebene vollständig analog sind. Jede **E b e n e** des hyperbolischen Raumes wird abgebildet auf den innerhalb der ζ-Kugel gelegenen Teil einer Kugel, die die ζ-Kugel orthogonal schneidet und umgekehrt. Eine G e r a d e der Ebene stellt sich dar als Schnitt zweier Orthogonalkugeln der ζ-Kugel, also als Kreis, der die ζ-Kugel rechtwinklig durchsetzt. Unter der Schar von „P s e u d o e b e n e n", die durch eine solche „P s e u d o g e r a d e" gehen, befindet sich auch eine, die den Punkt $x = 0$, $y = 0$, $z = 0$ enthält und also auch im gewöhnlichen Sinn eine Ebene darstellt. In dieser Ebene gelten nun alle die Sätze, die wir für das Innere des Einheitskreises, als Abbildung der eigentlichen hyperbolischen Ebene betrachtet, hergeleitet haben. Aus dieser Bemerkung ergibt sich sofort, wie man die E n t f e r n u n g zweier Punkte im Innern der Kugel im Sinne der hyperbolischen Maßbestimmung berechnen muß. Für uns ist die Formel

$$\mathrm{Th}\frac{s}{2} = \sqrt{x^2 + y^2 + z^2}$$

für die Entfernung s vom Punkte $x = y = z = 0$ von besonderer Wichtigkeit. Weiter aber erkennen wir, daß die hyperbolische W i n k e l m e s s u n g auch im Innern der ζ-Kugel elementaren Charakter tragen wird.

Durch die Formeln

$$\zeta' = \frac{A\,\zeta + B}{\Gamma\,\zeta + \varDelta} \quad \text{bzw.} \quad \zeta' = \frac{A\,\bar{\zeta} + B}{\Gamma\,\bar{\zeta} + \varDelta}$$

für die Bewegungen des hyperbolischen Raumes in sich sind aber erst nur die Transformationen bestimmt, die die Punkte des absoluten Gebildes oder genauer gesagt die Punkte der ζ-Ebene bei der Bewegung erfahren. Wir haben also noch anzugeben, in welcher Weise die Punkte $z_1 : z_2 : z_3 : z_4$ tranformiert werden. Die einzelne Koordinate z_1, z_2, z_3, z_4 erfährt bei der Bewegung eine lineare Substitution

$$z_i = \alpha_{i1}\,z_1 + \alpha_{i2}\,z_2 + \alpha_{i3}\,z_3 + \alpha_{i4}\,z_4 \quad (i = 1, 2, 3, 4),$$

bei der Koeffizienten

$$\alpha_{11}, \alpha_{12}, \alpha_{13}, \alpha_{14};$$

$$\alpha_{21},\ \alpha_{22},\ \alpha_{23},\ \alpha_{24};$$
$$\alpha_{31},\ \alpha_{32},\ \alpha_{33},\ \alpha_{34};$$
$$\alpha_{41},\ \alpha_{42},\ \alpha_{43},\ \alpha_{44}$$

der Reihe nach die folgenden Werte haben

$$\frac{A\bar\Delta \mp \Delta\bar A + \Gamma\bar B + B\bar\Gamma}{2},\quad \frac{A\bar\Delta - \Delta\bar A + \Gamma\bar B - B\bar\Gamma}{-2i\varepsilon},$$

$$\frac{A\bar\Gamma + \Gamma\bar A - B\bar\Delta - \Delta\bar B}{2},\quad \frac{A\bar\Gamma + \Gamma\bar A + B\bar\Delta + \Delta\bar B}{2};$$

$$\frac{\Gamma\bar B - B\bar\Gamma + \Delta\bar A - A\bar\Delta}{-2i},\quad \frac{\Delta\bar A + A\bar\Delta - B\bar\Gamma - \Gamma\bar B}{2\varepsilon},$$

$$\frac{\Gamma\bar A - A\bar\Gamma - \Delta\bar B + B\bar\Delta}{-2i},\quad \frac{\Gamma\bar A - A\bar\Gamma - \Delta\bar B + B\bar\Delta}{-2i};$$

$$\frac{A\bar B + B\bar A - \Gamma\bar\Delta - \Delta\bar\Gamma}{2},\quad \frac{A\bar B - B\bar A - \Gamma\bar\Delta + \Delta\bar\Gamma}{-2i\varepsilon},$$

$$\frac{A\bar A - B\bar B - \Gamma\bar\Gamma + \Delta\bar\Delta}{2},\quad \frac{A\bar A + B\bar B - \Gamma\bar\Gamma - \Delta\bar\Delta}{2};$$

$$\frac{A\bar B + \Gamma\bar\Delta + B\bar A + \Delta\bar\Gamma}{2},\quad \frac{A\bar B - B\bar A + \Gamma\bar\Delta - \Delta\bar\Gamma}{-2i\varepsilon},$$

$$\frac{A\bar A - B\bar B + \Gamma\bar\Gamma - \Delta\bar\Delta}{2},\quad \frac{A\bar A + B\bar B + \Gamma\bar\Gamma + \Delta\bar\Delta}{2}.$$

Dabei ist $\varepsilon \equiv \pm 1$ zu setzen, je nachdem $\begin{pmatrix} A & B \\ \Gamma & \Delta \end{pmatrix}$ eine Substitution erster oder zweiter Art ist. Daß das absolute Gebilde bei diesen Substitutionen tatsächlich in sich übergeht, bestätigt die hieraus folgende Gleichung

$$z_4'^2 - z_1'^2 - z_2'^2 - z_3'^2 = (A\Delta - B\Gamma)(\bar A\bar\Delta - \bar B\bar\Gamma)(z_4^2 - z_1^2 - z_2^2 - z_3^2).$$

Da man in der Substitution $\begin{pmatrix} A, & B \\ \Gamma, & \Delta \end{pmatrix}$ jeden Koeffizienten noch mit einem beliebigen Faktor multiplizieren kann, ohne daß die Substitution sich ändert, so wollen wir weiterhin stets die Determinante

$$A\Delta - B\Gamma = 1$$

voraussetzen.

Wegen der ausgezeichneten Stellung, die die ζ-Ebene in unsern Entwickelungen spielt, ist es von Wichtigkeit, nicht allein die ζ-Kugel selbst auf die ζ-Ebene abzubilden, sondern mit dieser Abbildung, die sich, wie gesagt, als stereographische Projektion darstellt, eine winkeltreue **Abbildung des Innern der ζ-Kugel auf den einen Halbraum, in den die ζ-Ebene den Gesamtraum zerlegt**, zu verbinden. Bezeichnen wir mit ϑ die dritte Koordinate des durch die ζ-Ebene mit der ξ- und η-Achse bestimmten rechtwinkligen Koordinatensystems, sodaß also die ϑ-Achse mit der z-Achse zusammenfallen wird, so wird die gewünschte Abbildung vermittelt durch die Formeln

$$\xi = \frac{2\,x}{x^2 + y^2 + (1-z)^2},\ \eta = \frac{2\,y}{x^2 + y^2 + (1-z)^2},\ \vartheta = \frac{1 - x^2 - y^2 - z^2}{x^2 + y^2 + (1-z)^2},$$

aus denen durch Inversion die Formeln hervorgehen

$$x = \frac{2\,\xi}{\xi^2 + \eta^2 + (1+\vartheta)^2},\ y = \frac{2\,\eta}{\xi^2 + \eta^2 + (1+\vartheta)^2},\ z = \frac{\xi^2 + \eta^2 + \vartheta^2 - 1}{\xi^2 + \eta^2 + (1+\vartheta)^2}.$$

Die damit zusammenhängende Abbildung des eigentlichen hyperbolischen Raumes auf den Halbraum $\vartheta > 0$ findet ihren Ausdruck in

$$\xi = \frac{z_1}{z_4 - z_3} \qquad \eta = \frac{z_2}{z_4 - z_3} \qquad \vartheta = \frac{\sqrt{z_4^2 - z_1^2 - z_2^2 - z_3^2}}{z_4 - z_3}$$

und

$$z_1 : z_2 : z_3 : z_4 = 2\,\xi : 2\,\eta : \xi^2 + \eta^2 + \vartheta^2 - 1 : \xi^2 + \eta^2 + \vartheta^2 + 1.$$

Es mögen noch einige Angaben über die **Arten der ζ-Substitutionen** $\begin{pmatrix} A , B \\ \Gamma , \varDelta \end{pmatrix}$ folgen. Eine ζ-Substitution

$$\zeta' = \frac{A\,\zeta + B}{\Gamma\,\zeta + \varDelta} \qquad A\,\varDelta - B\,\Gamma = 1$$

besitzt zwei Fixpunkte, deren Werte durch

$$\zeta_{\frac{1}{2}} = \frac{A - \varDelta \pm \sqrt{(A + \varDelta)^2 - 4}}{2\,\Gamma}$$

gegeben sind. Mit Hülfe dieser Fixpunkte läßt sie sich auch darstellen in der Form

$$\frac{\zeta' - \zeta_1}{\zeta' - \zeta_2} = \left(\frac{A + \varDelta - \sqrt{(A + \varDelta)^2 - 4}}{2}\right)^2 \cdot \frac{\zeta - \zeta_1}{\zeta - \zeta_2}$$

$$= \left\{\frac{A + \varDelta}{2} - \sqrt{\left(\frac{A + \varDelta}{2}\right)^2 - 1}\right\}^2 \frac{\zeta - \zeta_1}{\zeta - \zeta_2}.$$

Je nachdem nun $\frac{A + \varDelta}{2}$ reell oder imaginär ist, spricht man von **nichtloxodromischen** und **loxodromischen Substitutionen**. Die nichtloxodromischen Substitutionen zerfallen in **elliptische, parabolische und hyperbolische Substitutionen**, je nachdem $\left|\frac{A + \varDelta}{2}\right| \lessgtr 1$ ist.

Durch die beiden Fixpunkte geht eine Pseudogerade, die bei der Bewegung festbleibt. Diese Pseudogerade kann als **Achse der Bewegung** angesehen werden; die elliptischen Substitutionen entsprechen einer Drehung um diese Achse, die hyperbolischen Subsitutionen einer Verschiebung längs der Achse, während die loxodromischen Substitutionen einer mit einer Drehung um die Achse verbundenen Verschiebung längs der Achse zugeordnet sind. Die parabolischen Substitutionen repräsentieren den Ausnahmefall, daß die Achse in einen Punkt des absoluten Gebildes ausartet. Aus den Verhältnissen in der Ebene folgt, daß bei den nichtloxodromischen Substitutionen $\frac{A + \varDelta}{2}$ den Cosinus des halben Drehwinkels φ bzw. der halben Verschiebungsstrecke a liefert; durch einfache Rechnung findet man hieraus, daß bei passender Wahl des Sinnes der Drehung bzw. der Verschiebung der Faktor

$$k = \left\{\frac{A + \varDelta}{2} - \sqrt{\left(\frac{A + \varDelta}{2}\right)^2 - 1}\right\}^2$$

den Wert besitzt

$k = e^{i\varphi}$ bei einer elliptischen Substitution,

$k = 1$,,   ,,   parabolischen   ,,   ,

$k = e^s$,,   ,,   hyperbolischen   ,,   ,

$k = e^s \cdot e^{i\varphi}$,,   ,,   loxodromischen   ,,   .

Es ist leicht, die **Gleichung der Achse** anzugeben; da sie nämlich durch die beiden den Fixpunkten ζ_1 und ζ_2 entsprechenden Punkte des absoluten Gebildes geht, so ist ihre Gleichung in Parameterdarstellung, wenn wir mit λ den variablen Parameter bezeichnen, gegeben durch

$$z_1 : z_2 : z_3 : z_4 = 2\,(\xi_1 + \lambda\,\xi_2) : 2\,(\eta_1 + \lambda\,\eta_2) :$$
$$(\xi_1{}^2 + \eta_1{}^2 - 1) + \lambda(\xi_2{}^2 + \eta_2{}^2 - 1) : (\xi_1{}^2 + \eta_1{}^2 + 1) + \lambda(\xi_2{}^2 + \eta_2{}^2 + 1)$$

Hieraus folgt dann weiter, daß sich die Abbildung der Achse auf das Innere der ζ-Kugel durch

$$x = \frac{2\,(\xi_1 + \lambda\,\xi_2)}{N} \qquad y = \frac{2\,(\eta_1 + \lambda\,\eta_2)}{N}$$

$$z = \frac{(\xi_1{}^2 + \eta_1{}^2 - 1) + \lambda\,(\xi_2{}^2 + \eta_2{}^2 - 1)}{N},$$

wobei zur Abkürzung

$$N = (\xi_1{}^2 + \eta_1{}^2 + 1) + \lambda(\xi_2{}^2 + \eta_2{}^2 + 1) + 2\sqrt{\lambda\left\{(\xi_1 - \xi_2)^2 + (\eta_1 - \eta_2)^2\right\}}$$

gesetzt ist, und die Abbildung der Achse auf den ζ-Halbraum $\vartheta > 0$ durch

$$\xi = \frac{\xi_1 + \lambda\,\xi_2}{1 + \lambda} \qquad \eta = \frac{\eta_1 + \lambda\,\eta_2}{1 + \lambda} \qquad \vartheta = \frac{\sqrt{\lambda\left\{(\xi_1 - \xi_2)^2 + (\eta_1 - \eta_2)^2\right\}}}{1 + \lambda}$$

ausdrücken läßt. Diese Gleichungen versagen sämtlich, wenn ζ_1 und ζ_2 zusammenfallen oder $\left|\dfrac{A + \varDelta}{2}\right| = 1$ ist.

Bevor wir die hier eintretenden Verhältnisse schildern, wollen wir die **Eigenschaften der Bewegungen im hyperbolischen Raume** noch etwas genauer feststellen.

Auf der absoluten Kugel liegen zwei Fixpunkte, deren Verbindungsgerade die Achse t der Bewegung liefert. Außer der Geraden t bleibt auch noch ihre konjugierte Polare p, die aber ganz außerhalb der absoluten Kugel liegt, bei der Bewegung fest. Bei einer elliptischen Substitution geht t, bei einer hyperbolischen Substitution dagegen p punktweise in sich über, während bei einer loxodromischen Substitution weder p noch t punktweise in sich transformiert wird. Bei einer parabolischen Substitution fallen die beiden Fixpunkte in einem Punkte des absoluten Gebildes zusammen; die Geraden p und t gehen über in zwei Geraden, die das absolute Gebilde in jenem Fixpunkt berühren. Da die Gerade t das gemeinsame Lot im Sinne der hyperbolischen Maßbestimmung ist für alle Ebenen, die durch die Gerade p gehen, und umgekehrt p das Lot für alle Ebenen durch die Gerade t, so sind die beiden Geraden p und t in der Tangentialebene des Fixpunktes einer parabolischen Substitution als zueinander senkrecht zu bezeichnen. Um die Lage dieser beiden Geraden zu bestimmen, beachten wir, daß das Abbild der Geraden t auf den ζ-Halbraum in der Ebene

$$(\zeta_1 - \zeta_2)\,\bar{\zeta} - (\bar{\zeta}_1 - \bar{\zeta}_2)\,\zeta = \zeta_1\,\bar{\zeta}_2 - \bar{\zeta}_1\,\zeta_2$$

liegt, deren Gleichung mit Einführung der Abkürzung

$$N = \sqrt{(A + \varDelta)^2 - 4}$$

übergeht in

$$\overline{N}\,\varGamma\,\zeta - N\,\bar{\varGamma}\,\bar{\zeta} = \tfrac{1}{2}\left\{\overline{N}\,(A - \varDelta) - N\,(\bar{A} - \bar{\varDelta})\right\}\cdot$$

Für eine elliptische Substitution ist

$$\overline{N} = -\,N\,,$$

also

$$\varGamma\,\zeta + \bar{\varGamma}\,\bar{\zeta} = \tfrac{1}{2}\left\{A + \bar{A} - \varDelta - \bar{\varDelta}\right\}$$

die Gleichung jener Ebene; für eine hyperbolische Substitution ist

$$\overline{N} = N\,,$$

mithin

$$\varGamma\,\zeta - \bar{\varGamma}\,\bar{\zeta} = \tfrac{1}{2}\left\{A - \bar{A} - \varDelta + \bar{\varDelta}\right\}$$

die Gleichung der genannten Ebene. Der Grenzübergang von der elliptischen zur parabolischen Substitution liefert uns die Ebene

$$\Gamma\zeta + \bar{\Gamma}\bar{\zeta} = A + \bar{A} - 2\,\varepsilon\,,$$

wobei $\varepsilon = \pm 1$ zu setzen ist, je nachdem $\dfrac{A + \varDelta}{2}$ den Wert $+1$ oder -1 besitzt, der Grenzübergang von der hyperbolischen zur parabolischen Substitution dagegen die Ebene

$$\Gamma\zeta - \bar{\Gamma}\bar{\zeta} = A - \bar{A}\,.$$

Von den beiden Ebenen des hyperbolischen Raumes, die diesen Ebenen entsprechen, schneidet die eine die Tangentialebene durch den Fixpunkt der parabolischen Substitution in der Geraden t, die andere in der Geraden p.

Eine kurze Erörterung verlangt endlich noch der Fall $\Gamma = 0$; hier sind

$$\zeta_2 = \infty \qquad\qquad \zeta_1 = \frac{B}{\varDelta - A}$$

die beiden Fixpunkte. Nun entspricht dem Punkte $\zeta_2 = \infty$ der Punkt

$$z_1 : z_2 : z_3 : z_4 = 0 : 0 : 1 : 1$$

der absoluten Kugel; also ist

$$z_1 : z_2 : z_3 : z_4 = 2\xi_1 : 2\eta_1 : (\xi_1{}^2 + \eta_1{}^2 - 1) + \lambda : (\xi_1{}^2 + \eta_1{}^2 + 1) + \lambda$$

die Gleichung der Achse t. Bei den elliptischen und hyperbolischen Substitutionen ist hier

$$A + \varDelta = A + \frac{1}{A}$$

reell; daraus folgt, daß A entweder reell sein oder den absoluten Betrag 1 besitzen muß. Ist A reell, so ist stets $A + \dfrac{1}{A} > 2$, da aus $A + \dfrac{1}{A} < 2$ folgen würde $(A - 1)^2 < 0$; hat aber A den absoluten Betrag 1, so ist $\dfrac{1}{A} = \bar{A}$ und $A + \bar{A}$ gleich dem doppelten Wert eines

Cosinus, d. h. kleiner als 2. Zu reellem A gehören also die hyperbolischen, zu einem A vom absoluten Betrage 1 die elliptischen Substitutitonen. Die Gerade durch $\zeta = 0$ und $\zeta = \zeta_1$ hat bei reellem $A + \dfrac{1}{A}$ die Gleichung

$$\bar{B}\,\zeta - B\,\bar{\zeta} = 0$$
$$\text{bzw.} \quad \bar{B}\,\zeta + B\,\bar{\zeta} = 0\,,$$

je nachdem eine hyperbolische oder elliptische Substitution vorliegt. Durch diese Gleichung ist eine Ebene des hyperbolischen Raumes definiert, die die Gerade t enthält und außerdem durch den Punkt

$$z_1 : z_2 : z_3 : z_4 = 0 : 0 : -1 : +1$$

geht, der dem Punkte $\zeta = 0$ zugeordnet ist. Der Grenzübergang zu den parabolischen Substitutionen mit dem Fixpunkt $\zeta = \infty$ zeigt uns, daß durch die Gleichungen

$$\bar{B}\,\zeta - B\,\bar{\zeta} = 0 \quad \text{und} \quad \bar{B}\,\zeta + B\,\bar{\zeta} = 0$$

zwei Ebenen des hyperbolischen Raumes definiert sind, die die Tangentialebene im Punkte

$$z_1 : z_2 : z_3 : z_4 = 0 : 0 : 1 : 1$$

in dem gesuchten Geradenpaar t und p schneiden werden. Es ist uns also nunmehr in allen Fällen möglich, das Geradenpaar (t, p) einer Substitution erster Art analytisch zu bestimmen.

In analoger Weise behandeln wir noch kurz die -Substitutionen zweiter Art

$$\zeta' = \frac{A\,\bar{\zeta} + B}{\Gamma\,\bar{\zeta} + \varDelta} \qquad A\,\varDelta - B\,\Gamma = 1\,.$$

Wir haben hier in der ζ-Ebene zwei Punkte, deren jeder entweder in sich selbst übergeht oder die durch die Substitution miteinander vertauscht werden. Wir finden diese Punkte mit Hülfe der Gleichung

$$\zeta = \frac{A \cdot \dfrac{\bar{A}\,\zeta + \bar{B}}{\bar{\Gamma}\,\zeta + \bar{\Delta}} + B}{\Gamma \dfrac{\bar{A}\,\zeta + \bar{B}}{\bar{\Gamma}\,\zeta + \bar{\Delta}} + \Delta} = \frac{(A\,\bar{A} + B\,\bar{\Gamma})\,\zeta + A\,\bar{B} + B\,\bar{\Delta}}{(\Gamma\,\bar{A} + \Delta\,\bar{\Gamma})\,\zeta + \Gamma\,\bar{B} + \Delta\,\bar{\Delta}},$$

welche uns die beiden Werte

$$\zeta_{\frac{1}{2}} = \frac{A\bar{A} + B\bar{\Gamma} - \Gamma\bar{B} - \Delta\bar{\Delta} \pm \sqrt{(A\bar{A} + B\bar{\Gamma} + \Gamma\bar{B} + \Delta\bar{\Delta})^2 - 4}}{2\,(\Gamma\,\bar{A} + \bar{\Gamma}\,\Delta)}$$

liefert. Diese Formel besagt im Grunde nichts weiter, als daß ζ_1 und ζ_2 die Fixpunkte der Substitution sind, die aus der gegebenen Substitution bei einmaliger Wiederholung entsteht. Die durch diese beiden Punkte bestimmte Pseudogerade soll als A c h s e d e r S u b s t i t u t i o n bezeichnet werden. Die Rechnung zeigt ohne Schwierigkeit, daß die Punkte ζ_1 und ζ_2 je in sich übergehen, wenn $|A\,\bar{A} + \Delta\,\bar{\Delta} + B\,\bar{\Gamma} + \Gamma\,\bar{B}| > 2$ ist, dagegen miteinander vertauscht werden, wenn dieser Ausdruck kleiner als 2 ist; ist der Ausdruck gleich 2, so fallen die beiden Fixpunkte zusammen. Nachdem wir also die Achse einer ζ-Substitution zweiter Art bestimmt haben, brauchen wir auf weitere Eigenschaften dieser Substitutionen nicht mehr einzugehen. Höchstens könnten wir noch hervorheben, daß unter diesen Substitutionen die Spiegelungen oder symmetrischen Umformungen an Ebenen eine bevorzugte Rolle spielen. Es sind dies diejenigen Substitutionen, die mit sich selbst kombiniert die Identität ergeben. Die ihnen entsprechenden Bewegungen des hyperbolischen Raumes sind sogenannte harmonische Perspektivitäten.

Wir haben nun noch einige Formeln betreffs der K o m p o s i t i o n u n d T r a n s f o r m a t i o n v o n ζ - S u b s t i t u t i o n e n anzugeben. Von den beiden identischen Substitutionen $\begin{pmatrix} A & B \\ \Gamma & \Delta \end{pmatrix}$ und $\begin{pmatrix} -A & -B \\ -\Gamma & -\Delta \end{pmatrix}$ wollen wir zunächst eindeutig eine auszeichnen durch die Bedingung, daß der Realteil von $\dfrac{A+\varDelta}{2}$ einen positiven

Wert oder, falls er null ist, der Imaginärteil positives Vorzeichen besitzen soll; falls aber $A+\varDelta$ null ist, sollen weitere geeignete Festsetzungen getroffen werden, die mit den folgenden Formeln in Einklang zu bringen sind. Eine ζ-Substitution der hier vorliegenden Art stellt dann und nur dann die Identität dar, wenn sie eine ζ-Substitution erster Art ist und ihre Koeffizienten die Werte $A = \varDelta = 1$, $B = \varGamma = 0$ besitzen. Daraus folgt dann, daß zwei ζ-Substitutionen dann und nur dann identisch sind, wenn sie beide von derselben Art sind und dieselben Koeffizienten aufweisen. Wird eine ζ-Substitution erster Art $\begin{pmatrix} A_1 & B_1 \\ \varGamma_1 & \varDelta_1 \end{pmatrix}$ mit einer ζ-Substitution erster oder zweiter Art $\begin{pmatrix} A_2 & B_2 \\ \varGamma_2 & \varDelta_2 \end{pmatrix}$ kombiniert, so entsteht eine ζ-Substitution erster bzw. zweiter Art mit den Koeffizienten

$$A_{12} = A_1 A_2 + B_1 \varGamma_2 \qquad B_{12} = A_1 B_2 + B_1 \varDelta_2$$
$$\varGamma_{12} = \varGamma_1 A_2 + \varDelta_1 \varGamma_2 \qquad \varDelta_{12} = \varGamma_1 B_2 + \varDelta_1 \varDelta_2 \,.$$

Wird dagegen eine ζ-Substitution $\begin{pmatrix} A_1 & B_1 \\ \varGamma_1 & \varDelta_1 \end{pmatrix}$ zweiter Art mit einer ζ-Substitution $\begin{pmatrix} A_2 & B_2 \\ \varGamma_2 & \varDelta_2 \end{pmatrix}$ erster oder zweiter Art komponiert, so ergibt sich eine ζ-Substitution zweiter bzw. erster Art, deren Koeffizienten die Werte haben

$$A_{12} = A_1 \bar{A}_2 + B_1 \bar{\varGamma}_2 \qquad B_{12} = A_1 \bar{B}_2 + B_1 \bar{\varDelta}_2$$
$$\varGamma_{12} = \varGamma_1 \bar{A}_2 + \varDelta_1 \bar{\varGamma}_2 \qquad \varDelta_{12} = \varGamma_1 \bar{B}_2 + \varDelta_1 \bar{\varDelta}_2 \,.$$

Bemerkenswert ist, daß das Quadrat einer Substitution $\begin{pmatrix} A_1 & B_1 \\ \varGamma_1 & \varDelta_1 \end{pmatrix}$ zweiter Art, welches die Koeffizienten aufweist

$$A_{11} = A_1 \bar{A}_1 + B_1 \bar{\varGamma}_1 \qquad B_{11} = A_1 \bar{B}_1 + B_1 \bar{\varDelta}_1$$
$$\varGamma_{11} = \varGamma_1 \bar{A}_1 + \varDelta_1 \bar{\varGamma}_1 \qquad \varDelta_{11} = \varGamma_1 \bar{B}_1 + \varDelta_1 \bar{\varDelta}_1$$

einen reellen Wert
$$A_{11} + \Delta_{11} = A_1 \bar{A}_1 + \Delta_1 \bar{\Delta}_1 + B_1 \bar{\Gamma}_1 + \Gamma_1 \bar{B}_1$$
besitzt, d. h. eine nichtloxodromische Substitution erster
Art liefert.

Die zu einer ζ-Substitution erster Art inverse
Substitution besitzt die Koeffizienten
$$A' = \Delta\,,\; B' = -B\,,\; \Gamma' = -\Gamma\,,\; \Delta' = A\,,$$
während die zu einer ζ-Substitution zweiter Art inverse
Substitution die Koeffizienten
$$A' = \bar{\Delta} \quad B' = -\bar{B} \quad \Gamma' = -\bar{\Gamma} \quad \Delta' = \bar{A}$$
aufweist.

Wird eine ζ-Substitution erster Art $\begin{pmatrix} A_1 & B_1 \\ \Gamma_1 & \Delta_1 \end{pmatrix}$ mit
einer ζ-Substitution $\begin{pmatrix} A_0 & B_0 \\ \Gamma_0 & \Delta_0 \end{pmatrix}$ erster Art transformiert,
so erhält man eine ζ-Substitution $\begin{pmatrix} A_2 & B_2 \\ \Gamma_2 & \Delta_2 \end{pmatrix}$ mit den
Koeffizienten
$$A_2 = \quad A_1 \Delta_0 A_0 + B_1 \Delta_0 \Gamma_0 - \Gamma_1 B_0 A_0 - \Delta_1 B_0 \Gamma_0$$
$$B_2 = \quad A_1 \Delta_0 B_0 + B_1 \Delta_0 \Delta_0 - \Gamma_1 B_0 B_0 - \Delta_1 B_0 \Delta_0$$
$$\Gamma_2 = -A_1 \Gamma_0 A_0 - B_1 \Gamma_0 \Gamma_0 + \Gamma_1 A_0 A_0 + \Delta_1 A_0 \Gamma_0$$
$$\Delta_2 = -A_1 \Gamma_0 B_0 - B_1 \Gamma_0 \Delta_0 + \Gamma_1 A_0 B_0 + \Delta_1 A_0 \Delta_0\,.$$
Setzt man rechts die konjugiert komplexen Ausdrücke,
so erhält man damit die Koeffizienten einer ζ-Substi-
tution $\begin{pmatrix} A_2 & B_2 \\ \Gamma_2 & \Delta_2 \end{pmatrix}$ erster Art, die durch die Transformation der ζ-Substitution $\begin{pmatrix} A_1 & B_1 \\ \Gamma_1 & \Delta_1 \end{pmatrix}$ erster Art mit der
ζ-Substitution $\begin{pmatrix} A_0 & B_0 \\ \Gamma_0 & \Delta_0 \end{pmatrix}$ zweiter Art entsteht.

Ist nun aber die transformierte Substitution
$\begin{pmatrix} A_1 & \bar{B}_1 \\ \Gamma_1 & \bar{\Gamma}_1 \end{pmatrix}$ von der zweiten Art, so ist auch die neu entstehende Substitution $\begin{pmatrix} \bar{B} & A_2 \\ \Gamma_2 & \bar{\Delta}_2 \end{pmatrix}$ von der zweiten Art; ihre
Koeffizienten haben, wenn die transformierende Sub-
stitution $\begin{pmatrix} A_0 & B_0 \\ \Gamma_0 & \Delta_0 \end{pmatrix}$ von der ersten Art ist, die Werte

$$A_2 = \quad A_1 \, \Delta_0 \, \bar{A}_0 + B_1 \, \Delta_0 \, \bar{\Gamma}_0 - \Gamma_1 \, B_0 \, \bar{A}_0 - \Delta_1 \, B_0 \, \Gamma_0$$
$$B_2 = \quad A_1 \, \Delta_0 \, \bar{B}_0 + B_1 \, \Delta_0 \, \bar{\Delta}_0 - \Gamma_1 \, B_0 \, \bar{B}_0 - \Delta_1 \, B_0 \, \bar{\Delta}_0$$
$$\Gamma_2 = - A_1 \, \Gamma_0 \, \bar{A}_0 - B_1 \, \Gamma_0 \, \bar{\Gamma}_0 + \Gamma_1 \, A_0 \, \bar{A}_0 + \Delta_1 \, A_0 \, \bar{\Gamma}_0$$
$$\Delta_2 = - A_1 \, \bar{\Gamma}_0 \, \bar{B}_0 - B_1 \, \Gamma_0 \, \bar{\Delta}_0 + \Gamma_1 \, A_0 \, \bar{B}_0 + \Delta_1 \, A_0 \, \bar{\Delta}_0 \, ;$$

ist dagegen $\begin{pmatrix} A_0 & B_0 \\ \Gamma_0 & \Delta_0 \end{pmatrix}$ eine Substitution der zweiten Art so sind auf der rechten Seite die konjugiert komplexen Ausdrücke zu setzen.

Man erkennt aus diesen Formeln, daß bei ζ-Substitutionen erster Art die Summe $A_2 + \Delta_2 = A_1 + \Delta_1$ wird, wenn man die Substitution $\begin{pmatrix} A_1 & B_1 \\ \Gamma_1 & \Delta_1 \end{pmatrix}$ mit einer Substitution erster Art transformiert; der Ausdruck $A_1 + \Delta_1$ ist also eine Invariante gegenüber solchen Transformationen. Transformiert man dagegen die Substitution $\begin{pmatrix} A_1 & B_1 \\ \Gamma_1 & \Delta_1 \end{pmatrix}$ erster Art mit einer Substitution zweiter Art, so wird $A_2 + \Delta_2 = \bar{A}_1 + \bar{\Delta}_1$, sodaß also durch eine solche Transformation $A_1 + \Delta_1$ in seinen konjugiert komplexen Wert übergeht.

Nach diesen Vorbemerkungen über ζ-Substitutionen gehen wir zur B e h a n d l u n g d e r G r u p p e

$$G \begin{cases} \text{erzeugende Operationen a, b} \\ \text{wesentliche Relation } a^2 \, b^2 \, a^{-1} \, b^{-1} = 1 \end{cases}$$

über. Das Gruppenbild zweiter Art dieser Gruppe besteht, wie wir gesehen haben, in einem System von regulären Tetraedern vom Kantenwinkel $\dfrac{\pi}{3}$, deren Ecken auf dem absoluten Gebilde liegen. Das Ausgangstetraeder, d. h. dasjenige Tetraeder, welches dem Einheitselement der Gruppe zugeordnet ist, wollen wir kurz als „r e d u z i e r t e s T e t r a e d e r" bezeichnen. Wir können es so gewählt denken, daß seine Ecken A, B, C, D bei der Abbildung des hyperbolischen Raumes auf das Innere der Einheitskugel $x^2 + y^2 + z^2 = 1$, wobei sie mit den Eckpunkten eines dieser Kugel einbeschriebenen Tetraeders zusammenfallen müssen, folgende Koordinaten besitzen:

$$A \;:\; x_1 = -\frac{1}{3}\sqrt{6} \qquad y_1 = -\frac{1}{3}\sqrt{2} \qquad z_1 = -\frac{1}{3}$$

$$B \;:\; x_2 = +\frac{1}{3}\sqrt{6} \qquad y_2 = -\frac{1}{3}\sqrt{2} \qquad z_3 = -\frac{1}{3}$$

$$C \;:\; x_3 = 0 \qquad y_3 = \frac{2}{3}\sqrt{2} \qquad z_3 = -\frac{1}{3}$$

$$D \;:\; x_4 = 0 \qquad y_4 = 0 \qquad z_4 = 1.$$

Vom Mittelpunkte O dieser Kugel aus ziehen wir nun die Strahlen OA, OB, OC, OD. Diese Strahlen bestimmen mit den Bogen AB, AC, AD, BC, BD, CD von größten Kreisen auf der Kugel zusammen sechs Dreiecke OAB, OAC, OAD, OBC, OBD, OCD, welche jene Bogen zur Basis besitzen. Diese Dreiecke teilen das Innere und die Oberfläche der ζ Kugel in vier kongruente Teile, die den Winkelräumen zwischen zwei Eckenstrahlen des vorigen Kapitels entsprechen. Wir wollen auch das Innere eines dieser vier Teile OABC, OBCD, OCDA, ODAB als W i n k e l r a u m bezeichnen und zunächst bestimmen, w e l c h e m W i n k e l r a u m e i n P u n k t P m i t d e n K o o r d i n a t e n x, y, z im I n n e r n d e r K u g e l a n g e h ö r t.

Der Strahl OP schneidet die Oberfläche der ζ-Kugel im Punkte

$$x_0 = \frac{x}{\sqrt{x^2+y^2+z^2}},\; y_0 = \frac{y}{\sqrt{x^2+y^2+z^2}},\; z_0 = \frac{z}{\sqrt{x^2+y^2+z^2}},$$

dem in der ζ-Ebene der Punkt

$$\zeta = \frac{x_0 + i\,y_0}{1 - z_0} = \frac{x + i\,y}{\sqrt{x^2+y^2+z^2} - z}$$

zugeordnet ist. Die sphärischen Dreiecke ABC, BCD, CDA, DAB bilden sich ab auf Kreisbogendreiecke der ζ-Ebene, die wir nun durch Ungleichungen näher charakterisieren wollen. Den Punkten A, B, C, D der ζ-

Kugel sind zugeordnet die ζ-Werte

$$A: \quad \zeta_1 = -\frac{1}{4}\sqrt{6} - \frac{i}{4}\sqrt{2}$$

$$B: \quad \zeta_2 = +\frac{1}{4}\sqrt{6} - \frac{i}{4}\sqrt{2}$$

$$C: \quad \zeta_3 = \qquad\quad \frac{i}{2}\sqrt{2}$$

$$D: \quad \zeta_4 = \qquad\quad \infty$$

und ihren Gegenpunkten A', B', C', D', deren Koordinaten $-x_i$, $-y_i$, $-z_i$ ($i = 1, 2, 3, 4$) sind, entsprechen die ζ-Werte

$$A': \quad \zeta_1' = \frac{1}{2}\sqrt{6} + \frac{i}{2}\sqrt{2}$$

$$B': \quad \zeta_2' = -\frac{1}{2}\sqrt{6} + \frac{i}{2}\sqrt{2}$$

$$C': \quad \zeta_3' \qquad\qquad - i\sqrt{2}$$

$$D': \quad \zeta_4' = \quad 0.$$

Das Abbild des Kreises $A\,B\,A'\,B'$ der Kugel wird infolgedessen ein Kreis der ζ-Ebene, der den Punkt C

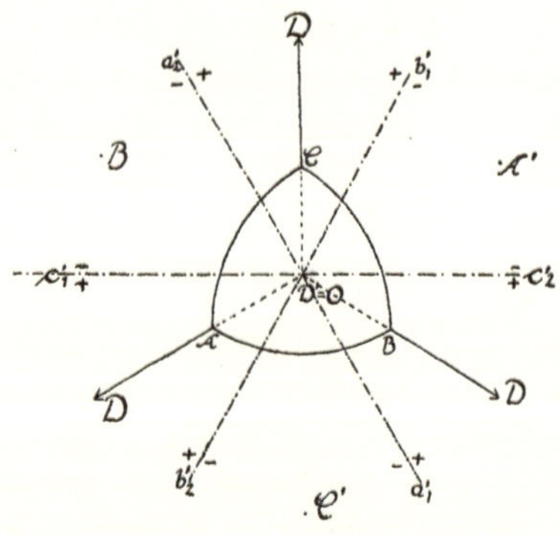

Fig. 9.

zum Mittelpunkt hat. Die drei Bogen BC, CA, AB sind also in der ζ-Ebene Teile von Kreisen, deren Mittelpunkte bzw. A, B, C sind; die drei Bogen DA, DB, DC sind dagegen Teile von Geraden, die durch den Punkt $D' = O$ gehen.

Die drei Kreise, zu denen bzw. die Bogen BC, CA, AB gehören, haben die Gleichungen

$$\zeta \bar{\zeta} - \zeta_i \bar{\zeta} - \bar{\zeta}_i \zeta - 1 = 0 \qquad (i = 1, 2, 3),$$

während die drei Geraden durch $D = \infty$ die Gleichungen

$$\zeta_i \bar{\zeta} - \bar{\zeta}_i \zeta = 0 \qquad (i = 1, 2, 3)$$

besitzen. Die Dreiecke ABC, BCD, CDA, DAB der ζ-Ebene sind also durch je drei Ungleichungen charakterisiert, nämlich

$$\text{A B C durch } \zeta \bar{\zeta} - \zeta_i \bar{\zeta} - \bar{\zeta}_i \zeta - 1 \leqq 0 \, (i = 1, 2, 3)$$
$$\text{B C D durch } \zeta \bar{\zeta} - \zeta_1 \bar{\zeta} - \bar{\zeta}_1 \zeta - 1 \geqq 0,$$
$$- i (\zeta_2 \bar{\zeta} - \bar{\zeta}_2 \zeta) \leqq 0 \, , \, - i (\zeta_3 \bar{\zeta} - \bar{\zeta}_3 \zeta) \geqq 0$$
$$\text{C D A durch } \zeta \bar{\zeta} - \zeta_2 \bar{\zeta} - \bar{\zeta}_2 \zeta - 1 \geqq 0,$$
$$- i (\zeta_3 \bar{\zeta} - \bar{\zeta}_3 \zeta) \leqq 0 \, , \, - i (\zeta_1 \bar{\zeta} - \bar{\zeta}_1 \zeta) \geqq 0$$
$$\text{D A B durch } \zeta \bar{\zeta} - \zeta_3 \bar{\zeta} - \bar{\zeta}_3 \zeta - 1 \geqq 0,$$
$$- i (\zeta_1 \bar{\zeta} - \bar{\zeta}_1 \zeta) \leqq 0 \, , \, - i (\zeta_2 \bar{\zeta} - \bar{\zeta}_2 \zeta) \geqq 0$$

(Es braucht wohl nicht ausdrücklich hervorgehoben zu werden, daß der Faktor i in diesen Ungleichungen $\sqrt{-1}$ bedeutet). Indem man nunmehr untersucht, welches dieser vier Systeme vom Punkte

$$\zeta = \frac{x + i\, y}{\sqrt{x^2 + y^2 + z^2} - z}$$

befriedigt wird, findet man den Winkelraum, dem der Punkt $P = \{x, y, z\}$ angehört.

Von Wichtigkeit ist es auch festzustellen, wann ein Punkt des hyperbolischen Raumes einem Punkte im Inneren des reduzierten Tetraeders entspricht. Die Seiten des reduzierten Tetraeders haben zunächst die Gleichungen

$$x^2 + y^2 + z^2 + 1 + 6\, x_i\, x + 6\, y_i\, y + 6\, z_i\, z = 0,$$
$$(i = 1, 2, 3, 4)$$

und zwar entsprechen den Indizes 1, 2, 3, 4 bzw. die Seitenflächen

$$BCD,\ CDA,\ DAB,\ ABC.$$

Ein Punkt $P = \{x, y, z\}$ gehört also dem Innern des reduzierten Tetraeders an, wenn die vier Ungleichungen

$$x^2 + y^2 + z^2 + 1 + 6\,(x_i\,x + y_i\,y + z_i\,z) \geqq 0\ (i = 1, 2, 3, 4)$$

sämtlich befriedigt werden.

Nunmehr beschäftigen wir uns mit dem ganzen **G r u p p e n b i l d z w e i t e r A r t**. Die Seitenfläche ABC des reduzierten Tetraeders ist mit $\bar{a}$, die Seitenfläche ACD mit $\bar{a}^{-1}$, die Seitenfläche ABD mit $\bar{b}$ und die Seitenfläche BCD mit $\bar{b}^{-1}$ bezeichnet worden. Den Substitutionen a, a^{-1}, b, b^{-1} entsprechen also die Ueberführungen des reduzierten Tetraeders bzw. in die Tetraeder

$$AD'BC\ ,\quad ACDB'\ ,\quad C'ABD\ ,\quad BCA'D\ ,$$

wobei die Reihenfolge der Buchstaben noch angibt, daß dem ersten Buchstaben die Ecke A, dem zweiten die Ecke B, dem dritten die Ecke C, dem vierten die Ecke D des reduzierten Tetraeders zugeordnet ist. In der einzelnen Kante stoßen sechs Tetraeder zusammen; wie denken uns nun die einzelne Kante von einem Zylinder mit hinreichend kleinem Querschnitt umgeben; dann werden in einem Raum, der eingeschlossen wird von einem solchen Zylinder und zwei senkrecht zu seiner Achse gelegten Ebenen, die auf der Achse ein beliebig großes, aber endliches Stück abschneiden, keine zwei einander äquivalenten Punkte liegen; die sechs Teile nämlich, in die der konstruierte Raumteil durch die in jener Kante zusammenstoßenden Tetraeder gelegt wird, sind sechs keilförmigen Stücken des reduzierten Tetraeders äquivalent, deren Kanten Teile der sechs Tetraederkanten sind und die keine gemeinsamen Punkte besitzen. Hieraus

schließen wir, daß in einem endlichen Gebiet
des eigentlichen hyperbolischen Raumes irgend zwei einander äquivalente
Punkte stets endliche Entfernung
voneinander besitzen. Die Gruppe G
kann infolgedessen keine elliptischen Substitutionen aufweisen.

Es ist auch leicht, ein Dehnsches Gruppenbild für G zu konstruieren. Zu dem Zwecke
markiere man in jedem Tetraeder etwa den Punkt, der
dem Punkte x=0, y=0, z=0 des reduzierten Tetraeders
äquivalent ist, und verbinde jeden solchen Punkt mit
den äquivalenten Punkten der vier Tetraeder, die mit
dem dem gewählten Punkte zugehörigen Tetraeder eine
Seitenfläche gemeinsam haben. Diese vier Verbindungsstrecken werden dann den von ihnen durchstoßenen
Seitenflächen entsprechend mit a, a^{-1}, b, b^{-1} zu bezeichnen sein. Man erhält so einen regulären Streckenkomplex im hyperbolischen Raume, bei dem von jedem
Punkte vier mit a, a^{-1}, b, b^{-1} bezeichnete Strecken
ausgehen und in jedem Punkte sechs reguläre Sechs-
ecke hängen, deren Ecken den sechs Tetraedern angehören, die in je einer Kante des dem Punkte zugeordneten Tetraeders zusammenstoßen. Die Bezeichnung der
Seiten eines solchen Sechseckes entspricht der Relation
$a^2 b^2 a^{-1} b^{-1} = 1$ oder einer der aus ihr durch zyklische
Vertauschung zu gewinnenden sechs Relationen. Der so
gewonnene Streckenkomplex stellt ein Dehnsches Gruppenbild für die Gruppe G dar; die den Elementen der
Gruppe korrespondierenden Bewegungen führen dieses
Gruppenbild so in sich über, daß gleichbezeichnete
Seiten zur Deckung kommen.

Nunmehr stellen wir endlich die zu den erzeugenden Operationen a, b, a^{-1}, b^{-1} gehörigen Bewegungen des hyperbolischen Rau-

mes fest. Diese Bewegungen sind von der zweiten Art, da das Ausgangstetraeder nur durch eine mit einer symmetrischen Umformung verbundene eigentliche Bewegung in die jenen Operationen entsprechenden Tetraeder AD′BC, ACDB′, C′ABD, BCA′D übergeführt werden kann. Bei der zur Operation a gehörigen Bewegung geht A in A, B in D′, C in B, D in C, B′ in D über. Zur Bestimmung der K o e f f i z i e n t e n   d i e - s e r   B e w e g u n g   a

$$\zeta' = \frac{\alpha\,\bar{\zeta} + \beta}{\gamma\,\bar{\zeta} + \delta} \qquad \alpha\,\delta - \beta\,\gamma = 1$$

können uns also die Gleichungen dienen

$$0 = \alpha\left(\frac{1}{4}\sqrt{6} + \frac{i}{4}\sqrt{2}\right) + \beta \qquad (\text{B in D}'),$$

$$0 = \gamma\left(-\frac{1}{2}\sqrt{6} - \frac{i}{2}\sqrt{2}\right) + \delta \qquad (\text{B}' \text{ in D}),$$

$$\frac{i}{2}\sqrt{2} = \frac{\alpha}{\gamma} \qquad\qquad (\text{D in C}),$$

aus denen folgt

$$\alpha = \frac{i}{2}\sqrt{2} \cdot \gamma\,,$$

$$\delta = \left(\frac{1}{2}\sqrt{6} + \frac{i}{2}\sqrt{2}\right)\gamma = \frac{1}{2}\sqrt{2}\,\gamma \cdot (\sqrt{3} + i)\quad,$$

$$\beta = -\frac{1}{4}\sqrt{2}\,(\sqrt{3} + i)\,\alpha = -\frac{i}{4}\gamma\,(\sqrt{3} + i)\,.$$

Setzen wir diese Werte ein in

$$1 = \alpha\,\delta - \beta\,\gamma = \gamma^2\left\{\frac{i}{2}(\sqrt{3} + i) + \frac{i}{4}(\sqrt{3} + i)\right\}$$

$$= \frac{3\,i}{4}\gamma^2(\sqrt{3} + i)\,,$$

so finden wir

$$\gamma^2 = -\frac{4\,i}{3\,(\sqrt{3} + i)} = -\frac{i}{3}(\sqrt{3} - i) = -\frac{1 + i\sqrt{3}}{3}$$

oder

$$\gamma = \frac{1}{6}\sqrt{6}\,(1 - i\sqrt{3}) = \frac{1}{6}\sqrt{6} - \frac{i}{2}\sqrt{2}\,.$$

Die Koeffizienten haben also die Werte

$$\alpha = \frac{1}{2} + \frac{i}{6}\sqrt{3} \qquad\qquad \beta = -\frac{1}{12}\sqrt{6} - \frac{i}{4}\sqrt{2}$$

$$\gamma = \frac{1}{6}\sqrt{6} - \frac{i}{2}\sqrt{2} \qquad\qquad \delta = 1 - \frac{i}{3}\sqrt{3}\,.$$

Die beiden übrigen Bedingungen, daß A in sich und C in B übergehen soll, können noch zur Kontrolle der Rechnung Verwendung finden.

Ebenso bestimmen wir die **Koeffizienten der Netzbewegung b**, bei der A in C′, B in A, C in B, D in D, A′ in C übergeht. Für die Koeffizienten der Substitution

$$\zeta' = \frac{\alpha\,\bar\zeta + \beta}{\gamma\,\bar\zeta + \delta} \qquad \alpha\,\delta - \beta\,\gamma = 1$$

haben wir hier

$$\gamma = 0 \qquad\qquad\qquad\qquad \text{(D in D)},$$

$$\frac{1}{4}\sqrt{2}\,(\sqrt{3} - i) = \left(-\frac{i}{2}\sqrt{2}\,\alpha + \beta\right)\frac{1}{\delta} \qquad \text{(C in B)},$$

$$-i\sqrt{2} = \left\{\alpha\left(-\frac{1}{4}\sqrt{6} + \frac{i}{4}\sqrt{2}\right) + \beta\right\}\frac{1}{\delta} \qquad \text{(A in C′)},$$

woraus sich ergibt

$$\delta\left(\frac{1}{4}\sqrt{6} - \frac{i}{4}\sqrt{2} + i\sqrt{2}\right) = \left(-\frac{i}{2}\sqrt{2} + \frac{1}{4}\sqrt{6} - \frac{i}{4}\sqrt{2}\right)\alpha,$$

$$\delta\left(\frac{1}{4}\sqrt{6} + \frac{3\,i}{4}\sqrt{2}\right) = \left(\frac{1}{4}\sqrt{6} - \frac{3\,i}{4}\sqrt{2}\right)\alpha\,,$$

$$\delta\,(1 + i\sqrt{3}) = \alpha\,(1 - i\sqrt{3}) \qquad,$$

also

$$\delta = \varkappa\,(1 - i\sqrt{3}) \qquad \alpha = \varkappa\,(1 + i\sqrt{3})\,.$$

Zur Elimination von $\varkappa$ dient uns die Gleichung

$$1 = \alpha\,\delta = \varkappa^2\,(1 + i\sqrt{3})\,(1 - i\sqrt{3}) = 4\varkappa^2\,,$$

bei deren Berücksichtigung sich ergibt

$$\alpha = \frac{1 + i\sqrt{3}}{2} \quad , \quad \delta = \frac{1 - i\sqrt{3}}{2} \quad ,$$

$$\beta = \frac{1}{4}\sqrt{2}\,(\sqrt{3} - i)\,\frac{1 - i\sqrt{3}}{2} + \frac{i}{2}\sqrt{2}\cdot\frac{1 + i\sqrt{3}}{2}$$

$$= \frac{1}{8}\sqrt{2}\cdot(-4i) + \frac{i}{4}\sqrt{2}\,(1 + i\sqrt{3}) = -\frac{i}{2}\sqrt{2} + \frac{i}{4}\sqrt{2} - \frac{1}{4}\sqrt{6}$$

$$= -\frac{1}{4}\sqrt{6} - \frac{i}{4}\sqrt{2}\,.$$

Die Koeffizienten der Bewegung b sind also

$$\alpha = \frac{1}{2} + \frac{i}{2}\sqrt{3} \qquad\qquad \beta = -\frac{1}{4}\sqrt{6} - \frac{i}{4}\sqrt{2}$$

$$\gamma = 0 \qquad\qquad \delta = \frac{1}{2} - \frac{i}{2}\sqrt{3}\,.$$

Die Koeffizienten der Bewegung a^{-1} sind

$$\alpha = 1 + \frac{i}{3}\sqrt{3} \qquad\qquad \beta = \frac{1}{12}\sqrt{6} - \frac{i}{4}\sqrt{2}$$

$$\gamma = -\frac{1}{6}\sqrt{6} - \frac{i}{2}\sqrt{2} \qquad\qquad \delta = \frac{1}{2} - \frac{i}{6}\sqrt{3}$$

und die der Bewegung b^{-1} sind

$$\alpha = \frac{1}{2} + \frac{i}{2}\sqrt{3} \qquad\qquad \beta = \frac{1}{4}\sqrt{6} - \frac{i}{4}\sqrt{2}$$

$$\gamma = 0 \qquad\qquad \delta = \frac{1}{2} - \frac{i}{2}\sqrt{3}\,.$$

Nachdem wir somit die Koeffizienten der Bewegungen $a^{\pm 1}$, $b^{\pm 1}$ gefunden haben, lassen sich die Koeffizienten der allgemeinsten Bewegung durch Komposition jederzeit bestimmen. Bei der Gelegenheit wollen wir auch wieder auf das Problem der zahlentheoretischen Charakterisierung der Koeffizienten dieser Bewegungsgruppe kurz hinweisen.

Wir haben jetzt ein analytisches Verfahren zu entwickeln, mit dessen Hülfe man einen gegebenen Punkt des hyperbolischen Raumes in das Innere des reduzierten Tetraeders verlegen kann. Sei $P = (x, y, z)$ der gegebene Punkt im Innern der ζ-Kugel, so wollen wir zunächst diejenige der vier Operationen

$$a, \ b, \ a^{-1}, \ b^{-1}$$

bestimmen, durch deren Anwendung P in einen dem Punkte O möglichst nahe gelegenen Punkt $P' = (x', y', z')$ übergeht.

Zur Abkürzung wollen wir

$$x^2 + y^2 + z^2 = r^2$$

setzen; wir haben dann

$$r^2 = \frac{z_1^{\,2} + z_2^{\,2} + z_3^{\,2}}{z_4 + \sqrt{z_4^{\,2} - z_1^{\,2} - z_2^{\,2} - z_3^{\,2}}}$$

oder

$$\frac{1 + r^2}{1 - r^2} = \frac{z_4}{\sqrt{z_4^{\,2} - z_1^{\,2} - z_2^{\,2} - z_3^{\,2}}} \ .$$

Dieser letzte Ausdruck geht durch eine Substitution $\begin{pmatrix} \alpha & \beta \\ \gamma & \delta \end{pmatrix}$ der Gruppe über in

$$\frac{1 + r'^2}{1 - r'^2} = \frac{z_4'}{\sqrt{z_4'^{\,2} - z_1'^{\,2} - z_2'^{\,2} - z_3'^{\,2}}} = \frac{z_4'}{\sqrt{z_4^{\,2} - z_1^{\,2} - z_2^{\,2} - z_3^{\,2}}}$$

$$= \alpha_{41} \frac{2x}{1 - r^2} + \alpha_{42} \frac{2y}{1 - r^2} + \alpha_{43} \frac{2z}{1 - r^2} + \alpha_{44} \frac{1 + r^2}{1 - r^2} \ .$$

Dabei ist $\alpha\delta - \beta\gamma = 1$ vorausgesetzt, und für $\alpha_{41}, \alpha_{42}, \alpha_{43}, \alpha_{44}$ sind die Werte

$$\alpha_{41} = \frac{1}{2} \{ \alpha\bar{\beta} + \beta\bar{\alpha} + \gamma\bar{\delta} + \delta\bar{\gamma} \}$$

$$\alpha_{42} = s\frac{i}{2} \{ \alpha\bar{\beta} - \beta\bar{\alpha} + \gamma\bar{\delta} - \delta\bar{\gamma} \}$$

$$\alpha_{43} = \frac{1}{2} \{ \alpha\bar{\alpha} - \beta\bar{\beta} + \gamma\bar{\gamma} - \delta\bar{\delta} \}$$

$$\alpha_{44} = \frac{1}{2} \{ \alpha\bar{\alpha} + \beta\bar{\beta} + \gamma\bar{\gamma} + \delta\bar{\delta} \}$$

zu nehmen, wobei noch $\varepsilon = \pm 1$ bedeutet, je nachdem $\begin{pmatrix} \alpha & \beta \\ \gamma & \delta \end{pmatrix}$ eine Substitution erster oder zweiter Art ist.

Für die erzeugenden Operationen

$$a, \ a^{-1}, \ b, \ b^{-1}$$

haben also $\alpha_{41}, \alpha_{42}, \alpha_{43}, \alpha_{44}$ die folgenden Werte:

$$a \ \ : \alpha_{41} = \frac{1}{4}\sqrt{6} \quad \alpha_{42} = -\frac{1}{4}\sqrt{2} \quad \alpha_{43} = -\frac{1}{4} \quad \alpha_{44} = \frac{5}{4}$$

$$a^{-1}: \alpha_{41} = 0 \quad\quad \alpha_{42} = \ \ 0 \quad\quad \alpha_{43} = \ \ \frac{3}{4} \quad \alpha_{44} = \frac{5}{4}$$

$$b \ \ : \alpha_{41} = -\frac{1}{4}\sqrt{6} \quad \alpha_{42} = -\frac{1}{4}\sqrt{2} \quad \alpha_{43} = -\frac{1}{4} \quad \alpha_{44} = \frac{5}{4}$$

$$b^{-1}: \alpha_{41} = 0 \quad\quad \alpha_{42} = \ \ \frac{1}{2}\sqrt{2} \quad \alpha_{43} = -\frac{1}{4} \quad \alpha_{44} = \frac{5}{4}$$

Unsere Aufgabe ist es festzustellen, für welches dieser vier Wertesysteme die Größe r' oder der Ausdruck

$$\frac{1+r'^2}{1-r'^2} = \frac{1}{1-r^2} \left\{ 2\alpha_{41} x + 2\alpha_{42} y + 2\alpha_{43} z + \alpha_{44} (1+r^2) \right\}$$

seinen kleinsten Wert annimmt. Da α_{44} in allen vier Fällen denselben Wert besitzt, so brauchen wir unter den vier Ausdrücken $\alpha_{41} x + \alpha_{42} y + \alpha_{43} z$ nur denjenigen zu bestimmen, der kleiner ist als die drei übrigen. Es genügt hier, dieselbe Feststellung zu treffen bei den vier Ausdrücken $\alpha_{41} x_0 + \alpha_{42} y_0 + \alpha_{43} z_0$, wo

$$x_0 = \frac{x}{\sqrt{x^2+y^2+z^2}}, \ y_0 = \frac{y}{\sqrt{x^2+y^2+z^2}}, \ z_0 = \frac{z}{\sqrt{x^2+y^2+z^2}}$$

bedeutet. Mit Hülfe der Koordinaten der Punkte A', B', C' D' können wir noch setzen

$$\alpha_{41} = -\frac{3}{4} x_i' \ \ , \quad \alpha_{42} = -\frac{3}{4} y_i' \ \ , \quad \alpha_{43} = -\frac{3}{4} z_i' \ \ ,$$

wobei die Indizes i und die Substitutionen a, b, a^{-1}, b^{-1} folgendermaßen einander zugeordnet sind:

a entspricht dem Index $i = 2$, d. h. dem Punkte B',
a^{-1} „ „ „ $i = 4$, „ „ „ „ D',
b „ „ „ $i = 1$, „ „ „ „ A',
b^{-1} „ „ „ $i = 3$, „ „ „ „ C'.

Zu untersuchen wäre also jetzt, wann

$$x_i' x_0 + y_i' y_0 + z_i' z_0$$

oder

$$V_i = 4 \left(\xi_i' \xi_0 + \eta_i' \eta_0 \right) + \left(\xi_i'^2 + \eta_i'^2 - 1 \right) \left(\xi_0^2 + \eta_0^2 - 1 \right)$$

seinen größten Wert annimmt. Nun ist für die drei
Punkte A', B', C'

$$\xi_i'^2 + \eta_i'^2 - 1 = 1$$

und für den Punkt D' reduziert sich der zu unter-
suchende Ausdruck auf

$$V_4 = - \left(\xi_0^2 + \eta_0^2 - 1 \right).$$

Demzufolge wollen wir unsere Untersuchung in folgender Weise vornehmen: Wir bestimmen zunächst den
größten unter den drei Ausdrücken V_1, V_2, V_3, welche
die Form

$$V_h = \xi_0^2 + \eta_0^2 - 1 + 4 \left(\xi_h' \xi_0 + \eta_h' \eta_0 \right) \quad (h = 1, 2, 3)$$

besitzen; dieser größte Ausdruck wird durch das h geliefert, für welches

$$v_h = \xi_h' \xi_0 + \eta_h' \eta_0 = \frac{1}{4} \left(V_4 + V_h \right)$$

seinen größten Wert besitzt. Hierauf haben wir nur
noch festzustellen, ob für das gefundene V_h die Differenz $V_4 - V_h$ größer oder kleiner als null, m. a. W. ob

$$\xi_h' \xi_0 + \eta_h' \eta_0 \text{ kleiner oder größer als } \frac{1}{2} \left(1 - \xi_0^2 - \eta_0^2 \right) \text{ ist.}$$

Durch die Gleichungen

$$\xi_h' \xi + \eta_h' \eta = 0 \qquad (h = 1, 2, 3)$$

sind drei durch den Punkt $\zeta = 0$ gehende Geraden der
ζ-Ebene dargestellt, die bzw. auf den Geraden

$$AA', \ BB', \ CC'$$

senkrecht stehen und mit a', b', c' bezeichnet werden

mögen. Der Ausdruck v_h stellt den enklidischen Abstand des Punktes ζ_0 von der Geraden $v_h = 0$ dar und zwar ist v_h positiv auf der Seite von $v_h = 0$, die den Punkt ζ_h' enthält. Man erkennt nun leicht, daß unter den drei Werten V_1, V_2, V_3 derjenige der größte ist, für den ζ_h' und ζ_0 in demselben der drei Winkelräume $DBD'CD$, $DCD'AD$, $DAD'BD$ liegen und daß für die Kanten DAD', DBD', DCD' je zwei größte Werte V_2 und V_3, bzw. V_3 und V_1, bzw. V_1 und V_2 vorhanden sind. Damit wäre also der größte der Werte V_1, V_2, V_3 bestimmt und somit der Wert

$$V_h - V_4 = 2 \left\{ (\xi_0^2 + \eta_0^2 - 1) + 2\, (\xi_h'\, \xi_0 + \eta_h'\, \eta_0) \right\}$$

zu betrachten. Die Gleichung $V_h - V_4 = 0$ liefert uns einen Kreis vom Mittelpunkte $\zeta_h = A , B , C$, welcher durch die beiden andern Punkte des Kreisbogendreiecks ABC geht. Innerhalb dieses Kreises ist $V_h - V_4$ negativ, außerhalb positiv, also V_4 für die inneren Punkte des Kreises größer, für die äußeren Punkte kleiner als V_h, während für die Punkte der genannten Kreise $V_4 = V_h$ ist. Wir erhalten infolgedessen auch hier das einfache Resultat: Liegt ein Punkt P im Winkelraum W_0, so ist c^{-1} diejenige Operation, durch deren Anwendung der Punkt P möglichst nahe an den Punkt O herangebracht wird. Die Operation c ist eindeutig bestimmt; nur in dem Falle, daß der Punkt P auf einem der sechs Dreiecke OAB, OBC, OCD, ODA, OAC, OBD liegt, also auf der Grenze zweier Winkelräume W_0' und W_0'', wird der Punkt P durch Anwendung der beiden Operationen c'^{-1} und c''^{-1} gleich nahe an den Punkt O herangebracht.

Man kann nun das Verfahren so lange fortsetzen, bis man zu einem Punkte P_n des reduzierten Tetraeders gelangt. Dabei liefert dann

$$W^{-1} = c_n^{-1} \cdots c_2^{-1} c_1^{-1}$$

die Substitution, die P in P_n überführt oder
$$W = c_1 \, c_2 \cdots c_n$$
d a s   T e t r a e d e r ,   d e m   d e r   g e g e b e n e
P u n k t   P   a n g e h ö r t.   Solange in der Reihe der
Punkte $P_1, \ldots P_n$ keiner dieser Punkte auf eines der
genannten sechs Dreiecke fällt, was man übrigens durch
eine leichte Abänderung der Lage von P stets vermeiden
kann, ist das Verfahren eindeutig. Zu beweisen ist nur
noch die Endlichkeit des Verfahrens; zu dem Zwecke
zeigen wir, daß der Wert von r' kleiner als der von r
ist und daß die Differenz $r - r'$ endlich ist, beides von
einigen unwesentlichen Ausnahmefällen abgesehen.

Würde zunächst r' größer oder gleich r werden,
so hätten wir die Ungleichung
$$\frac{1 + r'^2}{1 - r'^2} = \frac{2\,\alpha_{41}\,x + 2\,\alpha_{42}\,y + 2\,\alpha_{43}\,z + \alpha_{44}\,(1 + r^2)}{1 - r^2} \geqq \frac{1 + r^2}{1 - r^2},$$
aus der
$$(\alpha_{44} - 1)(1 + r^2) + 2\,\alpha_{41}\,x + 2\,\alpha_{42}\,y + 2\,\alpha_{43}\,z \geqq 0$$
hervorgeht, für das bestimmte Wertesystem
$$\alpha_{41}, \; \alpha_{42}, \; \alpha_{43}, \; \alpha_{44}.$$
Nun ist dieses System eines der vier Systeme
$$\alpha_{44} - 1 = \frac{1}{4}, \; \alpha_{41} = \frac{3}{4}\,x_i, \; \alpha_{42} = \frac{3}{4}\,y_i, \; \alpha_{43} = \frac{3}{4}\,z_i$$
und zwar dasjenige, für welches
$$x_i\,x + y_i\,y + z_i\,z$$
seinen kleinsten Wert besitzt. Für dieses System haben
wir also
$$\frac{1}{4}(1 + r^2) + \frac{6}{4}(x_i\,x + y_i\,y + z_i\,z) \geqq 0$$
oder
$$1 + x^2 + y^2 + z^2 + 6\,(x_i\,x + y_i\,y + z_i\,z) \geqq 0$$
und somit erst recht diese Ungleichung für alle vier
Zahlen $i = 1, 2, 3, 4$. Das bedeutet aber, daß der Punkt

P $= (x, y, z)$ bei der gemachten Annahme dem reduzierten Tetraeder angehört. Weiter erkennen wir aber auch, daß r' nur dann unendlich wenig kleiner als r sein kann, wenn der Punkt P zwar außerhalb des reduzierten Tetraeders liegt, aber von ihm nur unendlich wenig entfernt ist. Daß sich aber ein solcher Punkt durch eine endliche Anzahl von Schritten in das reduzierte Tetraeder verlegen läßt, wenn man das obige Verfahren zur Anwendung bringt, ist ohne weiteres klar.

Damit sind die Hilfsmittel, die zur analytischen Lösung des Transformationsproblems Verwendung finden, im wesentlichen erschöpft, und wir werden somit unser Augenmerk jetzt diesem Hauptproblem zuwenden.[43] Wir haben schon gesehen, daß bei jeder Bewegung eine gewisse Gerade des hyperbolischen Raumes, die als Achse der Bewegung bezeichnet ist, in sich übergeführt wird. Da in unserer Gruppe G keine elliptischen Substitutionen vorkommen, so ändern auch die Bewegungen zweiter Art, die der Gruppe G angehören, die Richtung der Achse nicht. Es sind aber in unserer Gruppe Bewegungen enthalten, bei denen die Achse auf einen Punkt des absoluten Gebildes zusammenschrumpft; es ist dies der Fall bei den parabolischen Substitutionen erster Art und denjenigen Substitutionen zweier Art, deren zweite Potenz eine parabolische Substitution ergibt.

Sei nun aber zunächst S_1 eine Substitution, deren Achse nicht in einen Punkt des absoluten Gebildes ausartet. Wir fällen von den Punkten O und S_1 des Dehnschen Gruppenbildes die Lote auf die Achse; die Fußpunkte L_0 und

---

[43] Das Identitätsproblem ist analytisch trivial, da nach geeigneten Vorzeichenbedingungen zwei Substitutionen dann und nur dann identisch sind, wenn ihre Koeffizienten identische Werte haben.

L_1 dieser Lote haben einen endlichen Abstand a_1 voneinander, der als **A c h s e n l ä n g e** der Bewegung S_1 zu bezeichnen ist, da das erste Lot in das zweite durch die Bewegung S_1 übergeht. Die Punkte L_0 und L_1 können hier nicht zusammenfallen, da sich sonst in der Nähe dieses Punktes auf den beiden Loten äquivalente Punkte mit unendlich kleiner Entfernung bestimmen ließen, was bei der Gruppe G ausgeschlossen ist. Alle Punkte der Achse von S_1, welche voneinander die Entfernung a_1 haben, sind äquivalent, denn sie gehen durch die Bewegung S_1 ineinander über. Es sei α_1 die kleinste Entfernung auf der Achse von S_1 von der Eigenschaft, daß alle Punkte mit der Entfernung α_1 äquivalent sind; dann ist α_1 ein aliquoter Teil von a_1. Bildet man ein Stück der Achse von der Länge α_1 auf das reduzierte Tetraeder ab, so erhält man in dem Bilde dieses Stückes schon ein Bild der ganzen Achse. Wir wollen dieses Bild noch mit einem Pfeil versehen, welcher der Richtung von L_0 nach L_1, die uns die Achsenrichtung von S_1 angibt, entspricht und es außerdem noch $\dfrac{a_1}{\alpha_1} =$ n-mal durchlaufen voraussetzen. Nach dieser Modifikation werden wir es als **A c h s e n b i l d v o n** S_1 bezeichnen.

Die Bewegung der Gruppe, die den Punkt L_0 in denjenigen Punkt l_1 der Strecke $L_0 L_1$ überführt, der von L_0 die Entfernung α_1 besitzt, bezeichnen wir mit s_1. Diese Bewegung s_1 führt das Stück $L_0 l_1$ der Achse von S_1 in das Stück $l_1 l_2$ dieser Achse über, das die Länge α_1 besitzt. Wäre dies nämlich nicht der Fall, so müßte von l_1 noch eine zweite $l_1 l_2$ äquivalente Strecke $l_1 l_2^{*}$ ausgehen. Auf diesen beiden Geraden würden sich dann in der Nähe von l_1 äquivalente Punkte mit beliebig kleiner Entfernung bestimmen lassen, was bei unserer Gruppe G nicht möglich ist. Die Bewegung s_1 hat somit dieselbe Achse und Achsenrichtung wie S_1 und die Achsenlänge α_1. Die Bewegung s_1^{n} hat dieselbe Achse,

Achsenrichtung und Achsenlänge, d. h. dasselbe Achsenbild wie S_1, und es ist nun

$$S_1 = s_1{}^n.$$

Denn wäre dies nicht der Fall, so würden die beiden von den Punkten S_1 und $s_1{}^n$ des Dehnschen Gruppenbildes auf die gemeinsame Achse dieser Bewegungen gefällten Lote, die beide den Punkt L_1 zum Fußpunkt besitzen, dem Lote OL_0 und daher auch untereinander äquivalent sein; das ist aber bei unserer Gruppe nicht möglich, da von keinem endlichen Punkte zwei verschiedene äquivalente Geraden ausgehen. Wir sind also auch hier berechtigt, die Zahl

$$n = \frac{a_1}{\alpha_1}$$

als Exponenten der Bewegung S_1 zu bezeichnen.

Es mögen nun S_1 und S_2 zwei gleichberechtigte Substitutionen der Gruppe bedeuten, d. h. es sei

$$S_2 = T^{-1} S_1 T .$$

Wir betrachten die Gesamtheit aller Punkte $S_2{}^m$ des Dehnschen Gruppenbildes; sie liegen auf einer Bahnkurve der Bewegung S_2, welche das absolute Gebilde in den beiden unendlich fernen Punkten der Achse von S_2 berührt. Durch die Bewegung T gehen sie über in die Punkte $T S_2{}^m$, die wegen der obigen Relation mit den Punkten $S_1{}^m T$ identisch sind. Diese Punkte liegen aber auf einer Bahnkurve der Bewegung S_1, die das absolute Gebilde in den beiden unendlich fernen Punkten der Achse von S_1 berührt. Wir erkennen also, daß die Bahnkurve der Punkte $S_2{}^m$ durch die Bewegung T in die Bahnkurve der Punkte $S_1{}^m T$ übergeht, m. a. W. durch die Bewegung T wird die Achse von S_2 in die Achse von S_1 und zwar auch die Achsenrichtung von S_2 in die von S_1 übergeführt. Fällen wir von den Punkten T und $S_1 T = T S_2$ die Lote auf die Achse von S_1, so ist die Strecke zwischen den Fußpunkten dieser Lote einmal gleich der Achsenlänge a_1 von S_1 und andererseits, da die von O und S_2 auf die Achse von S_2 gefällten Lote durch die Bewegung T in jene beiden Lote übergehen, gleich der Achsenlänge a_2 von S_2. Die beiden gleichberechtigten Elemente S_1 und S_2 haben somit auch gleiche Achsenlängen. Es folgt daher: E i n e n o t - w e n d i g e B e d i n g u n g f ü r d i e G l e i c h - b e r e c h t i g u n g z w e i e r E l e m e n t e S_1 und S_2 b e s t e h t i n d e r I d e n t i t ä t i h r e r A c h s e n b i l d e r.

Es läßt sich aber auch leicht zeigen, daß diese Bedingung hinreichend ist. Seien nämlich S_1 und S_2 zwei Elemente mit identischen Achsenbildern. Es gibt dann jedenfalls Elemente der Gruppe, welche die Achse von S_2 in die Achse von S_1 überführen. Sei T eine dieser Bewegungen; von den Punkten T und TS_2 fällen wir die Lote auf die Achse von S_1 und bezeichnen die Fußpunkte dieser Lote mit $M_0{}'$ und $M_1{}'$. Die Strecke $M_0{}' M_1{}'$ ist gleich der gemeinsamen Achsenlänge von S_1 und S_2. Durch die Bewegung S_1 wird also $M_0{}'$ in $M_1{}'$ und das Lot $T M_0{}'$ in eine äquivalente Strecke mit dem Endpunkt $M_1{}'$ übergeführt; es gibt nur eine solche Strecke, nämlich das von $T S_2$ auf die Achse von S_1 gefällte Lot. Infolgedessen geht der Punkt T durch die Netzbewegung S_1 in den Punkt $T S_2$ über, andererseits aber muß er durch die Bewegung S_1 auch in den Punkt $S_1 T$ übergehen. Die beiden Elemente $T S_2$ und $S_1 T$ sind also identisch. D i e n o t w e n d i g e u n d h i n - r e i c h e n d e B e d i n g u n g f ü r d i e G l e i c h - b e r e c h t i g u n g z w e i e r E l e m e n t e d e r G r u p p e G i s t a l s o d i e I d e n t i t ä t d e r A c h s e n b i l d e r. Insbesondere ergibt sich noch folgendes: Ist n der Exponent von S_1 d. h. $S_1 = s_1{}^n$, so weist auch S_2 denselben Exponenten auf, d. h. es ist $S_2 = s_2{}^n$, und nicht allein S_1 und S_2, sondern auch s_1

und s_2 sind gleichberechtigt und durch jede der Substitutionen T ineinander transformierbar. Bemerkenswert ist außerdem, daß in einer Gruppe ohne elliptische Substitutionen von dem Umstande, daß bei einer Substitution erster Art auch der Imaginärteil des mit k bezeichneten Faktors gegenüber Transformationen invariant ist, bei der Lösung des Transformationsproblems kein Gebrauch gemacht wird.

Die obige Bedingung versagt bei den E l e m e n - t e n, d e r e n A c h s e i n e i n e n P u n k t d e s a b s o l u t e n G e b i l d e s a u s a r t e t. Es sei E ein solcher Fixpunkt; er fällt mit einer Ecke der Tetraederteilung zusammen[44]) und kann also durch gewisse Bewegungen der Gruppe G in die Ecke D des reduzierten Tetraeders, die wir wegen der Aequivalenz der vier Ecken A, B, C, D allein dem reduzierten Tetraeder zurechnen wollen, übergeführt werden. Um eine derartige Bewegung zu erhalten, können wir unser früheres Verfahren anwenden. Wenn E im Winkelraum W_{c_1} liegt, so führen wir zunächst E durch die Substitution c_1^{-1} in einen Punkt E_1 über. Liegt E_1 im Winkelraum W_{c_2}, so führen wir es durch c_2^{-1} in einen Punkt E_2 über. In dieser Weise fahren wir fort, bis wir zunächst etwa zu einem Punkte E_i gelangen, der auf der Grenze zweier Winkelräume $W_{c'_{i+1}}$ und $W_{c''_{i+1}}$ liegt. Hier tritt dann eine Spaltung des bis dahin eindeutigen Verfahrens in zwei Möglichkeiten ein, insofern als wir entweder mit c'^{-1}_{i+1} oder mit c''^{-1}_{i+1} in der Reihe der Substitutionen

$$c_1^{-1}, \; c_2^{-1}, \; \cdots \; c_i^{-1}$$

---

[44]) Die Tetraeder, in welche wir den hyperbolischen Raum zerlegt haben, sind nämlich die Normalpolyeder unserer Bewegungsgruppe, die entstehen, wenn man zum Zwecke ihrer Bildung von den Punkten des Dehnschen Gruppenbildes ausgeht. Unsere Behauptung ist also eine unmittelbare Folgerung der Entwickelungen über Normalpolyeder in dem Werke von R. Fricke und F. Klein, Vorlesungen über Automorphe Funktionen Bd. I Abschn. 1 Kap. 2 § 7—8 und § 11.

fortfahren können. Es erübrigt sich hier, näher darauf einzugehen, was für ein Unterschied zwischen den beiden Fällen besteht; für unsere Zwecke ist es nämlich gleichgültig, in welcher Weise man das Verfahren fortsetzt. Schließlich wird man zu einem Punkte gelangen, der in eine der Ecken A, B, C, D fällt. Die Ecke C wird nun durch a^{-1}, die Ecke B durch sukzessive Anwendung von b^{-1} und a^{-1}, die Ecke A durch sukzessive Ausführung von b^{-1}, b^{-1}, a^{-1} in D übergeführt. In dieser Weise hat man eine Reihe von Substitutionen

$$c_1^{-1}, c_2^{-1}, c_3^{-1} \cdots c_n^{-1}$$

erhalten, durch welche E schließlich in D übergeführt ist, und zwar ist

$$W^{-1} = c_n^{-1} c_{n-1}^{-1} \cdots c_2^{-1} c_1^{-1}$$

das Element, welches dies bewerkstelligt. Das Verfahren muß in endlich vielen Schritten zum Ziele führen, da es nichts weiter bedeutet als die Verwandlung des im Punkte E hängenden Tetraeders $W = c_1 c_2 \cdots c_n$ in das reduzierte Tetraeder.

Ist nunmehr S ein Element, das den Punkt E zum Fixpunkt hat, so ist

$$R = W^{-1} S W$$

ein Element, welches den Punkt D als Fixpunkt aufweist, da ja der Punkt D durch die Bewegung W in E übergeht. Jedes Element S, dessen Achse in einen Punkt ausartet, ist somit gleichberechtigt mit einem Elemente R, das den Punkt D als ausgeartete Achse besitzt; wir können auch jederzeit eine Substitution W angeben, durch die das Element S in R transformiert wird. Demzufolge können wir nunmehr die weitere Betrachtung auf die Elemente R beschränken.

Da der Punkt D dem Punkte $\zeta = \infty$ zugeordnet ist, so ist für die zu den Elementen R gehörigen ζ-Substitutionen

$$\Gamma = 0$$

und demzufolge

$$A \varDelta = 1 \quad \text{oder} \quad \varDelta = \frac{1}{A}.$$

Für die ζ-Substitutionen erster Art ist außerdem bei passender Wahl der Vorzeichenbedingungen

$$A + \varDelta = 2 \quad \text{oder} \quad A + \frac{1}{A} = 2,$$

woraus

$$A^2 - 2A + 1 = 0 \quad \text{oder} \quad (A - 1)^2 = 0,$$

d. h.

$$A = \varDelta = 1$$

folgt. Die ζ-Substitutionen erster Art haben also die Form

$$\zeta' = \zeta + B.$$

Für die Koeffizienten der ζ-Substitutionen zweiter Art haben wir, da ihre zweite Potenz eine Substitution der hier vorliegenden Form ist, die Bedingungen

$$A \bar{A} = 1 \quad \text{und} \quad \varDelta \bar{\varDelta} = 1,$$

woraus im Verein mit $\varDelta = \dfrac{1}{A}$ folgt, daß A und $\varDelta$ zwei konjugiert komplexe Zahlen vom Betrage 1 sind. Die ζ-Substitutionen zweiter Art haben also die Gestalt

$$\zeta' = \frac{e^{\,i\varphi}\,\bar{\zeta} + B}{e^{\,-\,i\varphi}}.$$

Die zweite Potenz dieser Substitution ist

$$\zeta' = \zeta + (B + \bar{B})\,e^{\,i\varphi}.$$

Weiter hätten wir nun die Gleichberechtigung zweier ζ-Substitutionen

$$\zeta' = \zeta + B_1 \quad \text{und} \quad \zeta' = \zeta + B_2$$

festzustellen. Angenommen, es könnte die erste Substitution durch eine ζ-Substitution $\begin{pmatrix} A_0 & B_0 \\ \Gamma_0 & \varDelta_0 \end{pmatrix}$ erster Art in die zweite transformiert werden, so hätten wir unsern Transformationsformeln zufolge die Gleichungen

$$0 = B_1 \varDelta_0 \Gamma_0 \quad , \quad B_2 = B_1 \varDelta_0{}^2 \quad , \quad 0 = - B_1 \Gamma_0'{}^2 \ ,$$
$$0 = - B_1 \Gamma_0 \varDelta_0 \ ,$$

aus denen, da wir naturgemäß $B_1 \neq 0$ voraussetzen, $\Gamma_0 = 0$ hervorgeht. Die transformierende Substitution hat also D zum Fixpunkt. Nun kann aber D nicht Fixpunkt einer Substitution sein, deren Achse nicht in einen Punkt ausartet; denn sonst ließe sich auf dieser Achse ja ein unendlich großes Stück bestimmen, das keine äquivalenten Punkte besäße. Somit ergibt sich weiter

$$A_0 = \varDelta_0 = 1 \quad , \quad \Gamma_0 = 0$$

und

$$B_2 = B_1 \ .$$

Zwei nicht identische Substitutionen der angegebenen Art können also durch eine ζ-Substitution erster Art niemals ineinander transformiert werden.

Nehmen wir nun $\begin{pmatrix} A_0 & , & B_0 \\ \Gamma_0 & , & \varDelta_0 \end{pmatrix}$ als Substitution zweiter Art an, so haben wir die Relationen

$$0 = \bar{B}_1 \bar{\varDelta}_0 \bar{\Gamma}_0 \quad , \quad B_2 = \bar{B}_1 \bar{\varDelta}_0{}^2 \quad , \quad 0 = - \bar{B}_1 \bar{\Gamma}_0{}^2 \ ,$$
$$0 = - \bar{B}_1 \bar{\Gamma}_0 \bar{\varDelta}_0 \ ,$$

aus denen zunächst

$$\bar{\Gamma}_0 = 0$$

und dann weiter durch denselben Schluß wie eben

$$A_0 = e^{i\varphi_0} \quad , \quad \varDelta_0 = e^{-i\varphi_0}$$

folgt. Als notwendige und hinreichende Bedingung für die Gleichberechtigung unserer beiden Substitutionen ergibt sich also, daß sich eine ζ-Substi-

t u t i o n $\begin{pmatrix} e^{i\varphi_0} & B_0 \\ 0 & e^{-i\varphi_0} \end{pmatrix}$ z w e i t e r A r t b e s t i m -
m e n l a s s e n m u ß , f ü r d i e

$$e^{2i\varphi_0} = \frac{B_2}{B_1}$$

i s t.

Es möge nun weiter festgestellt werden, wann zwei Substitutionen

$$\zeta' = \frac{e^{i\varphi_1}\,\bar{\zeta} + B_1}{e^{-i\varphi_1}} \quad \text{und} \quad \zeta' = \frac{e^{i\varphi_2}\,\bar{\zeta} + B_2}{e^{-i\varphi_2}}$$

zweiter Art gleichberechtigt sein können. Wir werden bei einer solchen Substitution

$$B \neq 0$$

voraussetzen müssen, denn eine Substitution der Form

$$\zeta' = \frac{e^{i\varphi}}{e^{-i\varphi}}\,\bar{\zeta} \quad \text{kann in unserer Gruppe nicht enthalten}$$

sein. Bei ihr würde nämlich die Gerade $\zeta = \lambda\,e^{i\varphi}$ der ζ-Ebene Punkt für Punkt in sich übergehen; daraus aber würde folgen, daß im hyperbolischen Raume die zu jener Gerade gehörigen Ebene punktweise in sich transformiert würde; somit ließen sich äquivalente Punkte beliebig kleiner Entfernung in der Nähe eines endlichen Punktes bestimmen, was bei der von uns betrachteten Gruppe ausgeschlossen ist. Sind nun die beiden gegebenen Substitutionen gleichberechtigt in G, so bestehen für ihre Koeffizienten Beziehungen von folgender Art

$$e^{i\varphi_2} = \quad e^{i\varphi_1}\,\Delta_0\,\bar{A}_0 + B_1\,\Delta_0\,\bar{\Gamma}_0 - e^{-i\varphi_1}\,B_0\,\bar{\Gamma}_0$$

$$B_2 = \quad e^{i\varphi_1}\,\Delta_0\,\bar{B}_0 + B_1\,\Delta_0\,\bar{\Delta}_0 - e^{-i\varphi_1}\,B_0\,\bar{\Delta}_0$$

$$0 = -\,e^{i\varphi_1}\,\Gamma_0\,\bar{A}_0 - B_1\,\Gamma_0\,\bar{\Gamma}_0 + e^{-i\varphi_1}\,A_0\,\bar{\Gamma}_0$$

$$e^{-i\varphi_2} = -\,e^{i\varphi_1}\,\Gamma_0\,\bar{B}_0 - B_1\,\Gamma_0\,\bar{\Delta}_0 + e^{-i\varphi_1}\,A_0\,\bar{\Delta}_0$$

oder

$$e^{i\varphi_2} = e^{-i\varphi_1}\,\bar{A}_0\,A_0 + \bar{B}_1\,\bar{A}_0\,\Gamma_0 - e^{i\varphi_1}\,\bar{B}_0\,\Gamma_0$$
$$B_2 = e^{-i\varphi_1}\,\bar{A}_0\,B_0 + \bar{B}_1\,\bar{A}_0\,\varDelta_0 - e^{i\varphi_1}\,\bar{B}_0\,\varDelta_0$$
$$0 = -\,e^{-i\varphi_1}\,\bar{\Gamma}_0\,A_0 - \bar{B}_1\,\bar{\Gamma}_0\,\Gamma_0 + e^{i\varphi_1}\,\bar{A}_0\,\Gamma_0$$
$$e^{-i\varphi_2} = -\,e^{-i\varphi_1}\,\bar{\Gamma}_0\,B_0 - \bar{B}_1\,\bar{\Gamma}_0\,\varDelta_0 + e^{i\varphi_1}\,\bar{A}_0\,\varDelta_0$$

je nachdem die transformierende Substitution von der ersten oder zweiten Art ist. In beiden Fällen ergibt sich aus der dritten Gleichung zunächst

$$\Gamma_0 = 0\,.$$

Die transformierende Substitution $\begin{pmatrix} A_0 & B_0 \\ \Gamma_0 & \varDelta_0 \end{pmatrix}$ hat also, wenn sie von der ersten Art ist, die Form

$$\zeta' = \zeta + B_0$$

und, wenn sie von der zweiten Art ist, die Form

$$\zeta' = \frac{e^{\,i\varphi_0}\,\bar{\zeta} + B_0}{e^{-i\varphi_0}}\,.$$

Unsere obigen Relationen gehen also über in

$$e^{\,i\varphi_2} = e^{\,i\varphi_1}$$
$$B_2 = B_1 + e^{\,i\varphi_1}\,\bar{B}_0 - e^{\,-i\varphi_1}\,B_0\,,$$

bzw. in

$$e^{\,i\varphi_2} = e^{\,i(2\varphi_0 - \varphi_1)}$$
$$B_2 = \bar{B}_1 + e^{\,i(\varphi_0 - \varphi_1)}\,B_0 - e^{\,i(\varphi_1 - \varphi_0)}\,\bar{B}_0\,.$$

In beiden Fällen ergibt sich als notwendige Bedingung

$$B_2 + \bar{B}_2 = B_1 + \bar{B}_1\,,$$

womit aber nichts weiter ausgedrückt wird, als daß die Substitution $\begin{pmatrix} A_0 & B_0 \\ \Gamma_0 & \varDelta_0 \end{pmatrix}$ auch die zweiten Potenzen der beiden gegebenen Substitutionen ineinander transformiert. Wir werden gleich unsere Relation noch genauer zu diskutieren haben und sprechen zunächst, indem wir bedenken, daß alle Substitutionen R, die D zur ausgearteten Achse besitzen, eine in unserer Gruppe G enthaltene Untergruppe H bilden, als Hauptresultat dieser

analytischen Betrachtung den Satz aus: Zwei Substitutionen der Untergruppe H sind
dann und nur dann in G gleichberechtigt, wenn sie auch in H gleichberechtigt sind.

Die Punkte des Dehnschen Gruppenbildes, die Elementen der Gruppe H entsprechen, haben im ζ-Halb-
raum eine besonders einfache Lage. Bei einer Substitu-
tion $\begin{pmatrix} A & B \\ \Gamma & \varDelta \end{pmatrix}$ geht nämlich der Wert

$$\vartheta = \frac{\sqrt{z_4{}^2 - z_1{}^2 - z_2{}^2 - z_3{}^2}}{z_4 - z_3}$$

über in den Ausdruck

$$\vartheta' = \frac{\sqrt{z_4'{}^2 - z_1'{}^2 - z_2'{}^2 - z_3'{}^2}}{z_4' - z_3'} = \frac{\sqrt{z_4{}^2 - z_1{}^2 - z_2{}^2 - z_3{}^2}}{z_4' - z_3'}\,.$$

Der Nenner $z_4' - z_3'$ hat nach den Formeln auf pg. 166
den Wert

$$z_4' - z_3' = (\Gamma\,\bar\varDelta + \varDelta\,\bar\Gamma)\,z_1 + i\mathfrak{s}\,(\Gamma\,\bar\varDelta - \varDelta\,\bar\Gamma)\,z_2$$
$$+ (\Gamma\,\bar\Gamma - \varDelta\,\bar\varDelta)\,z_3 + (\Gamma\,\bar\Gamma + \varDelta\,\bar\varDelta)\,z_4\,.$$

Nun ist für die Substitutionen der Gruppe H

$$\Gamma = 0 \quad\text{und}\quad \varDelta\,\bar\varDelta = 1\,,$$

also

$$z_4' - z_3' = z_4 - z_3 \quad\text{oder}\quad \vartheta' = \vartheta\,.$$

Daraus folgt, daß die der Gruppe H zugeordneten Punkte des Dehnschen Gruppenbildes sämtlich in der Ebene

$$\vartheta = 1$$

liegen, die durch den dem Punkte x = y = z = 0
entsprechenden Punkt $\xi = 0, \eta = 0, \vartheta = 1$ geht. Im hyperbolischen Raume stellt sich diese Ebene dar als eine durch
den Punkt $z_1 : z_2 : z_3 : z_4 = 0 : 0 : 0 : 1$ gehende Grenzkugel,
die das absolute Gebilde in D berührt.

Mit Hülfe der folgenden Figur ist es nun leicht,
die Punkte des Dehnschen Gruppenbildes, die in der
Ebene $\vartheta = 1$ liegen, zu überblicken. Hinsichtlich der

Zeichnung ist noch zu bemerken, daß man die geradlini-
gen Strecken a und b der Figur sich durch die oberhalb
der Ebene $\vartheta = 1$ gelegenen Teile von Halbkreisen ersetzt denken muß, die auf Ebene $\vartheta = 0$ senkrecht stehen
und dieselben Endpunkte haben wie die Strecken a, b;
dabei ist vorausgesetzt, daß man für das Punktsystem
mit seinen Verbindungsstrecken einen Teil des Dehnschen Gruppenbildes zu nehmen beabsichtigt.

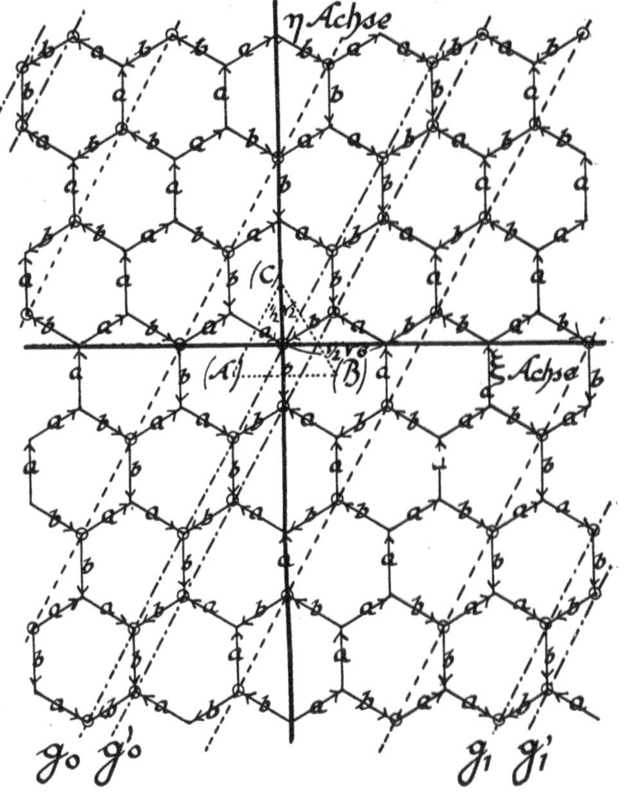

Fig. 10.

Aber nicht alle Elemente, deren repräsentierende
Punkte der Ebene $\vartheta = 1$ angehören, sind auch Elemente
der Gruppe H. Es ist jedoch leicht, die Punkte unserer

Figur anzugeben, welche Elemente von H bilden. Die Substitutionen von H sind nämlich dadurch charakterisiert, daß sie die Ebene $\vartheta = 1$ und das Dehnsche Gruppenbild, also auch den durch unsere Figur dargestellten Streckenkomplex, der einen Teil dieses Gruppenbildes darstellt, in sich so überführen, daß gleichbezeichnete Seiten zur Deckung kommen. Daraus folgt, daß alle die Punkte unseres Streckenkomplexes Elemente von H repräsentieren, von denen in der Figur die Strecken b, b^{-1}, a^{-1} ausgehen; diejenigen dieser Punkte, bei denen der durch die Reihenfolge b, b^{-1}, a^{-1} festgelegte Umlaufssinn derselbe ist wie beim Punkte O entsprechen Elementen erster Art, die übrigen dagegen Elementen zweiter Art. Wir entnehmen der Figur sofort, daß die Elemente erster Art diejenigen Netzpunkte sind, die auf den Geraden

$$g_h : \frac{\eta}{\xi - h \cdot 2\sqrt{6}} = \sqrt{3}$$

$$\text{oder}\quad \zeta\left(1 - i\sqrt{3}\right) - \bar{\zeta}\left(1 + i\sqrt{3}\right) + 12\,h\,i\,\sqrt{2} = 0$$

$$\text{oder}\quad \zeta\, e^{-i\frac{\pi}{3}} - \bar{\zeta}\, e^{i\frac{\pi}{3}} + 6\,h\,i\,\sqrt{2} = 0$$

$$(h = \cdots -2,\, -1,\, 0,\, 1,\, 2,\, \cdots)$$

liegen, während die Elemente zweiter Art von H die den Geraden

$$g_h' : \frac{\eta}{\xi - h \cdot 2\sqrt{6} - \dfrac{1}{6}\sqrt{6}} = \sqrt{3}$$

$$\text{oder}\quad \zeta\left(1 - i\sqrt{3}\right) - \bar{\zeta}\left(1 + i\sqrt{3}\right) + 12\,h\,i\,\sqrt{2} + i\,\sqrt{2} = 0$$

$$\text{oder}\quad \zeta\, e^{-i\frac{\pi}{3}} - \bar{\zeta}\, e^{i\frac{\pi}{3}} + 6\,h\,i\,\sqrt{2} + \frac{i}{2}\sqrt{2} = 0$$

angehörigen Netzpunkte sind; die Geraden g_h und g_h' liegen dabei in der Ebene $\vartheta = 1$. Die Netzpunkte erster Art umfassen alle Punkte mit den Koordinaten

$$\xi = \left(\frac{k}{4} + 2h\right)\sqrt{6} \quad , \quad \eta = \frac{3}{4}\,k\sqrt{2} \quad , \quad \vartheta = 1$$

oder
$$\zeta = \frac{k}{2}\sqrt{6}\cdot e^{\,i\frac{\pi}{3}} + 2h\sqrt{6} \quad , \qquad \vartheta = 1$$

und die Punkte zweiter Art alle Netzpunkte mit den Koordinaten

$$\xi = \left(\frac{k}{4} + 2h\right)\sqrt{6} \quad , \quad \eta = \frac{3}{4}\,k\sqrt{2} - \frac{1}{2}\sqrt{2} \quad , \quad \vartheta = 1$$

oder
$$\zeta = \frac{k}{2}\sqrt{6}\cdot e^{\,i\frac{\pi}{3}} + \left(2h\sqrt{6} - \frac{i}{2}\sqrt{2}\right) \quad , \quad \vartheta = 1\,,$$

wobei h und k beliebige ganze Zahlen bedeuten können. Die ζ-Substitutionen erster Art der Gruppe H sind also

$$\zeta' = \zeta + \frac{k}{2}\sqrt{6}\cdot e^{\,i\frac{\pi}{3}} + 2h\sqrt{6}\,,$$

während die ζ-Substitutionen zweiter Art dieser Gruppe die Gestalt

$$\zeta' = \frac{e^{\,i\frac{\pi}{3}}\,\xi + \frac{k}{2}\sqrt{6} + 2\,h\,\sqrt{6}\cdot e^{\,-i\frac{\pi}{3}} - \frac{1}{4}\sqrt{6} - \frac{i}{4}\sqrt{2}}{e^{\,-i\frac{\pi}{3}}}$$

besitzen. Man erhält alle Substitutionen von H, indem man h und k die Reihe sämtlicher ganzen Zahlen durchlaufen läßt.

Jetzt können wir auch das Transformationsproblem für die Gruppe H vollständig erledigen. Wir haben schon gesehen, daß zwei Substitutionen erster Art durch eine Substitution erster Art nur dann ineinander transformiert werden können, wenn sie identisch sind; ist dies der Fall, so werden sie durch jede Substitution erster Art ineinander transfomiert, m. a. W. alle Substitutionen erster Art der Gruppe H sind miteinander vertauschbar. Dieses

Resultat ist analytisch wegen der Gestalt $\zeta' = \zeta + B$ dieser Substitutionen unmittelbar evident.

Als notwendige und hinreichende Bedingung dafür, daß zwei Substitutionen erster Art von H durch eine Substitution zweiter Art von H ineinander transformiert werden können, haben wir gefunden

$$\frac{B_2}{\bar{B}_1} = e^{2i\varphi_0},$$

also

$$\frac{\dfrac{k_2}{2}\sqrt{6}\, e^{i\frac{\pi}{3}} + 2\,h_2\,\sqrt{6}}{\dfrac{k_1}{2}\sqrt{6}\, e^{-i\frac{\pi}{3}} + 2\,h_1\,\sqrt{6}} = e^{2i\frac{\pi}{3}}$$

oder

$$\frac{k_2}{2}\, e^{i\frac{\pi}{3}} + 2\,h_2 = \frac{k_1}{2}\, e^{i\frac{\pi}{3}} + 2\,h_1\, e^{2i\frac{\pi}{3}}.$$

Daraus folgt zunächst

$$\frac{k_2}{4} + 2\,h_2 = \frac{k_1}{4} - h_1$$

und weiter

$$\frac{k_1 - k_2}{4} = h_1 + 2\,h_2,$$

ferner

$$\frac{k_2}{4} = \frac{k_1}{4} + h_1 \qquad \text{oder} \qquad \frac{k_1 - k_2}{4} = -\,h_1\ .$$

Wir haben also

$$h_1 + h_2 = 0 \qquad \text{oder} \qquad h_2 = -\,h_1$$

und

$$k_1 - k_2 = 4\,(h_1 + 2\,h_2) = -\,4\,h_1$$

oder

$$k_2 = k_1 + 4\,h_1.$$

Zwei ζ-Substitutionen erster Art der Gruppe H sind also gleichberechtigt, wenn die ihnen zugehörigen Zahlenpaare (h, k) die Relationen

$$h_2 = -h_1 \qquad \text{und} \qquad k_2 = k_1 + 4\,h_1$$

erfüllen. Jedes Element zweiter Art transformiert in diesem Falle die eine Substitution in die andere.

Die gefundenen Bedingungen für die Gleichberech-berechtigung zweier Substitutionen zweiter Art der Gruppe H reduzieren sich nun, indem wir die Gestalt der Substitutionskoeffizienten beachten, auf

$$\frac{k_2}{2}\,\sqrt{6} + 2\,h_2\,\sqrt{6}\,e^{-i\frac{\pi}{3}} - \frac{1}{4}\,\sqrt{6} - \frac{i}{4}\,\sqrt{2}$$

$$= \frac{k_1}{2}\,\sqrt{6} + 2\,h_1\,\sqrt{6}\,e^{-i\frac{\pi}{3}} - \frac{1}{4}\,\sqrt{6} - \frac{i}{4}\,\sqrt{2}$$

$$+ e^{i\frac{\pi}{3}}\left(\frac{k_0}{2}\,\sqrt{6}\,e^{-i\frac{\pi}{3}} + 2\,h_0\,\sqrt{6}\right)$$

$$- e^{-i\frac{\pi}{3}}\left(\frac{k_0}{2}\,\sqrt{6}\,e^{i\frac{\pi}{3}} + 2\,h_0\,\sqrt{6}\right)$$

oder

$$\frac{k_2}{2} + 2\,h_2\,e^{-i\frac{\pi}{3}} = \frac{k_1}{2} + 2\,h_1\,e^{-i\frac{\pi}{3}} + 2\,h_0\left(e^{i\frac{\pi}{3}} - e^{-i\frac{\pi}{3}}\right),$$

mithin

$$\frac{k_2}{2} + h_2 = \frac{k_1}{2} + h_1 \;\;,\;\; h_2 = h_1 - 2\,h_0$$

oder

$$h_2 = h_1 - 2\,h_0 \;,\; k_2 = k_1 + 4\,h_0 = k_1 + 2\,(h_1 - h_2),$$

wenn die transformierende Substitution von der ersten Art sein soll, und auf

$$\frac{k_2}{2}\sqrt{6} + 2\,h_2\,\sqrt{6}\,e^{-i\frac{\pi}{3}} - \frac{1}{4}\,\sqrt{6} - \frac{i}{4}\,\sqrt{2} = \frac{k_1}{2}\,\sqrt{6} + 2\,h_1\,\sqrt{6}\,e^{i\frac{\pi}{3}}$$

$$-\frac{1}{4}\sqrt{6}+\frac{i}{4}\sqrt{2}+2h_0\sqrt{6}\left(e^{-i\frac{\pi}{3}}-e^{i\frac{\pi}{3}}\right)-\frac{i}{4}\sqrt{2}-\frac{i}{4}\sqrt{2}$$

oder

$$\frac{k_2}{2}+2h_2\,e^{-i\frac{\pi}{3}}=\frac{k_1}{2}+2h_1\,e^{i\frac{\pi}{3}}-2h_0\left(e^{i\frac{\pi}{3}}-e^{-i\frac{\pi}{3}}\right)$$

oder

$$\frac{k_2}{2}+h_2=\frac{k_1}{2}+h_1\qquad,\qquad -h_2=h_1-2h_0\ ,$$

mithin

$$h_2=2h_0-h_1\ ,\ k_2=k_1+4\,(h_1-h_0)=k_1+2\,(h_1-h_2)\ ,$$

wenn die transformierende Substitution von der zweiten Art sein soll. Wir haben somit das Resultat erhalten: Z w e i S u b s t i t u t i o n e n z w e i t e r A r t d e r G r u p p e H s i n d d a n n u n d n u r d a n n g l e i c h b e r e c h t i g t, w e n n d i e z u g e h ö r i g e n Z a h l e n p a a r e (h, k) d i e B e d i n g u n g e n

$$h_2\equiv h_1\ (\mathrm{mod.}\,2)\ \mathrm{und}\ k_2=k_1+2\,(h_1-h_2)$$

b e f r i e d i g e n[45]; a l s t r a n s f o r m i e r e n d e S u b s t i t u t i o n e n, d i e d i e e i n e S u b s t i t u t i o n i n d i e a n d e r e ü b e r f ü h r e n, s t e l l e n s i c h e i n d i e d u r c h d i e P u n k t e d e r G e r a d e n $g_{\frac{h_1-h_2}{2}}$ r e p r ä s e n t i e r t e n S u b s t i t u t i o n e n e r s t e r A r t u n d d i e d u r c h d i e P u n k t e d e r G e r a d e n $g'_{\frac{h_1+h_2}{2}}$ r e p r ä s e n t i e r t e n S u b s t i t u t i o n e n z w e i t e r A r t.

Das Transformationsproblem für die Gruppe H und damit auch für die Substitutionen der Gruppe G,

---

[45] Die zweite dieser Bedingungen besagt, daß die zweiten Potenzen dieser Substitutionen identische Elemente liefern; die zweite Potenz einer solchen Substitution besitzt nämlich die Zahlen $h=0$, $k=2k_1+4h_1-1$.

deren Achse in einen Punkt ausartet, ist hierdurch vollständig erledigt. Wir müssen jetzt nur noch kurz auf die Frage eingehen, in welcher Weise die Lösung des Transformationsproblems zum Abschluß zu bringen ist für die Substitutionen, deren Achse sich nicht auf einen Punkt reduziert. Als notwendige und hinreichende Bedingung für die Gleichberechtigung zweier Substitutionen hat sich hier die Identität ihrer Achsenbilder ergeben. Die Elemente, deren Achse das reduzierte Tetraeder schneidet, sollen als reduzierte Elemente R bezeichnet werden. Man kann jedes Element S in ein reduziertes Element transformieren, indem man eine Substitution W^{-1} bestimmt, die einen beliebigen Punkt der Achse von S, etwa den Fußpunkt des vom Mittelpunkte O der ζ-Kugel auf die Achse gefällten Lotes in das reduzierte Tetraeder verlegt, und das Element $R = W^{-1} S W$ bildet. Die Achse dieses Elementes R enthält wenigstens einen Punkt des reduzierten Tetraeders und hat also mit diesem im allgemeinen ein Segment von nicht verschwindender Länge gemeinsam. Nur in dem Falle, daß der gewählte Punkt der Achse von S auf eine Kante des reduzierten Tetraeders fällt, könnte es möglich sein, daß die Achse von R außer jenem Punkte keinen Punkt im reduzierten Tetraeder aufwiese. Es ist jedoch klar, daß wir durch eine einfache Transformation von R ein reduziertes Element erhalten können, dessen Achse ein endliches Stück mit dem reduzierten Tetraeder gemeinsam hat. Demgemäß wollen wir, um diesen Ausnahmefall völlig auszuschalten, die Festsetzung treffen, daß ein Element nur dann als reduziert bezeichnet werden soll, wenn seine Achse ein Stück von nicht verschwindender Länge mit dem reduzierten Tetraeder gemeinsam hat.

Es würde nun die Frage zu beantworten sein,
w a n n z w e i r e d u z i e r t e E l e m e n t e g l e i c h-
b e r e c h t i g t s i n d. Die Antwort hierauf liefert
uns eine durch das Achsenbild gegebene k a n o n i s c h e
D a r s t e l l u n g e i n e s r e d u z i e r t e n E l e-
m e n t e s. Schneidet die Achse von R die Tetraeder-
flächen $\bar{c}_\nu^{-1}$ und $\bar{c}_1$, wobei durch diese Reihenfolge
auch die Richtung der Achse angegeben sein soll, so
bilde man das Element $c_1^{-1} R c_1$, welches ebenfalls
ein reduziertes Element darstellt. Geht die Achse aber
durch eine Kante statt durch $\bar{c}_1$ so bilde man ein Element von der Form $s_1^{-1} R s_1$, wobei s_1 ein Aggregat
darstellt, das eine der beiden identische Elemente darstellenden Maschenhälften liefert, die zusammen das
in O hängende Sechseck des Dehnschen Gruppenbildes
erzeugen, das jene Kante zum Mittelpunkt hat. Auf das
neue reduzierte Element $c_1^{-1} R c_1$ bzw. $s_1^{-1} R s_1$ wende
man dasselbe Verfahren an. Man setze es so lange fort,
bis man zu einem Elemente gelangt, das dieselbe Achse
wie das Ausgangselement besitzt. Wie wir gesehen
haben, muß dieses Element mit R identisch sein, da von
keinem Punkte im Innern des hyperbolischen Raumes
zwei verschiedene äquivalente Geraden ausgehen. Der
so ermittelte Ausdruck $c_1 c_2 \cdots c_\nu$, bei dem einzelne
oder alle c_i auch durch Aggregate der Form s_i ersetzt
sein können, wenn das Achsenbild von R durch Kanten
des reduzierten Tetraeders geht, liefert uns ein Element
r, das dieselbe Achse wie R besitzt und dessen Achsenlänge α die kleinste Entfernung auf der Achse von R
ist von der Eigenschaft, daß alle Punkte dieser Achse
mit der Entfernung α äquivalent sind. Da außerdem r
noch dieselbe Achsenrichtung wie R hat, so ist

$$R = r^n,$$

wobei n eine positive ganze Zahl bedeutet. Die gefundene Darstellung von r liefert die kanonische Form von

R, aus der alle mit R gleichberechtigten reduzierten Elemente durch zyklische Vertauschung hervorgehen. Wir haben also auch hier den Satz: Z w e i E l e - m e n t e d e r G r u p p e G m i t n i c h t v e r - s c h w i n d e n d e r A c h s e s i n d d a n n u n d n u r d a n n g l e i c h b e r e c h t i g t, w e n n d i e k a n o n i s c h e n D a r s t e l l u n g e n z w e i e r m i t i h n e n g l e i c h b e r e c h t i g t e r r e d u - z i e r t e r E l e m e n t e b i s a u f z y k l i s c h e V e r t a u s c h u n g e n i d e n t i s c h w e r d e n.

Das Identitäts- und Transformationsproblem für die Fundamentalgruppe G ist hiermit in analytischer Hinsicht vollständig erledigt. Wir sind jederzeit imstande zu entscheiden, ob zwei gegebene Ausdrücke in den Erzeugenden identische oder gleichberechtigte Elemente in G liefern. Es ist auch höchst wahrscheinlich, daß sich auf Grund dieses anlytischen Verfahrens durch passende Verallgemeinerung der Entwickelungen des vorigen Kapitels eine Methode gewinnen läßt, die die Frage nach der Identität und Gleichberechtigung zweier Ausdrücke in den erzeugenden Operationen ohne jede Rechnung beantwortet. Wir wollen jedoch auf dieses Problem hier nicht näher eingehen.

D i e z u u n s e r e r G r u p p e G g e h ö r i g e A b e l s c h e G r u p p e erweist sich, da die Fundamentalrelation von G sich bei Gültigkeit des kommutativen Gesetzes für die Komposition der erzeugenden Operationen a und b auf

$$ab = 1$$

reduziert, als isomorph mit der von einer Erzeugenden **a** erzeugten zyklischen Gruppe

$$A = \{a^n\}.$$

Daraus geht hervor, daß zwei Ausdrücke in den Erzeugenden a und b bezüglich der Abelschen Gruppe dann und nur dann identische Elemente darstellen, wenn die

14

Differenz zwischen der Summe der Exponenten von a
und der Summe der Exponenten von b in beiden Ausdrücken gleich wird.

§ 2.

Die Gruppen

$$G \begin{cases} \text{erzeugende Operationen } a , b \\ \text{wesentliche Relation } a^m b^{-n} = 1. \end{cases}$$

In M. Dehns Arbeit „Ueber unendliche diskontinuierliche Gruppen" ist im Schlußparagraphen hingewiesen auf die große Klasse der durch zwei Operationen
a und b erzeugten Gruppen. Wir wollen hier das Iden-
titäts- und Transformationsproblem für diejenigen
dieser G r u p p e n behandeln, b e i d e n e n d i e b e i -
d e n E r z e u g e n d e n a u n d b d u r c h e i n e
e i n z i g e R e l a t i o n v o n d e r F o r m

$$a^m b^{-n} = 1$$

verknüpft sind, wobei wir noch $m \geqq n \geqq 0$ annehmen. Bei der Behandlung setzen wir $m \geqq 3$ und
$n \geqq 2$ voraus, da die übrigen Fälle $n = 0$, $n = 1$ und
$m = 2$, $n = 2$ sofort durch folgende Ueberlegungen ihre
Erledigung finden.

Sei zunächst $n = 0$, also $a^m = 1$ die wesentliche
Relation. Ist auch $m = 0$, so ist G diejenige G r u p p e,
w e l c h e v o n d e n b e i d e n d u r c h k e i n e
R e l a t i o n v e r b u n d e n e n O p e r a t i o n e n
a u n d b e r z e u g t w i r d. Zwei Ausdrücke in
den Erzeugenden stellen also dann und nur dann identische Elemente dar, wenn sie nach etwaigen Ausschaltungen der Form cc^{-1} auf identische Form gebracht
werden. Gleichberechtigt aber sind sie dann und nur

dann, wenn sie in Form eines Zyklus geschrieben nach
Ausschaltung der in diesen Zyklen auftretenden Aggregate cc^{-1} identische Zyklen liefern. Ist zweitens $m = 1$,
so ist G die von der Operation b erzeugte zyklische
Gruppe $\{b^n\}$, da a als erzeugende Operation vollständig ausfällt; zwei Ausdrücke dieser Gruppe stellen identische Elemente dar, wenn die Summen der Exponenten von b in beiden gleiche Werte ergeben, und sie
sind gleichberechtigt nur dann, wenn sie auch identisch
sind. Ist drittens $m \geq 2$, so ersetze man in einem Aus-
drucke

$$a^{\alpha_1} b^{\beta_1} a^{\alpha_2} b^{\beta_2} \ldots a^{\alpha_\nu} b^{\beta_\nu}$$

in den erzeugenden Operationen zunächst jedes α_i durch
diejenige Zahl ε_i, die durch

$$\varepsilon_i \equiv \alpha_i \ (m) \quad \text{und} \quad 0 \leq \varepsilon_i < m$$

definiert ist; da $a^m = 1$ ist, so ändert sich hierdurch
nicht das Element, das durch den Ausdruck dargestellt
wird. Hierauf fasse man, wenn etwa $\varepsilon_k = 0$ wird, die
beiden Glieder $b^{\beta_{k-1}}$ und b^{β_k} zu $b^{\beta_{k-1} + \beta_k}$ zusammen;
ist $\beta_{k-1} + \beta_k = 0$, so schalte man $b^{\beta_{k-1} + \beta_k}$ einfach aus
und fasse $a^{\varepsilon_{k-1}}$ und $a^{\varepsilon_{k+1}}$ zu $a^{\varepsilon'}$ zusammen, wo

$$\varepsilon' \equiv \varepsilon_{k-1} + \varepsilon_{k+1} \ (m) \quad \text{und} \quad 0 \leq \varepsilon' < m$$

ist. Ebenso verfahre man, wenn ein $\beta_i = 0$ ist. Schließlich gelangt man zu einem Ausdruck der Form

$$a^{\varepsilon'_1} b^{\beta'_1} a^{\varepsilon'_2} b^{\beta'_2} \ldots a^{\varepsilon'_\nu} b^{\beta'_\nu} a^{\varepsilon'_{\nu+1}},$$

in welchem keine der Zahlen β'_i gleich null ist und die
Zahlen ε'_i sämtlich Zahlen $0 < \varepsilon'_i < m$ bedeuten, abgesehen von ε'_1 und $\varepsilon'_{\nu+1}$, die eventuell auch die Null
sollen darstellen können. Zwei Ausdrücke, die auf diese
Form gebracht sind, stellen nur dann identische Elemente dar, wenn sie völlig übereinstimmen. Sie liefern
gleichberechtigte Elemente, wenn sie in Form von
Zyklen geschrieben bei Anwendung des geschilderten

Verfahrens auf diese Zyklen in identische Zyklen übergehen.

Sei nunmehr $n = 1$, also $a^m = b$ die wesentliche
Relation, so können wir in einem Ausdruck für b
überall a^m setzen und gelangen dadurch zu einem
Element der zyklischen Gruppe $\{a^n\}$.

Ist endlich $n = 2$ und $m = 2$, so entsteht dadurch,
daß wir a durch a_1 und b durch a_2^{-1} ersetzen, die Fundamentalgruppe des einseitigen Ringes; für diese Gruppe
findet man die Lösung des Identitäts- und Transformationsproblems angegeben im dritten Paragraphen des
ersten Kapitels der Dehnschen Arbeit „Ueber unendliche diskontinuierliche Gruppen".

In den übrigen Fällen $m \geq 3$, $n \geq 2$ machen wir
zum Zwecke der Lösung des Identitäts- und Transformationsproblems für die Gruppe

$$G \begin{cases} \text{erzeugende Operationen } a,\ b \\ \text{wesentliche Relation } a^m\, b^{-n} = 1 \end{cases}$$

Gebrauch von einem **D e h n s c h e n G r u p p e n -
b i l d e f ü r** G, das wir in folgender Weise konstruieren[46]): Die Ränder eines ebenen Streifens, der
von zwei parallelen Geraden begrenzt wird, teilen wir
von zwei Punkten O_1 und O_2 aus, deren Verbindungs-
linie senkrecht zu den Streifenkanten verlaufen würde,
in lauter gleiche Teile von der Länge $\frac{1}{n}$. Jedes solche
Stück versehen wir mit einem Pfeil in der Richtung,
die wir als positive Richtung der beiden Streifenkanten
ansehen wollen, wobei wir festsetzen, daß diese Richtung für beide Kanten dieselbe ist; hierauf bezeichnen
wir jedes so gerichtete Stück mit dem Symbol b und
verstehen unter b^{-1} eine Strecke b entgegen ihrer Pfeilrichtung durchlaufen. Indem wir nunmehr die Punkte

---

[46]) Diese Konstruktion hat mir Herr Dehn mitgeteilt,
als er mich zur Behandlung dieser Gruppen aufforderte.

O_1 und O_2 als Nullpunkte der Teilung der Streifenränder ansehen, wollen wir jeden ganzzahligen Punkt h des Randes durch O_1 mit dem ganzzahligen Punkt $h + 1$ des Randes durch O_2 verbinden und jede solche Verbindungsstrecke in m gleiche Teile zerlegen. Jeden solchen Teil versehen wir mit einem Pfeil, der die Richtung vom Rande durch O_1 zum Rande durch O_2 besitzt, und außerdem mit der Bezeichnung a. Unter a^{-1} verstehen wir auch hier eine Strecke a, die entgegen ihrer Pfeilrichtung durchlaufen wird. Endlich ziehen wir noch durch die Teilpunkte der eben konstruierten Strecken die Parallelen zu den Streifenkanten. Jede solche Parallele erscheint dabei in Stücke von der Länge 1 zerlegt, deren jedes wir wieder in n gleiche Teile einteilen wollen. Jeden solchen Teil von der Länge $\frac{1}{n}$ statten wir mit einem Pfeil in Richtung der Streifenkanten aus und bezeichnen ihn hierauf mit dem Symbol b.

Nachdem dies geschehen ist, fügen wir die beiden Ränder des Streifens so zusammen, daß der Punkt O_2 mit dem Punkte O_1 vereinigt wird. Es entsteht so ein Prisma, dessen Kanten in Stücke von der Länge $\frac{1}{n}$ mit der Bezeichnung b geteilt sind, und auf dessen Oberfläche ein Streckenzug, dessen einzelne auf den Seitenflächen des Prismas gelegene Teile mit a bezeichnet sind, in Gestalt einer Spirale von der Steighöhe 1 emporsteigt. Solche Prismen werden wir nun zum Aufbau des Gruppenbildes benutzen. Der Punkt $O_1 = O_2 = O$ soll zunächst als Repräsentant der Identität angesehen werden; von ihm gehen die vier Strecken a, b, a^{-1}, b^{-1} aus und ebenso von allen Punkten a^r. Damit nun aber auch vom Punkte b diese vier Strecken ausgehen, nehmen wir ein zweites Prisma, das mit derselben Streckenteilung versehen ist wie das erste Prisma und heften es mit einer seiner Kanten so mit der durch O gehenden Kante des ersten Prismas zusammen, daß ein Kantenpunkt, von dem die vier Strecken a, b, a^{-1}, b^{-1} ausgehen, in den Punkt b fällt und die positiven Richtungen der beiden Kanten zur Deckung kommen. Ebenso fügen wir nacheinander an die durch O gehende Kante der Ausgangsprismen weitere Prismen so an, daß ein Kantenpunkt des angefügten Prismas, von dem alle vier Strecken a, b, a^{-1}, b^{-1} ausgehen, bei dem zweiten angefügten Prisma in b^2, bei dem dritten in b^3, $\cdots$ bei dem n—1ten in b^{n-1} fällt. Nach Hinzufügung dieser n — 1 Prismen hängen in der durch O gehenden Prismenkante n verschiedene Prismen, die aber außer jener Kante keinen Punkt gemeinsam haben dürfen. Von jedem Punkt der durch O gehenden Kante gehen jetzt die vier Strecken a, b, a^{-1}, b^{-1} aus. In gleicher Weise machen wir nun auch die übrigen Kanten unserer n Prismen zu gemeinsamen Kanten von je n Prismen derart, daß nach Hinzufügung von je n — 1 Prismen für jede solche Kante von allen Punkten dieser Kanten die vier Strecken a, b, a^{-1}, b^{-1} ausgehen. Abgesehen von der Kante, in denen ein solches Prisma mit noch n — 2 anderen an eines der bereits vorhanden gewesenen Prismen angefügt wird, dürfen keine zwei Prismen des nunmehr vorliegenden Systems irgend einen Punkt gemeinsam haben. Indem wir dieses Verfahren uns ins Unendliche fortgesetzt denken, erhalten wir in dem dabei entstehenden Streckenkomplex der mit a und b bezeichneten Strecken ein Dehnsches Gruppenbild für die Gruppe G.

Es fragt sich aber noch, wie wir die Bedingung, daß unter den n — 1 Prismen, die wir in einer Kante an ein bereits vorhandenes Prisma anfügen müssen, keines mit einem der bereits vorhandenen Prismen Punkte gemeinsam haben darf, (abgesehen von der Kante, in der es mit dem einen Prisma des vorher kon-

struierten Systems zusammenhängt,) auch konstruktiv
erfüllen können. Eine durch O senkrecht zu den Prismen-
kanten gelegte Ebene wird von jedem einzelnen Prisma
in einem Polygon von m Seiten geschnitten. In jeder
Polygonecke hängen n Polygone zusammen, die sonst
keine gemeinsamen Punkte besitzen. Abgesehen von den
Polygonrändern dürfen keine geschlossenen Züge in dem
Querschnittsystem vorkommen. Diese Bedingung ist
unschwer zu erfüllen, wenn wir für die Quer-
schnittsebene die hyperbolische Geometrie als gültig annehmen.

Um eine analytisch einfache Gestalt für das
Querschnittssystem zu gewinnen, wollen wir zunächst
die einzelnen Polygone als regulär und kongruent voraussetzen. Den Punkt O lassen wir in den Punkt fallen,
der dem Nullpunkte der ζ-Ebene bei Abbildung der
hyperbolischen Ebene auf das Innere des Einheitskreises entspricht. Im Punkte O sollen nun zunächst
n kongruente reguläre Polygone von je m Seiten hängen. Wir werden also die Mittelpunkte dieser Polygone
zunächst so wählen, daß sie den um O beschriebenen
Kreis, der durch diese Mittelpunkte hindurchgeht, in n
gleiche Teile zerlegen. Den Mittelpunkt des Polygons,
in welchem unser Ausgangsprisma die Ebene durchsetzt,
verlegen wir auf die Gerade, die der ξ-Achse der
ζ-Ebene zugeordnet ist. Unsere erste Bedingung, daß
die n um einen Punkt herumliegenden Polygone abgesehen von diesem Punkte keine gemeinsamen Punkte
besitzen, verlangt nun bloß, daß der Polygonwinkel

$$\alpha < \frac{2\pi}{n}$$

ist. Die weitere Bedingung, daß keine zwei Polygone
(abgesehen von dem Fall, daß sie in einer Ecke zusammenstoßen,) gemeinsame Punkte besitzen dürfen und
daß außer den Polygonrändern keine geschlossenen

Streckenzüge auftreten können, wird befriedigt, wenn ein Streckenzug vom Brechungswinkel $\dfrac{2\pi}{n} - \alpha$, dessen einzelne Teilstrecken die Länge s einer Polygonseite besitzen, sich im Endlichen nicht schließt; er muß also einem Grenzkreise oder einer Abstandslinie einbeschrieben sein. Wir wollen die erste dieser beiden Möglichkeiten für die Konstruktion des Polygons benutzen. Es ist dann $\dfrac{1}{2}\left(\dfrac{2\pi}{n} - \alpha\right)$ der zur Strecke $\dfrac{s}{2}$ gehörige Parallelwinkel, woraus sich die Relation

$$\mathrm{Ch}\,\frac{s}{2} = \frac{1}{\sin\dfrac{1}{2}\left(\dfrac{2\pi}{n} - \alpha\right)}$$

ergibt. Andererseits erhalten wir aus dem regulären m-Eck vom Polygonwinkel α für die Seitenlänge s die Gleichung

$$\mathrm{Ch}\,\frac{s}{2} = \frac{\cos\dfrac{\pi}{m}}{\sin\dfrac{\alpha}{2}}\,.$$

Zur Bestimmung von α folgt also die Gleichung

$$\sin\frac{\alpha}{2} = \cos\frac{\pi}{m}\sin\left(\frac{\pi}{n} - \frac{\alpha}{2}\right)$$

$$= \cos\frac{\pi}{m}\sin\frac{\pi}{n}\cos\frac{\alpha}{2} - \cos\frac{\pi}{m}\cos\frac{\pi}{n}\sin\frac{\alpha}{2}$$

und somit

$$\left(1 + \cos\frac{\pi}{m}\cos\frac{\pi}{n}\right)\sin\frac{\alpha}{2} = \cos\frac{\pi}{m}\sin\frac{\pi}{n}\cos\frac{\alpha}{2}$$

oder

$$\mathrm{tg}\,\frac{\alpha}{2} = \frac{\cos\dfrac{\pi}{m}\sin\dfrac{\pi}{n}}{1 + \cos\dfrac{\pi}{m}\cos\dfrac{\pi}{n}}\,,$$

womit der Polygonwinkel α bestimmt ist. Wir können also jetzt zunächst die n im Punkte O hängenden Polygone konstruieren; für jede Polygonecke, die nicht in O liegt, konstruieren wir dann $n-1$ weitere Polygone, die sich um ihren gemeinsamen Punkt mit dem schon vorhanden gewesenen Polygon genau so anordnen wie die n ersten Polygone um O. Dasselbe führen wir dann aus für jede neu entstandene Polygonecke, in der also noch keine n Polygone hängen, und setzen dieses Verfahren immer weiter fort. Das so entstehende Polygonsystem benutzen wir als Querschnittsystem für die Prismen, welche Träger der Strecken des Gruppenbildes sind. Die Anordnung der einzelnen Prismen um eine Kante herum, soll dabei noch in folgender Weise bewerkstelligt werden. Es sei Π_0 das in dieser Kante hängende Prisma, durch welches die Kante bei dem oben genannten Verfahren sich eingestellt hat; die übrigen $n-1$ Prismen, die in dieser Kante hängen, bezeichnen wir bei einem Umlauf der Kante entgegen dem Uhrzeiger der Reihe nach mit Π_1, Π_2, $\cdots \Pi_{n-1}$. Sei S_0 ein Punkt der Kante, von dem ein dem Prisma Π_0 angehöriges Streckenpaar a, a^{-1} ausgeht; mit S_1, S_2, $\cdots S_{n-1}$ bezeichnen wir dann bzw. die Endpunkte der von S_0 ausgehenden Streckenzüge b, b^2, $\cdots b^{n-1}$. Nunmehr wird Π_i dasjenige Prisma sein, das das von S_i ausgehende Streckenpaar a, a^{-1} enthält. Durch diese Festsetzungen ist die Konstruktion des Dehnschen Gruppenbildes der Gruppe G eindeutig bestimmt.

Dieses Gruppenbild ermöglicht es uns wieder, statt der abstrakt definierten Gruppe G eine mit ihr holoedrisch isomorphe B e w e g u n g s g r u p p e zu untersuchen. Jedem Element S der Gruppe ist nämlich eindeutig diejenige Bewegung des Dehnschen Gruppenbildes in sich zugeordnet, bei der der die Identität repräsentierende Punkt O in den das Element S dar-

stellenden Punkt S des Gruppenbildes übergeht und
gleichbezeichnete Strecken des Gruppenbildes zur Dek-
kung kommen. Jede solche Bewegung läßt sich darstellen durch ein Paar simultaner Substitutionen

$$\zeta' = \frac{A\,\zeta + \bar{B}}{B\,\zeta + \bar{A}} \quad , \quad A\,\bar{A} - B\,\bar{B} = 1 \quad , \quad \vartheta' = \vartheta + \tau,$$

von denen die erste die Bewegung angibt, welche das
Querschnittsystem in der durch O gelegten hyperbolischen Ebene erfährt, während die zweite eine Verschiebung in Richtung der zur ζ-Ebene senkrechten ϑ-Achse
bedeutet, die mit der ersten Bewegung kombiniert die
gewünschte Bewegung des Dehnschen Gruppenbildes in
sich ergibt. Die zu einem Ausdruck in den erzeugenden Operationen gehörige Bewegung wird bestimmt,
indem man die zu den erzeugenden Operationen a, a^{-1},
b, b^{-1} gehörigen Bewegungen dem Ausdruck entsprechend komponiert. Bei dieser Komposition werden so-
wohl die ζ-Substitutionen als auch die ϑ-Substitutionen
je für sich komponiert. Daraus folgt zunächst, daß diese
Substitutionen je für sich Gruppen liefern, die mit der
gegebenen Gruppe G meriedrisch isomorph sind. Die
von den ϑ-Substitutionen gebildete Gruppe ist abelsch
und zwar wird sie sich als einstufig isomorph mit der
zu der Gruppe G zugehörigen Abelschen Gruppe erweisen.

Mit Hülfe dieser Bemerkungen ergibt sich nun
der Satz: Zwei Bewegungen der Gruppe
G sind dann und nur dann identisch bzw.
gleichberechtigt, wenn sowohl die zugehörigen ζ-Substitutionen als auch
die zugehörigen ϑ-Substitutionen in
den von ihnen gebildeten Gruppen
identisch bzw. gleichberechtigt sind.
Für die ϑ-Substitutionen ist das Transformationsproblem trivial, da sie eine Abelsche Gruppe bilden

und daher zwei solche Substitutionen nur dann gleichberechtigt sind, wenn sie sich auch als identisch erweisen. Wir können also unsere Aufmerksamkeit fast ausschließlich auf die ζ-Substitutionen richten.

Bei der zur erzeugenden O p e r a t i o n a gehörigen Netzbewegung geht der Punkt $\zeta = 0$ in den Punkt

$$\zeta = \mathrm{Th}\frac{s}{2}\,e^{-i\frac{\alpha}{2}} \text{ und der Punkt } \zeta = \mathrm{Th}\frac{s}{2}\cdot e^{i\frac{\alpha}{2}} \text{ in den}$$

Punkt $\zeta = 0$ über. Zur Bestimmung der Koeffizienten der zugehörigen ζ-Substitution haben wir also die Gleichungen

$$\frac{\bar{B}}{\bar{A}} = \mathrm{Th}\frac{s}{2}\,e^{-i\frac{\alpha}{2}} \qquad 0 = A\cdot\mathrm{Th}\frac{s}{2}\cdot e^{i\frac{\alpha}{2}} + \bar{B}\,,$$

$$A\bar{A} - B\bar{B} = 1\,,$$

aus denen zunächst folgt

$$B = \bar{A}\,\mathrm{Th}\frac{s}{2}\,e^{-i\frac{\alpha}{2}} = -\,A\,\mathrm{Th}\frac{s}{2}\,e^{i\frac{\alpha}{2}}$$

und also weiter

$$\bar{A}\,e^{-i\frac{\alpha}{2}} + A\,e^{i\frac{\alpha}{2}} = 0\,.$$

Diese Gleichung wird nun befriedigt, wenn A die Form

$$A = \varepsilon\rho\,e^{\left(\frac{\pi}{2} - \frac{\alpha}{2}\right)i}$$

besitzt, wo $\varepsilon = \pm 1$ bedeutet und ρ einen positiven reellen Faktor darstellt, dessen Wert wir nun bestimmen wollen. Für B erhalten wir zunächst

$$B = A\,\mathrm{Th}\frac{s}{2}\,e^{i\frac{\alpha}{2}} = i\,\varepsilon\,\rho\,\mathrm{Th}\frac{s}{2}\;;$$

bei Berücksichtigung der früher aufgestellten Vorzeichenbedingungen haben wir also $\varepsilon = +1$ zu setzen. Für ρ ergibt sich nunmehr die Gleichung

$$1 = \rho^2\left(1 - \mathrm{Th}^2\frac{s}{2}\right) = \rho^2\quad,$$

woraus

$$\rho = \mathrm{Ch}\,\frac{s}{2} = \frac{\cos\dfrac{\pi}{m}}{\sin\dfrac{\alpha}{2}}$$

hervorgeht. Der Endpunkt der Strecke a, die von O aus-
geht, besitzt die ϑ-Koordinate $\vartheta = \dfrac{1}{m}$; folglich ist
$\vartheta' = \vartheta + \dfrac{1}{m}$ die zur Bewegung a gehörige ϑ-Substitu-
tion. Die B e w e g u n g a stellt sich also dar in der
Form

$$\zeta' = \frac{\zeta\,\mathrm{Ch}\,\dfrac{s}{2}\,\mathrm{e}^{\left(\frac{\pi}{2}-\frac{\alpha}{2}\right)i} - i\,\mathrm{Sh}\,\dfrac{s}{2}}{\zeta\,i\,\mathrm{Sh}\,\dfrac{s}{2} + \mathrm{Ch}\,\dfrac{s}{2}\,\mathrm{e}^{-\left(\frac{\pi}{2}-\frac{\alpha}{2}\right)i}} \quad , \quad \vartheta' = \vartheta + \dfrac{1}{m}$$

Die inverse B e w e g u n g a^{-1} ist dann

$$\zeta' = \frac{-\zeta\,\mathrm{Ch}\,\dfrac{s}{2}\,\mathrm{e}^{-\left(\frac{\pi}{2}-\frac{\alpha}{2}\right)i} - i\,\mathrm{Sh}\,\dfrac{s}{2}}{\zeta\,i\,\mathrm{Sh}\,\dfrac{s}{2} - \mathrm{Ch}\,\dfrac{s}{2}\,\mathrm{e}^{\left(\frac{\pi}{2}-\frac{\alpha}{2}\right)i}} \quad , \quad \vartheta' = \vartheta - \dfrac{1}{m} \; .$$

Da für den Realteil des Substitutionskoeffizienten A
der ζ-Substitution, die zu a gehört, die Gleichung

$$A = \mathrm{Ch}\,\frac{s}{2}\,\cos\left(\frac{\pi}{2}-\frac{\alpha}{2}\right) = \frac{\cos\dfrac{\pi}{m}}{\sin\dfrac{\alpha}{2}}\cdot\sin\frac{\alpha}{2} = \cos\frac{\pi}{m}$$

besteht, so liefert uns diese ζ-Substitution eine Drehung vom Winkel $\dfrac{2\pi}{m}$ in positiver Richtung und vom
Drehpunkte

$$\zeta_0 = i\,\frac{\operatorname{Ch}\dfrac{s}{2}\sin\left(\dfrac{\pi}{2}-\dfrac{\alpha}{2}\right)-\sin\dfrac{\pi}{m}}{i\operatorname{Sh}\dfrac{s}{2}} = \frac{\operatorname{Ch}\dfrac{s}{2}\cos\dfrac{\alpha}{2}-\sin\dfrac{\pi}{m}}{\operatorname{Sh}\dfrac{s}{2}}$$

$$= \frac{\cos\dfrac{\alpha}{2}}{\operatorname{Th}\dfrac{s}{2}} - \frac{\sin\dfrac{\pi}{m}}{\operatorname{Sh}\dfrac{s}{2}} = \frac{1}{\operatorname{Th}r} - \frac{1}{\operatorname{Sh}r}$$

$$= \frac{\operatorname{Ch}r-1}{\operatorname{Sh}r} = \frac{2\operatorname{Sh}^2\dfrac{r}{2}}{2\operatorname{Sh}\dfrac{r}{2}\operatorname{Ch}\dfrac{r}{2}} = \operatorname{Th}\frac{r}{2}.$$

Dieses Resultat ist übrigens von vornherein zu erwarten, da das Prisma mit dem Mittelpunkt $\zeta_0 = \operatorname{Th}\dfrac{r}{2}$ bei der Bewegung a in sich übergeht.

Bei der B e w e g u n g b geht der Punkt $\zeta = 0$ in sich über, sodaß für die zugehörige ζ-Substitution der Koeffizient

$$B = 0$$

wird und A die Form $e^{i\varphi}$ besitzt. Der Punkt

$$\zeta = \operatorname{Th}\frac{s}{2}\cdot e^{-i\frac{\alpha}{2}}$$

geht in den Punkt $\zeta = \operatorname{Th}\dfrac{s}{2}\,e^{\left(\frac{2\pi}{n}-\frac{\alpha}{2}\right)i}$ über. Zur Bestimmung von A haben wir also die Gleichung

$$\operatorname{Th}\frac{s}{2}\cdot e^{\left(\frac{2\pi}{n}-\frac{\alpha}{2}\right)i} = \frac{A}{\bar{A}}\cdot\operatorname{Th}\frac{s}{2}\,e^{-\frac{\alpha}{2}i}$$

oder

$$A^2 = e^{\frac{2\pi}{n}i}$$

und mit Berücksichtigung der früheren Vorzeichenbedingungen

$$A = e^{\frac{\pi}{n}i}.$$

Da außerdem der Endpunkt von b die ϑ-Koordinate $\frac{1}{n}$ besitzt, so ist $\vartheta' = \vartheta + \frac{1}{n}$ die zu b gehörige ϑ-Substitution. Die Bewegung b ist also dargestellt durch

$$\zeta' = \frac{e^{\frac{\pi}{n}i}\,\zeta}{e^{-\frac{\pi}{n}i}}, \quad \vartheta' = \vartheta + \frac{1}{n}.$$

Die inverse B e w e g u n g b^{-1} findet also ihren Ausdruck in den beiden simultanen Substitutionen

$$\zeta' = \frac{-\,e^{-\frac{\pi}{n}i}\,\zeta}{-\,e^{\frac{\pi}{n}i}}, \quad \vartheta' = \vartheta - \frac{1}{n}.$$

Auch die Bewegung der ζ-Ebene, die der Operation b zugeordnet ist, stellt eine Drehung dar und zwar besitzt sie einen positiven Drehwinkel vom Betrage $\frac{2\pi}{n}$ und als Drehpunkt den Punkt $\zeta_0 = 0$.

Die beiden den erzeugenden Operationen a und b zugeordneten ζ-Substitutionen wollen wir nun bzw. mit s und t bezeichnen. Da s und t Drehungen von der Periode m bzw. n bedeuten, so ist

$$s^m = 1 \qquad \text{und} \qquad t^n = 1.$$

D i e v o n d e n s ä m t l i c h e n ζ-S u b s t i t u -
t i o n e n g e l i e f e r t e G r u p p e H ist nun definiert
durch

$$H \left\{ \begin{array}{l} \text{erzeugende Operationen s , t} \\ \text{wesentliche Relationen } s^m = t^n = 1. \end{array} \right.$$

Um einzusehen, daß es keine weiteren wesentlichen Relationen zwischen s und t gibt, konstruieren wir uns

einen Diskontinitätsbereich für die Gruppe H. Ein solcher Bereich ist uns gegeben durch dasjenige hyperbolische Viereck, dessen Ecken

die Punkte $\zeta = \mathrm{Th}\dfrac{r}{2}$, $\zeta = 0$, $\zeta = \mathrm{Th}\dfrac{s}{2}\,e^{-i\frac{\alpha}{2}}$ und $\zeta = e^{-i\frac{\pi}{n}}$

sind; durch die Vierecke nämlich, die aus diesem Vierecke durch die Substitutionen der Gruppe H entstehen, wird die hyperbolische Ebene einfach und lückenlos überdeckt. Jetzt können wir die Betrachtungen anwenden, die man im ersten Bande der „Vorlesungen über automorphe Funktionen" von R. Fricke und F. Klein auf den Seiten 168—172 ausführlich entwickelt findet. Aus ihnen geht dann die Richtigkeit der gegebenen Definition von H unmittelbar hervor.

Es ist auch leicht, ein Dehnsches Gruppenbild unserer Gruppe H herzustellen. Wir repräsentieren jedes Viereck, das wir aus dem angegebenen Fundamentalbereich erhalten, durch den Mittelpunkt der Polygonseite des früheren Querschnittssystems, der diesem Viereck angehört, also durch den

Punkt, der dem Punkte $\mathrm{Th}\dfrac{s}{4}\cdot e^{-i\frac{\alpha}{2}}$ des Fundamentalbereichs äquivalent ist. Jeder solche Punkt entspricht nun einem Element S der Gruppe; verbinden wir ihn mit den den Elementen Ss, Ss^{-1}, St, St^{-1} entsprechenden Punkten durch Strecken s, s^{-1}, t, t^{-1}, so erhalten wir einen Streckenkomplex, der uns das gesuchte Gruppenbild liefert. In jedem Punkte dieses Komplexes hängen je ein m-Eck und ein n-Eck entsprechend den beiden wesentlichen Relationen. Diese m- und n- Ecke bilden auch die einzigen geschlossenen singularitätenfreien Streckenzüge des Gruppenbildes, d. h. die einzigen geschlossenen Streckenzüge, die keine Doppelstrecken und Doppelpunkte besitzen. Diese Eigenschaft folgt unmittelbar daraus, daß zwei unserer Polygone nur eine Ecke, aber keine Seite gemeinsam haben.

Für die Gruppe H ist nun das Identitäts- und Transformationsproblem leicht zu erledigen, da ihre beiden erzeugenden Operationen s und t durch keine Relation verknüpft sind. Aus einem Ausdruck in den erzeugenden Operationen, der sich zunächst in der Form

$$s^{\alpha_1} t^{\beta_1} s^{\alpha_2} t^{\beta_2} \ldots s^{\alpha_\nu} t^{\beta_\nu} s^{\alpha_{\nu+1}}$$

darstellen wird, schalte man zunächst alle Aggregate s^{α_i} und t^{β_k} aus, für die $\alpha_i \equiv 0 \pmod{m}$ oder $\beta_k \equiv 0 \pmod{n}$ ist, und fasse die dabei entstehenden Ausdrücke $t^{\beta_{i-1}} t^{\beta_i}$ zu $t^{\beta_{i-1}+\beta_i}$ und $s^{\alpha_k} s^{\alpha_{k+1}}$ zu $s^{\alpha_k+\alpha_{k+1}}$ zusammen und fahre damit solange fort, bis Exponenten dieser Art nicht mehr vorkommen. In dem so entstandenen Ausdruck

$$s^{\alpha'_1} t^{\beta'_1} s^{\alpha'_2} t^{\beta'_2} \ldots s^{\alpha'_n} t^{\beta'_n} s^{\alpha'_{n+1}},$$

in dem wir aber, um nicht stets sämtliche möglichen Formen hinschreiben zu müssen, auch für α'_1 und α'_{n+1} den Wert null zulassen wollen, ersetze man jedes α_i' durch die Zahl

$$\varepsilon_i \equiv \alpha_i' \pmod{m}, \qquad 0 \leq \varepsilon_i < m$$

und jedes β_i' durch die Zahl

$$\eta_i \equiv \beta_i' \pmod{n}, \qquad 0 < \eta_i < n,$$

wobei aber $\varepsilon_i = 0$ nur für α_1' und α'_{n+1} möglich sein wird; dadurch entsteht ein Ausdruck

$$s^{\varepsilon_1} t^{\eta_1} s^{\varepsilon_2} t^{\eta_2} \ldots s^{\varepsilon_n} t^{\eta_n} s^{\varepsilon_{n+1}},$$

der dasselbe Element der Gruppe H darstellt wie der ursprüngliche Ausdruck. Wir wollen den in der beschriebenen Weise gewonnenen Ausdruck als Normalform dieses Elementes bezeichnen. Dann gilt der

Satz, daß zwei Ausdrücke nur dann identische Elemente liefern, wenn sie auf identische Normalformen führen. Die Richtigkeit dieses Satzes ist aus dem Dehnschen Gruppenbild der Gruppe H sofort zu erkennen.

Auch das Transformationsproblem läßt sich in derselben Weise erledigen. Man schreibe einen gegebenen Ausdruck in Form eines Zyklus und gestalte ihn nach dem angegebenen Verfahren um. Dadurch wird man zu einem Zyklus

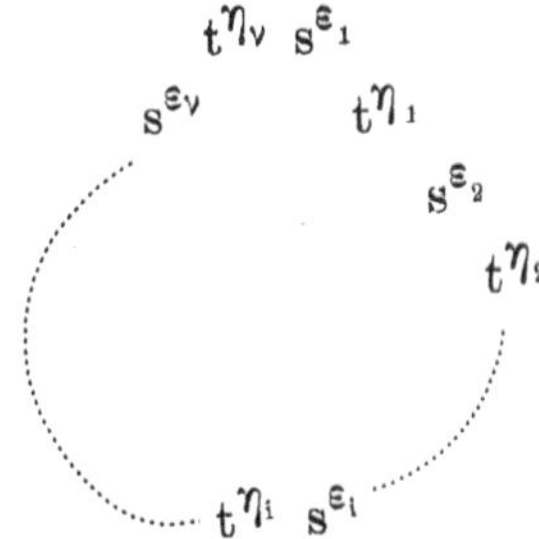

gelangen, in welchem die ε_i und η_i ganze Zahlen zwischen 1 und m — 1 bzw. zwischen 1 und n — 1 sind. Indem wir einen solchen Zyklus als Normalzyklus des Elementes, aus dem er entstanden ist, kurz bezeichnen, gelangen wir zu dem Satze: Zwei Ausdrücke stellen dann und nur dann gleichberechtigte Elemente dar, wenn ihre Normalzyklen identische Formen haben. Auch dieser Satz ist aus dem Dehnschen Gruppenbilde der Gruppe H mit Leichtigkeit abzulesen.

Wir werfen nun noch einen Blick auf die zu einem Ausdruck der Gruppe G gehörige ϑ-Substitution. Ist A die Summe der Exponenten der Glieder a und B die Summe der Exponenten der Glieder b des Ausdruckes, so ist

$$\vartheta' = \vartheta + \frac{A}{m} + \frac{B}{n}$$

die zugehörige ϑ-Substitution. Zwei Ausdrücke liefern identische ϑ-Substitutionen, wenn

$$\frac{A_2}{m} + \frac{B_2}{n} = \frac{A_1}{m} + \frac{B_1}{n} \quad \text{oder} \quad \frac{A_2 - A_1}{B_1 - B_2} = \frac{m}{n}$$

ist. Insbesondere liefert ein Ausdruck die identische ϑ-Substitution für

$$\frac{A}{m} + \frac{B}{n} = 0 \,.$$

Um daher festzustellen, ob zwei Ausdrücke in den erzeugenden Operationen a und b bezüglich der Gruppe G identische oder gleichberechtigte Elemente darstellen, untersuche man zunächst, ob die eben mitgeteilten zugehörigen ϑ-Substitutionen identisch sind. Ist diese notwendige, aber noch nicht hinreichende Bedingung für die Identität oder Gleichberechtigung der Elemente erfüllt, so setze man in den Ausdrücken s statt a und t statt b ein und sehe zu, ob diese Ausdrücke in s und t bezüglich der Gruppe H identisch oder gleichberechtigt sind. Sind sie identisch, so stellen unsere Ausdrücke auch identische Elemente der Gruppe G dar, und sind sie gleichberechtigt, so werden auch die durch sie gelieferten Elemente gleichberechtigt in der Gruppe G. Das Identitäts- und Transformationsproblem ist damit für die Gruppe G ohne analytische Rechnung jederzeit lösbar.

In der zu G gehörigen Abelschen Gruppe stellt ein Ausdruck die Identität dar für

$$A = p\,m \quad , \quad B = -\,p\,n,$$

und zwei Ausdrücke sind identisch für

$$A_1 - A_2 = p\,m \ , \ B_1 - B_2 = -\,p\,n.$$

In diesem Paragraphen sind Betrachtungen topologischer Natur ganz in den Hintergrund getreten. Diese werden nun aber im folgenden Abschnitt um so mehr zur Geltung kommen. Auch die dort besprochenen

Gruppen führen auf Bewegungen derselben Raumform, die wir hier kennen gelernt haben. Dabei kommen dann die hier gegebenen Entwickelungen bei der Lösung des Identitäts- und Transformationsproblems zu ausgiebiger Verwendung.

§ 3.

Die Fundamentalgruppen von Knoten.

M. Dehn hat in der Arbeit „Ueber die Topologie des dreidimensionalen Raumes" wohl zuerst die erzeugenden Operationen und wesentlichen Relationen für die Fundamentalgruppe einer geschlossenen Kurve K aufgestellt. Zu diesem Zwecke bedient er sich der folgenden Methode: Die ebene Projektion der Kurve K, welche $n-1$ Ueberkreuzungsstellen und n Parzellen aufweist, wird in eine Kugel mit n Henkeln, also eine geschlossene Fläche F_n vom Geschlechte n derart eingeschlossen, daß jede Parzelle einem Henkel entspricht. Für eine solche Fläche haben wir im vorigen Kapitel ein Fundamentalsystem geschlossener Kurven

$$a_1 , a_2 , \cdots\cdots a_n , b_1 , b_2 , \cdots\cdots b_n$$

konstruiert, die sämtlich durch einen Punkt P der Fläche gehen und sonst keine gemeinsamen Punkte besitzen. In dem vorliegenden Falle können wir diese Kurven so wählen, daß die Kurven a_i von P aus um je einen Henkel herum, die Kurven b_i von P aus durch je einen Henkel hindurchführen. Die Fundamentalgruppe für die Kurven auf der Fläche haben wir dann definiert durch

$$G_F \begin{cases} \text{erzeugende Operationen } a_1 , b_1 , a_2 , b_2 , \cdots a_n , b_n \\ \text{wesentliche Relation } a_1 b_1 a_1^{-1} b_1^{-1} \cdots a_n b_n a_n^{-1} b_n^{-1} = 1. \end{cases}$$

In dem von der Fläche F_n begrenzten Außenraum A, der eine Domäne im gewöhnlichen dreidimensionalen

Raum ist, werden die Kurven a_i auf einen Punkt reduzierbar oder homotop null. Fügen wir dementsprechend zu der Relation der Gruppe G_F noch die Relationen $a_i = 1$ hinzu, wodurch sich die wesentliche Relation der Gruppe G_F in eine identische Relation verwandelt, so erhalten wir die Fundamentalgruppe G_A für die Kurven des Außenraumes A.[46]) Diese ist also definiert durch

$$G_A \begin{cases} \text{erzeugende Operationen } b_1 \, , \, b_2 \, , \, \cdot\cdot \, b_n \\ \text{keine wesentliche Relation.} \end{cases}$$

Um endlich zur Fundamentalgruppe des Knotens zu gelangen, fügen wir zum Außenraum A an jeder Ueberkreuzungsstelle noch ein Elementarraumstück folgender Art hinzu.

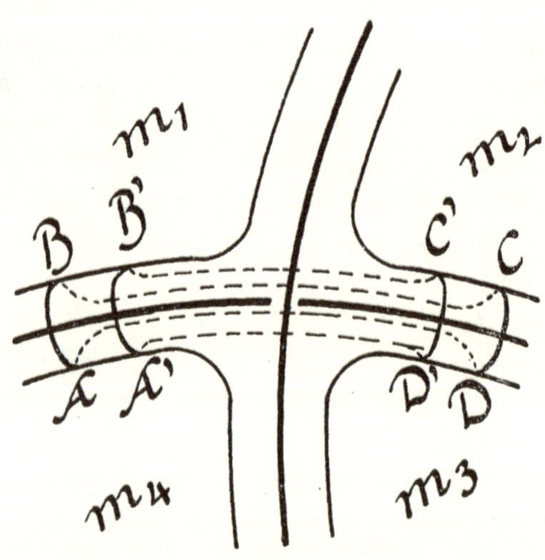

Fig. 11.

Es sei ABCD eine den Ueberkreuzungspunkt einschließende Kurve der Fläche, wobei die Punkte A, B, C, D auf dem Umrißteile liegen, der dem in der Projektion unterhalb verlaufenden Teil entspricht, und die

____

[46]) Eine ausführliche Begründung dieser Behauptung findet man in der Dehnschen Arbeit.

Linien A B und C D oberhalb, die Linien BC und DA unterhalb der Projektionsebene auf der Fläche verlaufen. Ferner sei $A' B' C' D'$ eine Nachbarkurve von A B C D auf der Fläche. Unser Elementarraumstück soll dann begrenzt werden von dem zwischen den beiden Kurven A B C D und $A' B' C' D'$ gelegenen Teil der Fläche und zwei im Innenraum der Fläche gelegenen Elementarflächenstücken, von denen eines durch die Kurve A B C D, das andere durch $A' B' C' D'$ begrenzt wird. Indem wir so an jedem Ueberkreuzungspunkt verfahren, erhalten wir einen Außenraum, der begrenzt wird von einer Ringfläche R, die genau so verknotet ist wie die gegebene Kurve K. Die Fundamentalgruppe G_K dieses so gewonnenen Außenraumes wird von Dehn als Fundamentalgruppe der Kurve K bezeichnet.

Die erzeugenden Operationen der Fundamentalgruppe G_K sind ebenso wie bei G_A durch

$$b_1 , b_2 , \cdots b_n$$

gegeben, aber es bestehen zwischen diesen Erzeugenden noch $n-1$ wesentliche Relationen, die besagen, daß die $n-1$ Kurven A B C D homotop null geworden sind. Um diese Relationen zu gewinnen, verbinden wir die vier Punkte K, L, M, N, die bzw. zwischen A und B, B und C, C und D, D und A auf der Kurve A B C D liegen sollen, durch singularitätenfreie, d. h. doppelpunktlose Linien K P, L P, M P, N P mit dem Punkte P. Wir haben dann die Homotopie

$$A B C D A \equiv A K P \cdot P K B L P \cdot P L C M P.$$
$$P M D N P \cdot P N A K P \cdot P K A.$$

Es seien nun $b_{m_1} , b_{m_2} , b_{m_3} , b_{m_4}$ die fundamentalen Kurven, welche durch die in der Ueberkreuzungsstelle nebeneinander liegenden vier Henkel gehen. Dann sind die Kurven

$$\mathbf{P\,K\,B\,L\,P} \equiv b_{m_1} \qquad \mathbf{P\,L\,C\,M\,P} \equiv b_{m_2}^{-1}$$

$$\mathbf{P\,M\,D\,N\,P} \equiv b_{m_3} \qquad \mathbf{P\,N\,A\,K\,P} \equiv b_{m_4}^{-1}\,,$$

da sie auch nur durch je einen der vier Henkel hindurchführen. Für die Kreuzungspunkte, in denen die eine der vier Parzellen durch den außerhalb des äußeren Umrisses liegenden Teil ersetzt ist, ist die betreffende Kurve homotop null und kann also in der obigen Homotopie weggelassen werden. Somit erhalten wir

$$\mathbf{A\,B\,C\,D} \equiv \mathbf{A\,K\,P} \cdot b_{m_1}\,b_{m_2}^{-1}\,b_{m_3}\,b_{m_4}^{-1} \cdot \mathbf{P\,K\,A}$$

und also, da $\mathbf{A\,B\,C\,D}$ homotop null ist, auch

$$b_{m_1}\,b_{m_2}^{-1}\,b_{m_3}\,b_{m_4}^{-1} \equiv 0.$$

Die gesuchten wesentlichen Relationen der Fundamentalgruppe G_K sind daher

$$b_{m_1}\,b_{m_2}^{-1}\,b_{m_3}\,b_{m_4}^{-1} = 1;$$

sie haben im allgemeinen vier Glieder und nur, wenn die Ueberkreuzungsstelle auf dem äußeren Umriß von K liegt, treten in der zugehörigen Relation drei Glieder auf, indem diejenige der obigen Kurven, deren Index sich auf den Außenteil der Projektion bezieht, aus der Relation ausgeschaltet wird.

Die einfachste Klasse von verknoteten Randkurven wird wohl von der Kleeblattschlinge und der mit ihr verwandten Klasse von Knoten mit $n-1 = 3 + 2m$ Ueberkreuzungsstellen gebildet, die sämtlich auf dem äußeren Umriß liegen und daher dreigliedrige Relationen liefern. Die ersten Glieder dieser Klasse, die den Fällen $m = 0$, $m = 1$ und $m = 2$ entsprechen, sind in ihrer Projektion durch die folgenden Figuren dargestellt. Die Fundamentalgruppen dieser Knoten sind definiert durch

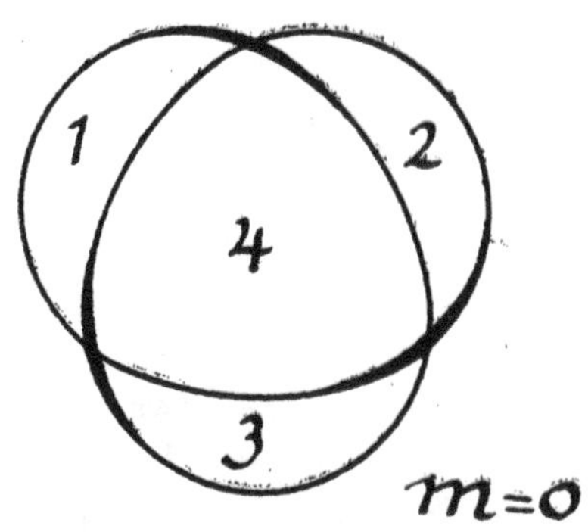

Fig. 12.

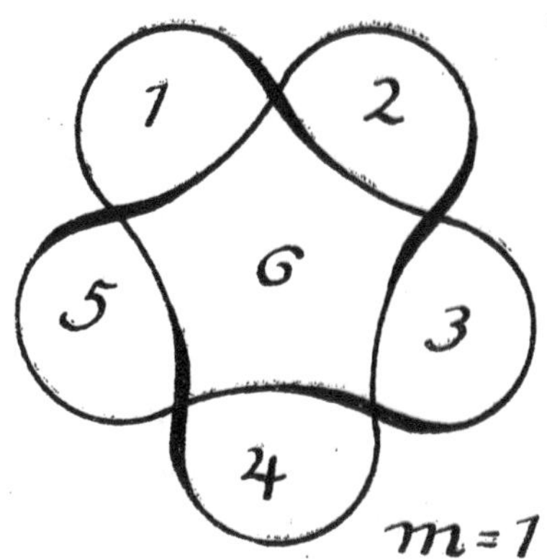

Fig. 13.

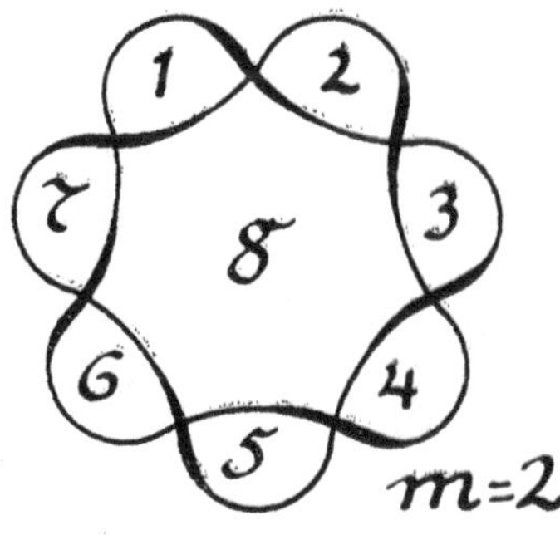

Fig. 14.

$$G_K \begin{cases} \text{erzeugende Operationen } b_1, b_2, \dots b_n \\ \text{wesentliche Relationen } b_1\, b_2\, b_n^{-1} = b_2\, b_3\, b_n^{-1} = \\ b_3\, b_4\, b_n^{-1} = \cdots = b_{n-2}\, b_{n-1}\, b_n^{-1} = b_{n-1}\, b_1\, b_n^{-1} = 1. \end{cases}$$

Das Gruppenbild dieser Gruppe G_K setzt M. Dehn zusammen aus lauter Parallelstreifen, deren Kanten gebildet werden von Strecken b_n. Jeder solchen Strecke b_n gebe man etwa die Länge 1 und sorge dafür, daß die Teilpunkte des einen Randes den Mittelpunkten der Strecken des andern Randes gegenüberliegen. Hierauf errichte man über sämtlichen Strecken eines Randes gleichschenklige Dreiecke, deren Spitzen dann die Teilpunkte der andern Kante sein werden. Die Schenkel dieser Dreiecke werden auf dem Streifen einen gebrochenen Streckenzug liefern, dessen einzelne Strecken in aufsteigender Richtung durchlaufen der Reihe nach mit

$$b_1\ b_2\ b_3\ b_4 \cdots b_{n-1}\ b_1\ b_2\ b_3 \cdots b_{n-1}\ b_1\ b_2 \cdots$$

bezeichnet werden sollen. Durch die Figur ist dargestellt, wie ein solcher Streifen in den Fällen $m = 0$ und $m = 1$ beschaffen ist. (Abbildung siehe nächste Seite.)

Von solchen Streifen werden nun in jeder Kante $n - 1$ so zusammengeheftet, daß von jedem Kantenpunkte gerade sämtliche Strecken $b_i^{\pm 1}$ ausgehen. Man braucht nur dafür zu sorgen, daß diese Bedingung in einem Kantenpunkte erfüllt wird; sie wird dann von selbst in allen übrigen Punkten befriedigt. Zum Zwecke der analytischen Behandlung sollen außerdem in dem Ausgangspunkte die Streifen so aneinandergefügt werden, daß man bei einem Umlauf der Kante etwa entgegen dem Uhrzeiger sukzessive die Streifen trifft, die die von jenem Punkte ausgehenden Strecken b_1, b_2, $\dots b_{n-1}$ enthalten. Man setze dieses Verfahren von einem Streifen ausgehend immer weiter fort und beachte, daß sich die einzelnen Streifen weder durchsetzen noch zu Prismen anordnen dürfen. Um diese

Bedingung zu erfüllen, wird man in einer zu den Streifenkanten senkrechten Ebene die hyperbolische Geometrie als gültig voraussetzen, d. h. eine Raumform von der im vorigen Paragraphen angegebenen Art benutzen.

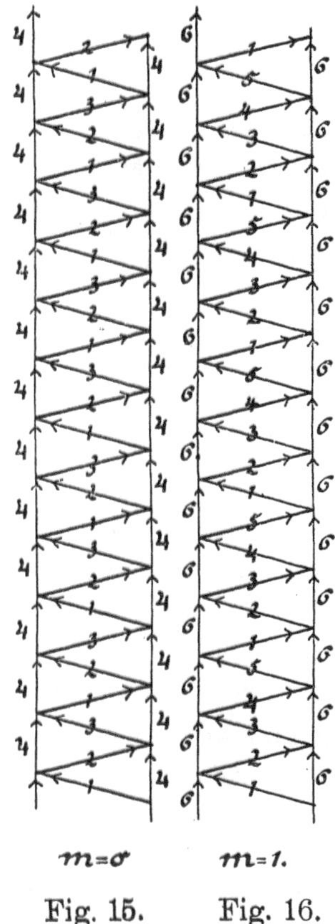

Fig. 15.   Fig. 16.

Die Streifen liefern dann als Querschnittssystem einen regulären Streckenkomplex, dessen einzelnen Strecken wir sämtlich die gleiche Länge s erteilen. Von jedem Punkte P gehen n — 1 Strecken aus, welche den Vollwinkel, der den Punkt P zum Scheitel hat, in n — 1 gleiche Teile zerlegen mögen. Damit die einzelnen Strekken des Komplexes sich nicht schneiden oder zu geschlossenen Zügen zusammensetzen, brauchen wir nur die Länge s so zu wählen, daß sich ein Streckenzug, dessen einzelne Strecken die Länge s und dessen Brechungswinkel den Wert $\dfrac{2\pi}{n-1}$ besitzen, im Endlichen nicht schließt und also einem Grenzkreis oder einer Abstandslinie einbeschrieben ist. Benutzen wir den ersten Umstand, so haben wir der Strecke s diejenige Länge zu geben, zu deren halbem Werte der Winkel $\dfrac{\pi}{n-1}$ als Parallelwinkel gehört; d. h. es muß

$$\mathrm{Ch}\,\frac{s}{2} = \frac{1}{\sin\dfrac{\pi}{n-1}}$$

werden.

Der unter diesen Voraussetzungen konstruierte Streckenkomplex, der sich aus den auf den einzelnen Streifen gelegenen Strecken $b_i^{\pm1}$ zusammensetzt, liefert uns nun ein Gruppenbild der Gruppe G_K, welches wieder den Uebergang von G_K zu einer holoedrisch isomorphen B e w e g u n g s g r u p p e ermöglicht. Jedem Element S der Gruppe G_K läßt sich nämlich eindeutig diejenige Bewegung zuordnen, die den die Identität repräsentierenden Punkt O in den Punkt S des Gruppenbildes überführt und gleichbezeichnete Strecken des Gruppenbildes zur Deckung bringt. Ist das Element S durch einen Ausdruck in den erzeugenden Operationen $b_i^{\pm1}$ gegeben, so erhält man die Bewegung S, indem man die den erzeugenden Operationen $b_i^{\pm1}$ zugeordneten Bewegungen dem Ausdruck entsprechend kombiniert. Es gilt dann der Satz: Z w e i A u s d r ü c k e i n d e n e r z e u g e n d e n O p e r a t i o n e n l i e f e r n d a n n u n d n u r d a n n i d e n t i s c h e b z w. g l e i c h b e r e c h t i g t e E l e m e n t e d e r

Gruppe G_K, wenn die durch Komposition der erzeugenden Bewegungen in der den Ausdrücken entsprechenden Weise entstehenden Bewegungen identisch bzw. gleichberechtigt in der Gruppe der Bewegungen des Gruppenbildes in sich sind. Unter dem hierdurch gebotenen Gesichtspunkte wollen wir jetzt die Bewegungen des Gruppenbildes in sich analytisch behandeln.

Statt der hyperbolischen Ebene benutzen wir auch hier ihre Abbildung auf das Innere des Einheitskreises der ζ-Ebene. Dabei soll der die Identität repräsentierende Punkt O mit dem Punkte $\zeta = 0$ zusammenfallen und der Streifen, der die von ihm ausgehende Strecke b_1 enthält, durch den positiven Teil der ξ-Achse gehen. Wir haben dann die erzeugenden Bewegungen unserer Gruppe zu bestimmen.

Alle Bewegungen unserer Raumform in sich, zu denen auch die Bewegungen der Gruppe gehören, sind dargestellt durch simultane Substitutionen der Form

$$\zeta' = \frac{A\,\zeta + \bar{B}}{B\,\zeta + \bar{A}} \; , \; A\,\bar{A} - B\,\bar{B} = 1 \; , \; \vartheta' = \vartheta + \tau \; .$$

Sobald man die erzeugenden Bewegungen kennt, lassen sich alle andern Bewegungen durch Komposition bestimmen. Nun werden aber bei der Komposition zweier solcher Bewegungen die ζ- und ϑ-Substitutionen je für sich komponiert. Daraus ergibt sich der Satz: Zwei Bewegungen unserer Gruppe sind dann und nur dann gleichberechtigt in unserer Gruppe, wenn sowohl die zugehörigen ζ-Substitutionen bezüglich der Gruppe aller ζ-Substitutionen, die den Elementen unserer Gruppe zugeordnet sind, als auch die zugehörigen ϑ-Substitutionen bezüglich der analogen Gruppe von ϑ-Substitutionen identisch bzw. gleichberechtigt sind.

Für die ϑ-Substitutionen ist das Transformationsproblem trivial; denn da diese Substitutionen eine Abelsche Gruppe bilden, so wird es äquivalent mit dem Identitätsproblem dieser Gruppe. Die Gruppe der ζ-Substitutionen, die wir kurz als ζ-Gruppe bezeichnen wollen, wird erzeugt von den ζ-Substitutionen $s_1, s_2, \cdots s_n$, die den erzeugenden Operationen $b_1, b_2, \cdots b_n$ der Bewegungsgruppe zugeordnet sind. Für diese Substitutionen bestehen zunächst die wesentlichen Relationen

$$s_1 s_2 s_n^{-1} = s_2 s_3 s_n^{-1} = \cdots = s_{n-2} s_{n-1} s_n^{-1} = s_{n-1} s_1 s_n^{-1} = 1$$

und weiter noch die wesentliche Relation

$$s_n^{3+2m} = s_n^{n-1} = 1,$$

da den Elementen $b_n^{k\,(n-1)}$, wo k eine beliebige ganze Zahl bedeutet, und nur diesen das Einheitselement der ζ-Gruppe, die mit der genannten Bewegungsgruppe des Gruppenbildes in sich meriedrisch isomorph ist, zugeordnet ist. Die ζ-Gruppe ist also definiert durch

$$\zeta\text{-Gruppe} \begin{cases} \text{erzeugende Operationen } s_1, s_2, \cdots s_n \\ \text{wesentliche Relationen } s_1 s_2 s_n^{-1} = \end{cases}$$

$$s_2 s_3 s_n^{-1} = \cdots = s_{n-1} s_1 s_n^{-1} = 1, \; s_n^{n-1} = 1.$$

Die Endpunkte der $2n$ vom Punkte O ausgehenden Strecken $b_i^{\pm 1}$ des Gruppenbildes der Gruppe G_K haben die Koordinaten

$$\zeta = w\,t^{h-1} \quad \vartheta = \frac{1}{2} \quad \text{für } b_h \quad (h = 1, 2, \cdots n-1)$$

$$\zeta = w\,t^{h} \quad \vartheta = -\frac{1}{2} \quad \text{„ } b_h^{-1} \; (h = 1, 2, \cdots n-1)$$

$$\zeta = 0 \quad \vartheta = 1 \quad \text{„ } b_n$$

$$\zeta = 0 \quad \vartheta = -1 \quad \text{„ } b_n^{-1},$$

worin zur Abkürzung gesetzt ist

$$t = e^{\frac{2\pi i}{n-1}} \quad \text{und} \quad w = \mathrm{Th}\,\frac{s}{2} = \cos\frac{\pi}{n-1}.$$

Die Koeffizienten der zu den erzeugen-
den Operationen b_h $(h = 1, 2, \cdots n-1)$ gehörigen ζ-Substitutionen sind also so zu bestimmen, daß sie die Gleichungen

$$A\bar{A} - B\bar{B} = 1 \quad , \quad \mathrm{w}\,\mathrm{t}^{h-1} = \frac{\bar{B}}{\bar{A}} \quad , \quad 0 = \mathbf{A}\,\mathrm{w}\,\mathrm{t}^h + \bar{B}$$

befriedigen. Hieraus erhalten wir

$$\bar{B} = \bar{A}\,\mathrm{w}\,\mathrm{t}^{h-1} = -A\,\mathrm{w}\,\mathrm{t}^h \quad \text{oder} \quad \bar{A} = -A\,\mathrm{t}$$

und weiter

$$1 = A\bar{A} - B\bar{B} = (1 - \mathrm{w}^2)\,A\bar{A} = -(1 - \mathrm{w}^2)\,A^2\mathrm{t} \ ,$$

$$A^2 = -\frac{1}{1 - \mathrm{w}^2}\,\mathrm{t}^{-1} = -\,\mathrm{q}^2\,\mathrm{t}^{2(m+1)},$$

wo wieder

$$\mathrm{q} = \frac{1}{\sqrt{1 - \mathrm{w}^2}} = \mathrm{Ch}\,\frac{\mathrm{s}}{2}$$

gesetzt ist. Somit ergibt sich

$$A = \varepsilon\,\mathrm{i}\,\mathrm{q}\,\mathrm{t}^{m+1} \quad , \quad B = \varepsilon\,\mathrm{i}\,\mathrm{w}\,\mathrm{q}\,\mathrm{t}^{m+2-h} \quad , \quad \varepsilon = \pm 1$$

und unter Berücksichtigung der bekannten Vorzeichenbedingungen also für die Bewegung b_h das System der
simultanen Substitutionen

$$\zeta' = \frac{-\mathrm{i}\,\mathrm{q}\,\mathrm{t}^{m+1}\,\zeta + \mathrm{i}\,\mathrm{w}\,\mathrm{q}\,\mathrm{t}^{-(m+2-h)}}{-\mathrm{i}\,\mathrm{q}\,\mathrm{w}\,\mathrm{t}^{m+2-h}\,\zeta + \mathrm{i}\,\mathrm{q}\,\mathrm{t}^{-(m+1)}} \quad , \quad \vartheta' = \vartheta + \frac{1}{2}\ .$$

Für die zu den inversen Elementen b_h^{-1} gehörigen Bewegungen erhält man dann die Form

$$\zeta' = \frac{-\mathrm{i}\,\mathrm{q}\,\mathrm{t}^{-(m+1)}\,\zeta + \mathrm{i}\,\mathrm{w}\,\mathrm{q}\,\mathrm{t}^{-(m+2-h)}}{-\mathrm{i}\,\mathrm{w}\,\mathrm{q}\,\mathrm{t}^{m+2-h}\,\zeta + \mathrm{i}\,\mathrm{q}\,\mathrm{t}^{m+1}} \quad , \quad \vartheta' = \vartheta - \frac{1}{2}\ .$$

Endlich hat die zur Bewegung b_n gehörige ζ-Sub-
stitution die Gleichungen

$$A\bar{A} - B\bar{B} = 1 \quad , \quad 0 = \frac{\bar{B}}{\bar{A}} \quad , \quad \mathrm{w}\,\mathrm{t}^h = \frac{A\,\mathrm{w}\,\mathrm{t}^{h+2} + \bar{B}}{B\,\mathrm{w}\,\mathrm{t}^{h+2} + \bar{A}}$$

zu erfüllen, woraus

$$\bar{B} = 0 \quad A\bar{A} = 1 \quad , \quad \mathrm{w}\,\mathrm{t}^h = A^2\,\mathrm{w}\,\mathrm{t}^{h+2}$$

und also

$$A^2 = \mathrm{t}^{-2}$$

folgt. Unter Berücksichtigung der Vorzeichenbedingungen erhält man also

$$\zeta' = \frac{-t^{-1}\,\zeta}{-t} \qquad , \qquad \vartheta' = \vartheta + 1$$

als Darstellung der Bewegung b_n und dann weiter

$$\zeta' = \frac{t \cdot \zeta}{t^{-1}} \qquad , \qquad \vartheta' = \vartheta - 1$$

als Darstellung der Bewegung b_n^{-1}.

Die zu einem Ausdruck S in den erzeugenden Operationen $\mathbf{B}_i$ gehörige
ϑ-Substitution können wir nun sofort allgemein
angeben. Bezeichnen wir nämlich die Summe der Exponenten der Glieder b_i des Ausdruckes mit b_i, so ist

$$\vartheta' = \vartheta + \frac{1}{2}\,(\mathbf{B}_1 + \mathbf{B}_2 + \cdots \mathbf{B}_{n-1} + 2\,\mathbf{B}_n)$$

die gesuchte ϑ-Substitution. Zu zwei Ausdrücken in den
erzeugenden Operationen gehören also nur dann identische ϑ-Substitutionen, wenn die zugehörigen Zahlen
$\mathbf{B}_1 + \mathbf{B}_2 + \cdots + \mathbf{B}_{n-1} + 2\mathbf{B}_n$ und $\mathbf{B}_1{}' + \mathbf{B}_2{}' + \cdots + \mathbf{B}'_{n-1} + \mathbf{B}'_n$
gleich sind. Damit ist eine erste notwendige Bedingung
dafür angegeben, daß den beiden Ausdrücken identische
oder gleichberechtigte Elemente der Gruppe G_K zugeordnet sind. Diese Bedingung drückt übrigens nichts
weiter aus, als daß die beiden Ausdrücke homologen
Kurven entsprechen müssen. Bilden wir nämlich die zu
G_K gehörige Abelsche Gruppe, so zeigt sich aus den
wesentlichen Relationen sofort, daß in dieser Gruppe
die Symbole b_1, b_2, $\cdots b_{n-1}$ sämtlich dasselbe Element
t und und das Symbol b_n dann das Element t^2 repräsentieren. Die Abelsche Gruppe ist also holoedrisch isomorph mit unserer ϑ-Gruppe.

Die ζ-Gruppe läßt sich nun noch auf ein-
fachere Weise erzeugen, als durch unsere obige Definition ausgedrückt ist. Komponieren wir nämlich die
Substitution

$$s_h = (A = - iq\,t^{m+1} \quad , \quad B = -iwq\,t^{m+2-h})$$

mit der Substitution

$$s_n^{m+1} = (A = -t^{-(m+1)} \quad , \quad B = 0),$$

so erhalten wir die Substitution

$$s_h\, s_n^{m+1} = (A = iq \quad , \quad B = iwq\,t^{1-h}).$$

Durch Transformation dieser Substitution mit der Substitution s_n^{ν} ergibt sich die Substitution

$$s_n^{-\nu}\, s_h\, s_n^{m+1+\nu} = (A = iq \quad , \quad B = iwq\,t^{1-h-2\nu}).$$

Wählen wir also für ν den Wert $\nu_0 = \dfrac{1-h}{2}$ bei ungeradem h und $\nu_0 = \dfrac{2m+4-h}{2}$ bei geradem h, so ergibt sich die Substitution

$$s_n^{-\nu_0}\, s_h\, s_n^{m+1+\nu_0} = (A = iq \quad , \quad B = iwq).$$

Diese Substitution, welche wir weiterhin kurz mit v bezeichnen wollen, stellt eine Drehung vom Drehwinkel π um den Punkt $\zeta_0 = \mathrm{Th}\dfrac{s}{4}$ dar; denn es ist ja

$$\frac{A + \bar{A}}{2} = 0 \quad \text{und} \quad \frac{iq\,\mathrm{Th}\dfrac{s}{4} - iwq}{iwq\,\mathrm{Th}\dfrac{s}{4} - iq} = \frac{\mathrm{Th}\dfrac{s}{4} - w}{w\,\mathrm{Th}\dfrac{s}{4} - 1}$$

$$= \frac{\mathrm{Th}\dfrac{s}{4} - \mathrm{Th}\dfrac{s}{2}}{\mathrm{Th}\dfrac{s}{2}\mathrm{Th}\dfrac{s}{4} - 1} = \frac{\mathrm{Sh}\dfrac{s}{4}\mathrm{Ch}\dfrac{s}{2} - \mathrm{Ch}\dfrac{s}{4}\mathrm{Sh}\dfrac{s}{2}}{\mathrm{Sh}\dfrac{s}{2}\mathrm{Sh}\dfrac{s}{4} - \mathrm{Ch}\dfrac{s}{2}\mathrm{Ch}\dfrac{s}{4}}$$

$$= \frac{\mathrm{Sh}^3\dfrac{s}{4} - \mathrm{Sh}\dfrac{s}{4}\mathrm{Ch}^2\dfrac{s}{4}}{\mathrm{Sh}^2\dfrac{s}{4}\mathrm{Ch}\dfrac{s}{4} - \mathrm{Ch}^3\dfrac{s}{4}} = \frac{\mathrm{Sh}\dfrac{s}{4}}{\mathrm{Ch}\dfrac{s}{4}} = \mathrm{Th}\dfrac{s}{4}\,.$$

Statt der Substitution s_n^{-1} werden wir nun noch die Bezeichnung u einführen; die Substitution u ist dabei eine Drehung mit dem Drehwinkel $2 \cdot \dfrac{2\pi}{n-1}$ um den

Nullpunkt $\zeta = 0$; da $n - 1$ eine ungerade Zahl $3 + 2m$ bedeutet, so ist erst die Potenz $u^{n-1} = 1$.

Durch die beiden Substitutionen u und v, für welche wir die Relationen

$$u^{n-1} = 1 \qquad v^2 = 1$$

besitzen, lassen sich nun alle erzeugenden Operationen s_i der ζ-Gruppe ausdrücken; zunächst ist ja $s_n = u^{-1}$ und für die s_h ($h = 1, 2, \cdots n-1$) haben wir die Relationen

$$v = s_n^{-\nu_0}\, s_h\, s_n^{m+1+\nu_0} = u^{\nu_0}\, s_h\, u^{-\nu_0-m-1}\,,$$

woraus sich

$$s_h = u^{-\nu_0}\, v\, u^{m+1+\nu_0}$$

ergibt. Indem wir also noch für ν_0 seinen Wert einsetzen, erhalten wir

$$s_h = u^{\frac{h-1}{2}}\, v\, u^{\frac{2m+3-h}{2}} \qquad \text{bei ungeradem } h \text{ und}$$

$$s_h = u^{\frac{h-2m-4}{2}}\, v\, u^{\frac{4m+6-h}{2}} = u^{\frac{h-2m-4}{2}}\, v\, u^{-\frac{h}{2}}$$

bei geradem h. Setzen wir noch diese Ausdrücke in die wesentlichen Relationen der ζ - Gruppe ein, so führen die Relationen $s_h\, s_{h+1}\, s_n^{-1} = 1$ sämtlich auf die Relation $v^2 = 1$ und die Relation $s_n^{n-1} = 1$ auf $u^{n-1} = 1$. Somit sind $u^{n-1} = v^2 = 1$ schon sämtliche wesentliche Relationen der ζ-Gruppe, die wir also in der Form

$$\zeta\text{-Gruppe} \begin{cases} \text{erzeugende Operationen } u\,,\ v \\ \text{wesentliche Relationen } u^{n-1} = v^2 = 1 \end{cases}$$

darstellen können.

Alle diese Resultate lassen sich auch ohne analytische Rechnung aus der Gestalt des Diskontinuitätsbereiches unserer ζ-Gruppe herleiten. In dem hyperbolischen Viereck mit den Ecken $\operatorname{Th}\dfrac{s}{2}$, $\operatorname{Th}\dfrac{s}{4}$, 0, $e^{-\frac{\pi}{n-1}i}$,

in dem allerdings der Winkel an der Ecke $\operatorname{Th}\dfrac{s}{4}$ den

Wert π besitzt, haben wir einen solchen Diskontinuitätsbereich, da die Vierecke, in welche dieses Aus-

gangsviereck durch die Substitutionen der ζ-Gruppe
übergeführt wird, in ihrer Gesamtheit das Innere des
Einheitskreises gerade einfach und lückenlos bedecken.
Wendet man nun die in den „Automorphen Funktionen" l. c. gegebenen Entwickelungen an, so gelangt
man zu dem obigen Resultat. Um ein Dehnsches Gruppenbild der ζ-Gruppe zu gewinnen, werden wir jedes
Viereck durch denjenigen seiner Punkte repräsentieren,
der einem beliebig zu wählenden Punkt des Ausgangs-
vierecks, (der nur nicht eine der Ecken dieses Vierecks
bilden darf), äquivalent ist. Den Punkt des Vierecks S
verbinden wir dann durch Strecken u, u^{-1}, v mit den
Punkten der Vierecke Su, Su^{-1}, Sv. Der entstehende
Streckenkomplex ergibt ein Dehnsches Gruppenbild
der ζ-Gruppe.

Die Lösung des Identitäts- und
Transformationsproblem für unsere
ζ-Gruppe ist nun im vorigen Paragraphen ausführlich entwickelt worden. Ist ein Ausdruck in den erzeugenden Operationen u, v gegeben, so bringe man
ihn zunächst auf seine Normalform, die hier
wegen $v^2 = 1$ in der Gestalt

$$u^{\varepsilon_0} v u^{\varepsilon_1} v u^{\varepsilon_2} v \cdots u^{\varepsilon_\nu} v u^{\varepsilon_{\nu+1}}$$

erscheinen wird, wobei die ε_i ganze Zahlen zwischen
1 und n — 2 bedeuten und ε_0 und $\varepsilon_{\nu+1}$ eventuell auch
des Wertes null fähig sind. Desgleichen bilde man auch
den Normalzyklus

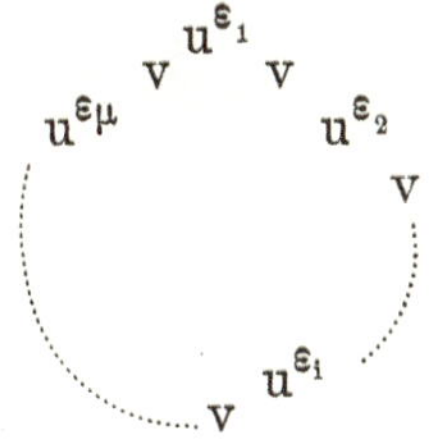

in welchem die s_i ganze Zahlen zwischen 1 und $n-2$ bedeuten. **Zwei Ausdrücke stellen dann und nur dann identische bzw. gleichberechtigte Elemente der ζ-Gruppe dar, wenn sie auf identische Normalformen bzw. auf identische Normalzyklen führen.**

Wir haben also, um die Identität oder Gleichberechtigung zweier Ausdrücke in den erzeugenden Operationen b_i festzustellen, den folgenden Weg einzuschlagen. Zunächst sehen wir zu, ob die mitgeteilte Bedingung, daß jene Ausdrücke identische Elemente der zu G_K gehörigen Abelschen Gruppe liefern, erfüllt ist. Ist das der Fall, so setzen wir in den Ausdrücken ein

$$u^{\frac{h-1}{2}}\, v\, u^{\frac{2m+3-h}{2}} \quad \text{statt } b_h \text{ bei } h = 1\,,\,3\,,\,5 \cdots n-1,$$

$$u^{\frac{h-2m-4}{2}}\, v\, u^{-\frac{h}{2}} \quad \text{statt } b_h \text{ bei } h = 2\,,\,4\,,\,6 \cdots n-2$$

und u^{-1} statt b_n. Liefern die so entstandenen Ausdrücke in u und v identische bzw. gleichberechtigte Elemente der ζ-Gruppe, so sind die durch die gegebenen Ausdrücke dargestellten Elemente der Gruppe G_K identisch bzw. gleichberechtigt. Hiermit ist das **Identitäts- und Transformationsproblem für die Knotengruppen**

$$G_K \begin{cases} \text{erzeugende Operationen } b_1\,,\,b_2\,,\cdots b_n \\ \text{wesentliche Relationen } b_1\,b_2\,b_n^{-1} = b_2\,b_3\,b_n^{-1} = \\ \qquad \cdots \cdots = b_{n-2}\,b_{n-1}\,b_n^{-1} = b_{n-1}\,b_1\,b_n^{-1} = 1 \end{cases}$$

vollständig erledigt.

Es sei auch hier noch auf das **Problem** hingewiesen, **die Koeffizienten der Substitutionen** der ζ-Gruppe, die von den beiden Substitutionen

$$u = (A = t\,,\, B = 0) \quad,\quad v = (A = iq\,,\, B = i\mathbf{w}q)$$

erzeugt wird, **durch ein zahlentheoretisches Gesetz zu charakterisieren.** Da

$$q = \cfrac{1}{\sin \cfrac{\pi}{n-1}} = \cfrac{2}{\sqrt{(1-t)\,(1-t^{-1})}} = 2\,E^{-1}$$

ist, wo

$$E = \sqrt{(1-t)\,(1-t^{-1})}$$

eine reelle Einheit des Körpers $K(t)$ bildet, und für w die Gleichung

$$w = \frac{1}{q}\sqrt{q^2 - 1}$$

besteht, so haben die Koeffizienten aller ζ-Substitutionen der Gruppe die Form

$$A = i^\nu \cdot G(t) \qquad B = i^\nu \sqrt{q^2 - 1}\,H(t)\ ,$$
$$(\nu = 0 \text{ oder } 1)$$

wobei $G(t)$ und $H(t)$ ganze Zahlen des Körpers $K(t)$ sind. Für den Fall $m = O$ können wir das gewünschte arithmetische Bildungsgesetz leicht angeben, da die ζ-Gruppe mit den erzeugenden Operationen u und v und den wesentlichen Relationen $u^3 = v^2 = 1$ holoedrisch isomorph ist mit der für die Zahlentheorie so bedeutsamen Modulgruppe, d. h. der Gruppe aller Substitutionen

$$z' = \frac{a z + b}{c z + d} \qquad a d - b c = 1$$

der komplexen Variabeln $z = x + iy$ mit ganzzahligen reellen Koeffizienten a, b, c, d. Die einer solchen Modulsubstitution entsprechende ζ-Substitution unserer Gruppe erhalten wir durch Transformation der Modulsubstitution mit derjenigen linearen Substitution

$$z = \frac{\alpha\,\zeta + \beta}{\gamma\,\zeta + \delta} \qquad \alpha\,\delta - \beta\gamma = 1\,,$$

welche die konforme Abbildung der Halbebene $y > 0$ auf das Innere des Einheitskreises $\zeta\,\bar{\zeta} - 1 = 0$ vermittelt; dabei geht das Modulviereck mit den Ecken

$$z_1 = e^{2i\frac{\pi}{3}}\ ,\quad z_2 = i\ ,\quad z_3 = e^{i\frac{\pi}{3}}\ ,\quad z_4 = \infty$$

über in das Viereck mit den Ecken

$$\zeta_1 = \mathrm{Th}\,\frac{s}{2} = \frac{1}{2}, \ \zeta_2 = \mathrm{Th}\,\frac{s}{4} = 2 - \sqrt{3}, \ \zeta_3 = 0, \ \zeta_4 = e^{-i\frac{\pi}{3}}$$

der ζ-Ebene. Für die Koeffizienten α, β, γ, δ haben wir also zunächst

$$\frac{\beta}{\delta} = e^{i\frac{\pi}{3}} \qquad \text{oder} \qquad \beta = e^{i\frac{\pi}{3}}\,\delta ,$$

$$\gamma\,e^{-i\frac{\pi}{3}} + \delta = 0 \qquad \text{oder} \qquad \gamma = -\,e^{i\frac{\pi}{3}}\,\delta ,$$

$$e^{2i\frac{\pi}{3}} = \frac{\frac{1}{2}\alpha + \beta}{\frac{1}{2}\gamma + \delta} = \frac{\alpha + 2\beta}{\gamma + 2\delta} ,$$

woraus

$$\alpha = (\gamma + 2\delta)\,e^{2i\frac{\pi}{3}} - 2\beta = \delta\left\{-\,e^{i\pi} + 2\,e^{2i\frac{\pi}{3}} - 2\,e^{i\frac{\pi}{3}}\right\}$$
$$= \delta\left\{1 - 1 + i\sqrt{3} - 1 - i\sqrt{3}\right\} = -\,\delta$$

folgt. Es ist also

$$\delta = -\alpha \qquad\qquad \gamma = -\beta = \alpha\,t^{1/2} \qquad\qquad \left(t = e^{i\frac{2\pi}{3}}\right) ,$$

und für α haben wir die Gleichung

$$1 = -\alpha^2 + \alpha^2\,t = \alpha^2\,(t - 1) ,$$

aus der sich

$$\alpha^2 = \frac{-1}{1 - t} = \frac{+\,t^{-1/2}}{t^{1/2} - t^{-1/2}}$$

ergibt. Die Transformation der Substitution $\begin{pmatrix} a & b \\ c & d \end{pmatrix}$ mit der Substitution $\begin{pmatrix} \alpha & \beta \\ \gamma & \delta \end{pmatrix}$ liefert uns nun eine Substitution mit den Koeffizienten

$$a\delta\alpha + b\delta\gamma - c\beta\alpha - d\beta\gamma = \alpha^2\left\{-a - b\,t^{1/2} + c\,t^{1/2} + d\,t\right\}$$
$$a\delta\beta + b\delta^2 - c\beta^2 - d\beta\delta = \alpha^2\left\{a\,t^{1/2} + b - c\,t - d\,t^{1/2}\right\}$$
$$-a\gamma\alpha - b\gamma^2 + c\alpha^2 + d\alpha\gamma = \alpha^2\left\{-a\,t^{1/2} - b\,t + c + d\,t^{1/2}\right\}$$
$$-a\gamma\beta - b\gamma\delta + c\alpha\beta + d\alpha\delta = \alpha^2\left\{a\,t + b\,t^{1/2} - c\,t^{1/2} - d\right\} .$$

Indem wir noch für α^2 seinen Wert $\dfrac{t^{-1/2}}{t^{1/2} - t^{-1/2}}$ einsetzen,

ergeben sich für die vier Koeffizienten die Ausdrücke

$$\frac{1}{t^{1/2} - t^{-1/2}} \left\{ - a\,t^{-1/2} - b + c + d\,t^{1/2} \right\}$$

$$\frac{1}{t^{1/2} - t^{-1/2}} \left\{ a + b\,t^{-1/2} - c\,t^{1/2} - d \right\}$$

$$\frac{1}{t^{1/2} - t^{-1/2}} \left\{ - a - b\,t^{1/2} + c\,t^{-1/2} + d \right\}$$

$$\frac{1}{t^{1/2} - t^{-1/2}} \left\{ a\,t^{1/2} + b - c - d\,t^{-1/2} \right\}.$$

Die Koeffizienten der zur Kleeblattschlinge gehörigen ζ-Gruppe, die mit der Modulgruppe isomorph ist, haben also die Form

$$A = \frac{- a\,t^{-1/2} - b + c + d\,t^{1/2}}{t^{1/2} - t^{-1/2}}$$

$$B = \frac{- a - b\,t^{1/2} + c\,t^{-1/2} + d}{t^{1/2} - t^{-1/2}} \qquad \left(t = e^{\frac{2\pi}{3}i} \right),$$

wobei a, b, c, d die Gesamtheit der reellen ganzen Zahlen mit der Determinante $ad - bc = 1$ durchlaufen. Es wäre interessant, wenn sich ähnliche einfache arithmetische Bildungsgesetze auch für die ζ-Gruppen feststellen ließen, die zu den höheren Knoten $m > 0$ gehören.

Bei dieser Gelegenheit wollen wir es nicht unerwähnt lassen, daß mit der hier mitgeteilten **Lösung Identitäts- und Transformationsproblems** der ζ-Gruppe der Kleeblattschlinge auch die Lösung dieser Probleme **für die** mit ihr holoedrisch isomorphe **Modulgruppe** gefunden ist. Diese Lösung, die sich aus dem Dehnschen Gruppenbild als unmittelbare Folgerung ergibt, ist von außerordentlicher Einfachheit. Trotzdem scheint sie bisher noch nicht zur

Verwendung gekommen zu sein. Wenn man die sonst üblichen Methoden,[47]) die umständliche zahlentheoretische und geometrische Hilfsmittel, wie z. B. die Lösung von Pellschen Gleichungen und die Konstruktion der Abbildung des Smithschen Halbkreises einer hyperbolischen Substitution auf den reduzierten Raum erfordern, mit dem hier angegebenen Verfahren vergleicht, so liegt sogar die Vermutung nahe, daß unsere Lösung bis jetzt unbekannt gewesen ist. Mit dieser Bemerkung soll jedoch der Wert jener Untersuchungen, die eine Fülle von schönen zahlentheoretischen Resultaten liefern, nicht bestritten werden, aber es wird vielleicht zweckmäßig sein, die Lösung des Transformationsproblems vorauszunehmen und nicht erst zum Schlußglied einer langen Kette von Entwickelungen zu machen.

Da wir jetzt am Schluß unserer Betrachtungen stehen, so wollen wir noch kurz auf die große Rolle hinweisen, die das D e h n s c h e G r u p p e n b i l d in den vorausgegangenen Entwickelungen gespielt hat. Im Falle der Fundamentalgruppen zweidimensionaler Mannigfaltigkeiten gestattet es uns, statt der analytischen Methode zur Lösung des Identitäts- und Transformationsproblems, die sich im wesentlichen auf der Theorie des Fundamentalbereichs aufgebaut hat, eine sich daran anschließende Methode zu entwickeln, die die genannten Probleme ohne jede Rechnung erledigt. Sodann haben wir hingewiesen auf die Lösung unserer Probleme für alle Gruppen, in deren wesentlichen Relationen die erzeugenden Operationen zusammen höchstens zweimal vorkommen. Die von Dehn selbst für diesen Fall entwickelte Methode macht ebenfalls von seinem Gruppenbild ausgedehnten Gebrauch. Im zweiten Kapitel haben wir zunächst eine Bewegungs-

---

[47]) Vgl. F. Klein und R. Fricke „Theorie der elliptischen Modulfunktionen".

gruppe des hyperbolischen Raumes betrachtet. Es ist sehr wahrscheinlich, daß auch hier das Dehnsche Gruppenbild eine einfache Methode zur Lösung der genannten Probleme ergeben wird, obwohl wir auf diese Frage nicht näher eingegangen sind. Eine außerordentlich wichtige Hilfe leistete es uns aber auch hier schon bei der Bestimmung der mit H bezeichneten Untergruppe. In den beiden letzten Kapiteln ist das Dehnsche Gruppenbild fast allein zur Anwendung gekommen und hat uns ein außerordentlich einfaches Verfahren zur Entscheidung über die Gleichberechtigung zweier Ausdrücke der hier behandelten Gruppen geliefert.

Lebenslauf.

Am 11. Juni 1887 wurde ich, Johannes Hugo
Gieseking, ev. Konfession, zu Laar im Kreise Herford
als Sohn des Volksschullehrers Wilhelm Gieseking ge-
boren. Nach dem Besuch der Volksschule meines Hei-
matortes und privater Vorbereitung trat ich Ostern
1900 in die Quarta des Friedrichsgymnasiums zu Herford ein. Ich verließ diese Anstalt Ostern 1907 mit
dem Reifezeugnis, um Philologie zu studieren. Zunächst widmete ich mich an der Universität zu Frei-
burg i. Br. ein Semester dem Studium der klassischen
Philologie, beschäftigte mich dann aber weitere sieben
Semester an den Universitäten zu Münster und Göt-
tingen ausschließlich mit der reinen und angewandten
Mathematik und der Physik. Auf Anregung von Herrn
Prof. Dr. Dehn in Kiel nahm ich die vorliegende Arbeit in Angriff, die von der Universität Münster als
Dissertation angenommen wurde.

Zu besonderem Danke verpflichtet bin ich Herrn
Prof. Dr. Dehn für seine vielfache Hilfe bei der An-
fertigung dieser Arbeit und Herrn Geh. Regierungsrat Prof. Dr. Killing für die Uebernahme des Referats.

Berichtigung einiger Druckfehler.

———

Seite 12. Z. 7 v. o.: $\mathfrak{d}_{i-1}\ \mathfrak{d}_i\ \mathfrak{d}_{i+1}$ statt $\mathfrak{d}_{i+1}\ \mathfrak{d}_i\ \mathfrak{d}_{i+1}$

„ 29. Z. 7 v. o.: Repräsentanten   „ Repräsentant

„ 40. Z. 15 v. o.: zu übertragen   „ übertragen

„ 49. Z. 21 v. o.: $\zeta' = \zeta$ „ $\zeta' = \bar{\bar{\zeta}}$

„ 50. Z. 4 v. u.: $B\zeta_0^* + \bar{B}\bar{\bar{\zeta}}_0^*$ „ $B\zeta_0^* + B\bar{\zeta}_0^*$

„ 51. Z. 12 v. o.: $\sqrt{B\bar{B}}\,(1 - \zeta_0\ \bar{\zeta}_0)$ „ $\sqrt{B\bar{B}\,(1 - \zeta_0\ \bar{\bar{\zeta}}_0)}$

„ 55. Z. 3 v. o.: $A\bar{\bar{\zeta}} - \bar{A}\zeta$ „ $A\zeta - \bar{A}\zeta$

„ 59. Z. 15 v. o.: für ε das   „ für das

„ 59. Z. 1 v. u.: $-A_0\bar{B}_0\bar{A}_1$ „ $A_0\bar{B}_0\bar{A}_1$

„ 61. Z. 16 v. o.: $\zeta_h' = \mathbf{wt}^{\nu_h} + 2\mu_h$ „ $\zeta_h' = \mathbf{wt}^{\nu_h} + \mu_h$

„ 61. Z. 5 v. u.: $\bar{\alpha}_h\,\mathbf{wt}^{\nu_h}$ „ $\alpha_h\,\mathbf{wt}^{\nu_h}$

„ 69. Z. 2 v. o.: $\dfrac{s}{4}$ „ $\dfrac{s}{2}$

„ 81. Z. 10 v. u.: die Achse von R   „ R

„ 93. Z. 11 v. o.: gewöhnlichen und h.   „ gewöhnlichen h.

„ 105. Z. 4 v. o.: $C_1'\,X_1$ „ $C_1\,X_1$

„ 110. Z. 3 v. u.: $W_1\,V_1'$ „ $\overline{W}_1\,\overline{V}_1'$

„ 119. Z. 10 v. o.: $V_0^*\,Q_0$ „ $V_0^*\,Q_1$

„ 121. Z. 9 v. u.: $V_0^* = V_0'$ „ $V_0 = V_0'$

Seite 128. In der Fig. 7 sind die mit a_1 , a_2 , a_3 bezeichneten
Kurven nicht einrandig, sondern zweirandig; sie muss
daher ersetzt werden durch die folgende Figur:

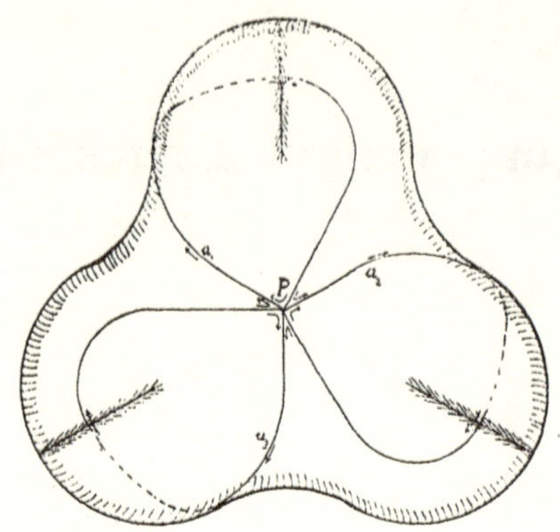

„ 142. Z. 11 v. u.: ζ_2 statt ζ_1

„ 149. Z. 4 v. u.: $G_0{}' F_0{}'$ „ $S_0{}' F_0{}'$

„ 153. Z. 13 v. u.: Q_0 „ V_0

„ 166. Z. 8 v. o.: $+ A\,\bar B - B\,A$ (in der zweiten Formel)

„ 198. Z. 3 v. o.: $\bar B_1$ „ B_1

„ 207. Z. 14 v. u.: der Tetraederteilung „ des reduz. Tetraeders

„ 218. Z. 13 v. u.: füge hinzu: „für teilerfremde Zahlen m und n“

„ 219. Z. 1 v. u.: tilge $= \rho^2$

„ 238. Z. 8 v. o.: b_i statt B_i

„ 238. Z. 11 v. o.: mit B_i „   mit b_i

„ 238. Z. 16 v. o.: $2 B'_n$ „ B'_n.